特進

最　高　水　準　問　題　集

中3理科

文英堂

本書のねらい

　いろいろなタイプの問題集が存在する中で，トップ層に特化した問題集は意外に少ないといわれます。本書はこの要望に応えて，難関高校をめざす皆さんの実力練成のための良問・難問をそろえました。

　本書を大いに活用して，どんな問題にぶつかっても対応できる最高レベルの実力を身につけてください。

本書の特色と使用法

1 ｜ 国立・私立難関高校をめざす皆さんのための問題集です。実力強化にふさわしい，質の高い良問・難問を集めました。

▶本書は，最高水準の問題を解いていくことによって，各章の内容を確実に理解するとともに最高レベルの実力が身につくようにしてあります。

▶二度と出題されないような奇問は除いたので，日常学習と並行して，学習できます。もちろん，入試直前期に，ある章を深く掘り下げて学習するために本書を用いることも可能です。

▶各問題には[タイトル]をつけて，どんな内容の問題であるかがひと目でわかるようにしてあります。

2 ｜ 各編末の「実力テスト」で，これまでに学んだ知識の確認と実力の診断ができます。

▶各編末にある実力テストで，実力がついたかどうかが点検できます。50分で70点以上とることを目標としましょう。

▶わからなかったところやまちがえたところは，教科書や参考書を見て確認しておきましょう。

3 時間やレベルに応じて，学習しやすいようにさまざまな工夫をしています。

▶ 重要な問題には <mark>◀頻出</mark> マークをつけました。時間のないときには，この問題だけ学習すれば短期間での学習も可能です。

▶ 各問題には1～3個の★をつけてレベルを表示しました。★の数が多いほどレベルは高くなります。学習初期の段階では★1個の問題だけを，学習後期では★3個の問題だけを選んで学習するということも可能です。

▶ とくに難しい問題については マークをつけました。果敢にチャレンジしてください。

▶ 欄外にヒントとして 着眼 を設けました。どうしても解き方がわからないとき，これらを頼りに方針を練ってください。

4 くわしい 解説 つきの別冊「解答と解説」。どんな難しい問題でも解き方が必ずわかります。

▶ 別冊の**解答と解説**には，各問題の考え方や解き方がわかりやすく解説されています。わからない問題は，一度解答を見て方針をつかんでから，もう一度自分1人で解いてみるといった学習をお勧めします。

▶ 必要に応じて ***トップコーチ*** を設け，知っているとためになる知識や，高校入試に関する情報をのせました。

▶ 問題を考えるために必ず覚えておかなければならないことや，とくに重要なことについては， 最重要 のマークをつけたまとめをのせたので，テスト前に見直すのに便利です。

もくじ

別冊 解答と解説

1 酸・アルカリとイオン

解答 別冊 *p.2*

*1 [水溶液の性質] <頻出

次の①～④のうち，正しく述べられているものが2つある。正しい文の組み合わせはどれか。下のア～カから1つ選んで答えなさい。

① 水に溶かしたときにイオンに分かれる物質を，分解質という。
② 酸の陰イオンとアルカリの陽イオンが結びついてできた物質を，塩という。
③ 2種類以上の原子が結びついてできた物質を，化合物という。
④ 25gの食塩を水に溶かして125gの水溶液にしたときの濃度は25％である。

ア ①，② イ ①，③ ウ ①，④
エ ②，③ オ ②，④ カ ③，④ （東京・日本大豊山女子高改）

*2 [水溶液の性質と電流] <頻出

A～Eの5種類の水溶液の性質を，次のⅠ～Ⅳの方法で調べた。結果を示す下の表を見て，あとの問いに答えなさい。

Ⅰ．試験管に入れた水溶液のにおいをかいだ。
Ⅱ．水溶液を赤色リトマス紙につけた。
Ⅲ．スライドガラスに水溶液を1滴とり，蒸発させた。
Ⅳ．水溶液にマグネシウムを入れた。

	A	B	C	D	E
Ⅰ：におい	なし	なし	あり	あり	あり
Ⅱ：赤色リトマス紙の変化	あり	なし	なし	あり	なし
Ⅲ：スライドガラスに残るもの	あり	あり	なし	なし	なし
Ⅳ：マグネシウムとの反応	なし	なし	あり	なし	なし

(1) Aの水溶液は何か。次のア～オのうちから1つ選び，その記号を書け。
 ア 食塩水 イ うすい塩酸 ウ うすい水酸化ナトリウム水溶液
 エ エタノール水溶液 オ うすいアンモニア水
(2) A～Eの水溶液のなかには，電流を流すものがある。これらの電流を流す水溶液には，どのような性質の物質が溶けているか。「水に溶けると」に続けて12字以内で書け。 （東京学芸大附高）

着眼
1 ④濃度〔％〕＝ $\dfrac{溶質の質量〔g〕}{溶液の質量〔g〕} \times 100$
2 (2)電解質の水溶液でないと電流を通さない。

[★]3 ［硫酸と水酸化バリウム水溶液の中和］

希硫酸Xに水酸化バリウム水溶液Yを準備した。これを用いて次の実験1,
2を行った。

【実験1】 A〜Fの6個のビーカーに,
Yをそれぞれ10mLずつ入れ, XをA
に5mL, Bに10mL, Cに15mL, D
に20mL, Eに25mL, Fに30mL加
えた。このとき生成した沈殿の質量を,
右のグラフの上に点で示した。グラフ
の縦軸は沈殿の質量〔mg〕, 横軸は加
えたXの体積〔mL〕である。

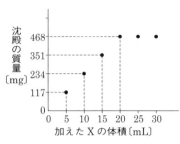

(1) 希硫酸と水酸化バリウム水溶液の反応を化学反応式で書け。

(2) 50mLのYに十分な量のXを加えると, 沈殿は何mg生成するか。整数
で答えよ。

(3) 次の物質のうち, この実験のように, 水溶液中で生成するとすぐに沈殿
するものはどれか。次のア〜オから1つ選んで, 記号で答えよ。

ア $CaCO_3$ イ $CaCl_2$ ウ $NaCl$
エ HCl オ $NaOH$

【実験2】 3個のビーカーG, H, Iを準
備して, それぞれ右の表のようにXとY
を混合し, 生じた沈殿の質量を測定した。

(4) 表の①〜③にあてはまる数値を整数で
答えよ。

ビーカー	G	H	I
Xの体積〔mL〕	35	25	③
Yの体積〔mL〕	5	15	20
沈殿の質量〔mg〕	①	②	702

(長崎・青雲高)

[★]4 ［中和と水溶液の性質］

次の実験について, 問いに答えなさい。

【実験Ⅰ】 純水の入った試験管にコンクリート片を入れ, BTB溶液を加えた
ところ, 溶液は青色を示した。

【実験Ⅱ】 実験Ⅰの溶液に気体Aを通したところ, 試験管中の溶液の色は少
しずつ変化し, やがて緑色を示した。このとき, 試験管の温度はわずかに上
昇していた。

着眼
　3 (1)硫酸と水酸化バリウム水溶液の中和では, 塩として硫酸バリウムができる。

【実験Ⅲ】 さらに気体 A を通したところ，溶液の色はまた，少しずつ変化し，やがてはっきりと黄色を示すようになった。このとき，コンクリートが溶け始めた。

(1) 実験 I で，BTB 溶液が青色を示す原因となるイオンの名称を答えよ。

(2) 実験 Ⅱ について説明した次の文章において，空欄 ① ～ ③ に入る語句の正しい組み合わせとして最も適切なものを，右の選択肢ア～カより選び，記号で答えよ。

	ア	イ	ウ	エ	オ	カ
①	酸化	酸化	還元	還元	中和	中和
②	放出	吸収	放出	吸収	放出	吸収
③	減少	増加	減少	増加	減少	増加

　このとき，気体 A によって，試験管中の水溶液は ① された。温度が上昇したのは ① の化学変化にかかわった物質が熱を ② したからである。その結果，物質全体がもっていた化学エネルギーは，反応前と比べて ③ したといえる。

(3) 気体 A について，最も適切なものを次のア～オより選び，記号で答えよ。ただし気体 A は酸性雨の原因物質であり，大気汚染を引き起こすものである。
　ア　オゾン　　　　　　イ　フロン　　　　　　ウ　ネオン
　エ　硫黄の酸化物　　　オ　炭素の酸化物

(4) 実験 I ～実験Ⅲ で観察された試験管のうち，マグネシウムリボンを入れると気体を発生するのはどれか答えよ。

(京都・同志社高)

★5 [中和する割合]

　A は硫酸，B は水酸化ナトリウム水溶液，C は塩酸，D は 2.7% の水酸化ナトリウム水溶液である。これらの水溶液を用いて，中和実験を行ったところ，次の結果が得られた。これらの結果をもとに，あとの問いに答えなさい。なお，各水溶液の密度はすべて 1.0g/cm³ とする。

【実験 I 】 A の水溶液 10cm³ を中和するのに B の水溶液 16cm³ を要した。

【実験 Ⅱ 】 B の水溶液 12cm³ を中和するのに C の水溶液 16cm³ を要した。

【実験Ⅲ】 C の水溶液 12cm³ を中和するのに D の水溶液 15cm³ を要した。

(1) A と C の各水溶液 1cm³ の中に含まれる H^+ の個数比を最も簡単な整数比で求めよ。

(2) A の水溶液 25cm³ に B の水溶液を 100cm³ 加えた混合液を中和するのに必要な C の水溶液の体積(cm³)を整数値で答えよ。

(3) B の水酸化ナトリウム水溶液の濃度は何 % か。四捨五入により小数第 1 位まで求めよ。

(愛知・東海高)

[★]**6** ［塩酸と水酸化ナトリウム水溶液の中和］

塩酸 50mL に水酸化ナトリウム水溶液を少しずつ加えていった。なお，この塩酸 15mL を中和するのに必要な水酸化ナトリウム水溶液は 10mL である。

(1) 塩酸と水酸化ナトリウム水溶液の中和の化学反応式を書け。

(2) 塩酸 10mL 中に含まれる水素イオンと，水酸化ナトリウム水溶液 10mL に含まれる水酸化物イオンの数の比はいくらか。最も簡単な整数比で答えよ。

(3) 水酸化ナトリウム水溶液 10mL を加えたとき，水溶液中に存在する水素イオンとナトリウムイオンの数の比はいくらか。最も簡単な整数比で答えよ。

(4) 水酸化ナトリウム水溶液 20mL を加えた後の混合液を加熱したら，あとに残る固体は何か。化学式で答えよ。

(長崎・青雲高)

[★]**7** ［中和熱］

ある濃度の塩酸と水酸化ナトリウム水溶液がある。これら 2 つの水溶液の混合前の温度，比熱は等しいものとして，下の問いに答えなさい。

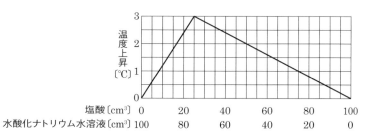

(1) 上の図は，塩酸と水酸化ナトリウム水溶液を混合する割合を変えて，100cm³ の混合液をつくったとき，どれだけ温度が上がるかをグラフにまとめたものである。塩酸 10cm³ に含まれる水素イオンの数と水酸化ナトリウム水溶液 10cm³ に含まれる水酸化物イオンの数の比は何対何か。

(2) 塩酸 150cm³ と水酸化ナトリウム水溶液 150cm³ を混合したとき，温度は何℃上昇するか。

(京都・同志社高)

[★]**8** ［中和と沈殿・電流］

酸やアルカリは，水溶液中で電離してイオンに分かれることが知られている。酸から生じる水素イオンと，アルカリから生じる水酸化物イオンは，次のように 1：1 で反応して水を生じ，同数のイオンが反応したとき『中和した』という。

$$H^+ + OH^- \longrightarrow H_2O$$

次に，おもな酸やアルカリの電離のようすを，電離式で示す。

塩酸	$HCl \longrightarrow H^+ + Cl^-$
硫酸	$H_2SO_4 \longrightarrow 2H^+ + SO_4{}^{2-}$
水酸化ナトリウム	$NaOH \longrightarrow Na^+ + OH^-$
水酸化バリウム	$Ba(OH)_2 \longrightarrow Ba^{2+} + 2OH^-$

これらを参考にして，次の問いに答えなさい。

(1) 塩酸と水酸化ナトリウムが中和するときの化学反応式は，次のように表される。

$$HCl + NaOH \longrightarrow NaCl + H_2O$$

塩酸と水酸化バリウムが中和するときの化学反応式を書け。

(2) 中和のとき，水以外に生じる物質(たとえば，$NaCl$ など)を一般に何というか。漢字で答えよ。

(3) 塩酸，硫酸，水酸化ナトリウム，水酸化バリウムの各水溶液のうち，2種類を混ぜ合わせたとき，ある組み合わせのときだけ白い沈殿が生じた。この白い沈殿となった物質の化学式を答えよ。

(4) 同じ体積の水溶液中に同じ個数の物質を溶かしてある A 塩酸，B 硫酸，C 水酸化ナトリウム，D 水酸化バリウムの各水溶液を用意し，次のように組み合わせて反応させた。

① 水溶液 C $10cm^3$ をビーカーにとり，水溶液 A を加えていった。

② 水溶液 D $10cm^3$ をビーカーにとり，水溶液 A を加えていった。

③ 水溶液 D $10cm^3$ をビーカーにとり，水溶液 B を加えていった。

このとき，右の図のように接続した電極をビーカー内に入れておき，加えた水溶液の体積と電流の関係を調べた。①～③にあてはまる最も適当なグラフを，下のア～エから1つずつ選び，記号で答えよ。ただし，同じものを選んでもかまわない。また，グラフはおよその形を表したものである。

(北海道・函館ラ・サール高)

$\overset{\star}{9}$ ［中 和］

中和に関する，次の問いに答えなさい。

(1) 酸の水溶液とアルカリの水溶液が中和すると，水と化合物Xが生成する。化合物Xを一般に何というか。

(2) 次のア～オのうち，Xに属するものをすべて選び，記号で答えよ。

ア　石灰水の成分　　　　　イ　アンモニア　　　　　ウ　酸化銅

エ　硫酸ナトリウム　　　オ　食酢の主成分

(3) うすい塩酸20cm³にうすい水酸化ナトリウム水溶液を少しずつ加えていったところ，20cm³加えたところで完全に中和した。さらに水酸化ナトリウム水溶液を10cm³加えた。

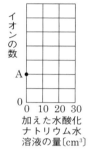

① この実験における水酸化物イオンの数の変化を，実線 ―― でグラフにかき入れよ。ただし，点Aはうすい塩酸20cm³に含まれている塩化物イオンの数を表している。

② この実線におけるイオンの数の和の変化を，点線 ------ でグラフにかき入れよ。

（東京・筑波大附高）

$\overset{\star\star}{10}$ ［中和のモデル］ ◀頻出

次のような中和の実験を行った。まず，ビーカーAからEのそれぞれにうすい塩酸を15cm³ずつ入れ，これにBTB溶液を数滴ずつ加えた。次に，表のような水酸化ナトリウム水溶液を各ビーカーに加えた。その結果，ビーカーCの水溶液だけ緑色になった。これについて，あとの問いに答えなさい。

ビーカー	A	B	C	D	E
うすい塩酸の体積〔cm³〕	15	15	15	15	15
水酸化ナトリウム水溶液の体積〔cm³〕	5	10	15	20	25

(1) ビーカーAからEのうちイオンの数が最も多いビーカーはどれか。また，そのビーカーの中で最も多いイオンは何か。そのイオンの化学式を書け。

着眼

9 (3)②完全に中和するまでは，減少した水素イオンと同数のナトリウムイオンが増加する。

(2) この実験に関係する陽イオンを○⁺, ●⁺, 陰イオンを△⁻, ▲⁻ で表し, 中和反応で生じた水を□で表す。これらの記号を用い 15cm³ のうすい塩酸のモデルを表したのが図 1 であり, ビーカー B の水溶液のモデルを表したものが図 2 である。ビーカー D の水溶液のモデルを表すのはどれか。次のア～オから選び, 記号を書け。

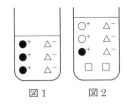

図 1　　図 2

ア　　　　イ　　　　ウ　　　　エ　　　　オ

(3) この中和の実験を水酸化ナトリウム水溶液の濃度を 2 倍にし, その他の条件は変えないで行ったとすると, ビーカー B の水溶液は何色になるか。

(国立高専)

★★11 [中和する割合を示すグラフ]

濃度の異なる水酸化ナトリウム水溶液 A・B と, うすい塩酸 C がある。さまざまな体積の水酸化ナトリウム水溶液 A・B と, これを中性にするのに必要なうすい塩酸 C の体積との関係を右のグラフに表した。次の各問いに答えなさい。

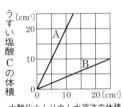

水酸化ナトリウム水溶液の体積

(1) 水溶液 A および B 各 10cm³ に, うすい塩酸 C を加えていったときの水酸化物イオンの数の変化を, それぞれグラフにかき込め。ただし, はじめの水溶液 A 10cm³ に含まれていた水酸化物イオンの数を 100 として, それぞれのグラフが A・B どちらを表すのか, はっきりわかるように示せ。

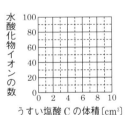

うすい塩酸 C の体積 [cm³]

(2) 水溶液 A 10cm³ にうすい塩酸 C を加えて中性にしようと実験していたところ, 誤って加えすぎてしまった。しかし, 水溶液 A がもう残っていなかったので, 水溶液 B を加えていったところ, 6.0cm³ 加えたところで中性になった。はじめに加えてしまった, うすい塩酸 C の体積を求めよ。

(東京・筑波大附駒場高)

着眼

10 この問題では, 塩酸と水酸化ナトリウム水溶液は 1 : 1 の体積の割合で中和する。

11 C 10cm³ を中和するために, A は 5cm³, B は 25cm³ 必要である。

★★12 ［中和とイオンの数の変化］ ◀頻出

右のグラフは，うすい水酸化ナトリウム水溶液 $10cm^3$ に塩酸（Ⅰ）を少しずつ加えていったときの，水溶液中のイオンの総数の変化を示したものである。ここで，はじめの水酸化ナトリウム水溶液 $10cm^3$ 中のイオンの総数を a，点 P における水溶液中のイオンの総数を b とする。

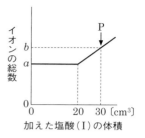

(1) 点 P における水溶液を再び中性にするには，はじめと同じ濃度の水酸化ナトリウム水溶液を何 cm^3 加えればよいか。

(2) 点 P における水溶液中の塩化物イオンの数を a を用いて表せ。

(3) この水酸化ナトリウム水溶液 $10cm^3$ に塩酸（Ⅰ）を少しずつ加えて，点 P の水溶液ができるまでの水素イオンの数の変化を右の図にグラフで表せ。

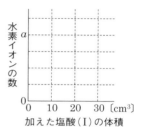

(4) 同じ水酸化ナトリウム水溶液 $10cm^3$ に塩酸（Ⅰ）の 2 倍の濃度の塩酸（Ⅱ）を $20cm^3$ 加えた水溶液中のイオンの総数はいくらか。a と b を必ず用いて表せ。

(広島・修道高)

★★13 ［水溶液の性質とイオンの数の変化］ ◀頻出

酢酸や硫酸を水に溶かした溶液には，マグネシウムのような金属を入れると ┃ Ａ ┃ が発生したり，BTB 溶液を緑色から ⅰ 色に変化させるというような共通の性質（酸性）がある。これは，これらの物質が水に溶けて ┃ Ｂ ┃ したときに共通に生じる水素イオンのはたらきのためである。一方，水酸化ナトリウムや水酸化バリウムのような物質を水に溶かすと，その水溶液は ⅱ 色のリトマス紙を ⅲ 色に変える。これは，水に溶けて水酸化物イオンが生じるからで，このような物質を ┃ Ｃ ┃ という。

(着眼)

12 うすい塩酸を加えていったとき，水素イオンと結びついて水になった水酸化物イオンと同じ数の塩化物イオンが増えるので，うすい水酸化ナトリウム水溶液がすべて中和するまではイオンの総量は変化しない。

これら2種類の水溶液を混ぜ合わせると，互いの性質が失われ，水溶液中には水と $\boxed{\text{D}}$ が新たに生じる。この反応を $\boxed{\text{E}}$ という。

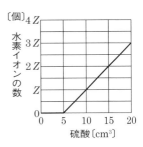

溶液 $10cm^3$ あたりに硫酸分子 Z 個を含む希硫酸 X と，溶液 $10cm^3$ あたりに $\boxed{\text{F}}$ 分子 Z 個を溶かした塩酸 Y がある。右図のグラフはうすい<u>水酸化バリウム水溶液 $10cm^3$ に希硫酸 X を滴下し</u>ていったときの混合溶液中に含まれる水素イオンの数の変化を表している。次の問いに答えなさい。

(1) $\boxed{\text{A}}$ ～ $\boxed{\text{F}}$ に適当な物質名あるいは用語を入れよ。

(2) ⅰ, ⅱ, ⅲにあてはまる色の組み合わせを以下から選び，記号で答えよ。
　　ア　黄，赤，青　　　イ　青，黄，赤　　　ウ　赤，青，赤
　　エ　青，赤，青　　　オ　黄，赤，黄

(3) 下線部の反応を化学反応式で示せ。

(4) 図1の例にならって，下線部の反応における次の①～③のイオンの数の変化を表すグラフをかけ。

①バリウムイオン
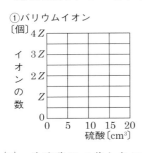

②硫酸イオン
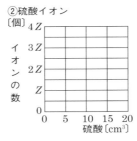

③混合溶液中のイオンの総数
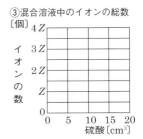

(5) 希硫酸 X の代わりに，塩酸 Y を滴下したときの混合溶液中の水素イオンの数の変化を表すグラフを右にかけ。

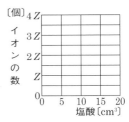

（奈良・東大寺学園高）

着眼

13 うすい水酸化バリウム水溶液に希硫酸を加えていくとき，うすい水酸化バリウム水溶液がすべて中和するまでは，水素イオンは水酸化物イオンと結びつくため増加しない。

★★14 ［酸・アルカリの性質と反応］

うすい塩酸（Aとする）と，うすい水酸化ナトリウム水溶液（Bとする）を用いて実験を行った。これについて，次の各問いに答えなさい。なお，AとBは体積比2：1で完全に中和した。

(1) Aをビーカーに入れ，電極に炭素棒を用いて電気分解したところ両極から気体が発生した。このときの全体の変化を1つの化学反応式で書け。また，陰極から発生した気体に酸素を加え，点火装置を用いて反応させた。このとき生成した物質の化学式を書け。

(2) 3つのビーカーa・b・cのそれぞれにAを100cm³ずつ取り，各ビーカーに次の量のBを加えた。このときに起こる変化を化学反応式で書け。また，BTB溶液を加えたとき緑色になったのはどのビーカーか。a～cの記号で答えよ。

aのビーカー：25cm³

bのビーカー：50cm³

cのビーカー：100cm³

(3) Bを加えたあとの(2)のa～cのビーカーのうち，その10cm³中の塩化物イオンの個数が，同体積のA中の塩化物イオンの個数の0.5倍になったのはどのビーカーか。a～cの記号で答えよ。

(4) Bを加えた後の(2)のcのビーカーでは，その10cm³中の水酸化物イオンの個数は，同体積中のB中の水酸化物イオンの個数の何倍になったか。数値で答えよ。

(5) 電極に炭素棒を用いてBを電気分解したところ，陽極からは酸素が，陰極からは水素が発生した。同じ装置を用いて，Bを加えた後の(2)のa～cの各ビーカーを短い時間電気分解したところ，すべてのビーカーの陰極から気体が発生した。この気体の種類について，次のア～ウのうち正しいものを選び，記号で答えよ。

ア 3つのビーカーとも同じ気体が発生した。

イ 2つのビーカーでは同じだが，1つのビーカーでは違う気体が発生した。

ウ 3つのビーカーとも違う気体が発生した。

（愛媛・愛光高）

着眼

14 (2)～(4)AとBは体積比2：1で完全に中和するので，A100cm³と過不足なく中和するBの体積は50cm³である。

★★15 ［中和・塩・イオン］

　硫酸と塩酸との混合水溶液Aがある。この水溶液を20cm³とり，フェノールフタレイン溶液を1，2滴加えてから，水酸化バリウム水溶液を加えていくと，白色沈殿を生じ始めたので，5cm³加えたところで沈殿を取り出し，その質量を測ると，0.02gあった。そこで，さらに水酸化バリウム水溶液を加え続けると，全体で（最初に加えた5cm³も合わせて）50cm³加えたとき，<u>⑦溶液の色にわずかな変化</u>があったので，加えるのをやめた。溶液は新たな沈殿を生じていたので，この沈殿を取り出し，前に取り出した沈殿と合わせて質量を測ったところ，0.08gあった。溶液中に溶けている溶質はすべて完全に電離しているものとし，また，水は電離しないものとして，次の問いに答えなさい。

(1)　ここで生じた白色沈殿は何か。化学式で答えよ。

(2)　溶液A20cm³中の硫酸と過不足なく反応する水酸化バリウム水溶液は何cm³か。

(3)　下線部⑦で，色は何色から何色に変わったか。

●(4)　溶液中にある硫酸イオン，塩化物イオン，水素イオンの個数を，それぞれp個，q個，r個とする。

　　①　溶液A20cm³中に含まれる水素イオンの個数（r）をp，qを用いて表せ。

　　②　溶液A20cm³に水酸化バリウム水溶液を加えていったときの，水素イオンの個数（r）をp，qと，加えた水酸化バリウム水溶液中に含まれていたバリウムイオンの個数sを用いて表せ。ただし，加える水酸化バリウム水溶液の体積は，50cm³までとする。

●(5)　ここで用いた水酸化バリウム水溶液10cm³中にはバリウムイオンが10^{20}個含まれていることがわかっている。この実験において，溶液中に含まれる全イオンの個数の和はどのように変化するか。横軸に加えた水酸化バリウム水溶液の体積（0cm³〜50cm³），縦軸にイオンの総数をとり，その変化のようすを右にグラフで示せ。

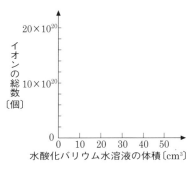

（兵庫・甲陽学院高）

着眼

15 (1)塩化バリウムは電解質であるが，硫酸バリウムは水に溶けない白色固体である。
　　(2)水酸化バリウムは，はじめは硫酸と反応し，硫酸がなくなると塩酸と反応する。
　　(3)フェノールフタレイン溶液はアルカリと反応して赤色になる。

★★★ **16** ［水溶液の分類とイオン］

　A～Gの7本の試験管に，次に示す7つの化合物のうちいずれか1つを含む，異なる水溶液が入っている。A～GのなかではBだけが青色の水溶液で，残りはすべて無色の水溶液である。

　　塩化バリウム，炭酸ナトリウム，炭酸水素カルシウム，硫酸銅，

　　水酸化カルシウム，硫酸アルミニウム，硫酸アンモニウム

　以下の実験①～⑤の結果から考えて，問いに答えなさい。なお，これらの化合物をつくる陽イオン，陰イオンの名称と化学式は下の表に示した通りである。

【実験①】 A，B，GのそれぞれにEを加えると，いずれの場合にも同一の白色沈殿が生じた。これらの沈殿は，さらに塩酸を加えても溶けなかった。

【実験②】 C，Dのそれぞれに塩酸を加えると，いずれの場合にも同一の気体が発生し，これらの気体をFに通じると白色の沈殿が生じた。

【実験③】 C，DのそれぞれにFを加えると，いずれの場合にも同一の白色沈殿が生じた。これらの沈殿は，さらに塩酸を加えると気体を発生しながら溶けた。

【実験④】 Dを加熱すると気体を発生しながら白色の沈殿が生じた。

【実験⑤】 GにFを加えて加熱すると刺激臭のある気体が発生し，これに濃塩酸をつけたガラス棒を近づけると白煙が生じた。

表：A～Gの水溶液中に含まれているイオン

陽イオンの名称	化学式	陰イオンの名称	化学式
ナトリウムイオン	Na^+	塩化物イオン	Cl^-
アンモニウムイオン	NH_4^+	水酸化物イオン	OH^-
カルシウムイオン	Ca^{2+}	炭酸水素イオン	HCO_3^-
バリウムイオン	Ba^{2+}	炭酸イオン	CO_3^{2-}
銅イオン	Cu^{2+}	硫酸イオン	SO_4^{2-}
アルミニウムイオン	Al^{3+}		

難▶(1) A～Gの試験管の中に入っている化合物をそれぞれ化学式で答えよ。

　(2) 実験①で，沈殿が生じる変化をイオンを表す化学式を使った反応式で表せ。

　(3) 実験②で，発生した気体と生じた沈殿を化学式で答えよ。

　(4) 実験③の下線部の変化を化学反応式で答えよ。

難▶(5) 実験④の変化を化学反応式で答えよ。

　(6) 実験⑤の下線部の変化を化学反応式で答えよ。

（兵庫・灘高）

着眼

　16 陽イオンと陰イオンが結びつくときは，電気的に中性になるような数の比で結びつくので，表をもとに化学式を導き出すことができるものもある。

2　電気分解・電池とイオン

解答 別冊 *p.10*

★17 ［電気分解とイオン①］ ◀頻出

　下の図のように，硝酸カリウム水溶液をしみこませたろ紙の上に，青色リトマス紙 A・C，赤色リトマス紙 B・D を置き，中央に塩酸をしみこませたろ紙を置いた。

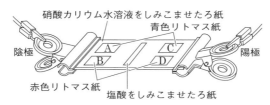

硝酸カリウム水溶液をしみこませたろ紙
青色リトマス紙
陰極　　　　　　　　　　　　　　　　陽極
赤色リトマス紙
塩酸をしみこませたろ紙

(1)　電流を流したとき，どのリトマス紙の色が変化するか。次のア～エから選び，記号で答えよ。

　　ア　A　　　イ　B　　　ウ　C　　　エ　D

(2)　(1)のリトマス紙の色を変化させたイオンは何か。化学式を書け。

（大阪桐蔭高改）

★18 ［いろいろな電池］

　右の図は，マンガン乾電池の断面図である。次の問いに答えなさい。

(1)　マンガン乾電池の説明として適当なものを，次からすべて選び，記号で答えよ。

　　ア　使うと電圧が低下し，もとにもどらない。

　　イ　使うと電圧が低下するが，充電するともとにもどる。

　　ウ　一次電池である。

　　エ　二次電池である。

(2)　充電とはどのような操作か。簡単に答えよ。

炭素棒
二酸化マンガンと塩化亜鉛などの水溶液
亜鉛

マンガン乾電池
の内部構造

着眼

　17　塩酸は酸性なので，水素イオンを含んでいる。

　18　(1)鉛蓄電池は二次電池である。

19 ［電気分解とイオン②］ ◀頻出

10％の塩化銅水溶液に電極を入れ，図のような装置で直流の電流を流した。

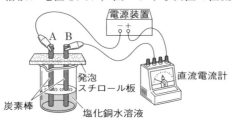

(1) 次の文は，電極A，Bにおける反応について述べたものである。（　　）内に入る語句の組み合わせとして最も適当なものを表のア～オから1つ選べ。

塩化銅水溶液中で，炭素棒Aでは（ ① ）イオンが電子を（ ② ）て（ ③ ）が生成し，炭素棒Bでは（ ④ ）イオンが電子を（ ⑤ ）て，（ ⑥ ）が生成する。

	①	②	③	④	⑤	⑥
ア	銅	受け取っ	銅	塩化物	放出し	塩素
イ	銅	放出し	銅	塩素	受け取っ	塩素
ウ	塩化物	受け取っ	塩化物	銅	放出し	銅
エ	塩素	受け取っ	塩素	銅	放出し	銅
オ	塩化物	放出し	塩素	銅	受け取っ	銅

(2) この実験を続けると塩化銅水溶液の色がうすくなった。理由を次から選べ。
ア　水溶液中の銅イオンが増加するから。
イ　水溶液中の銅イオンが減少するから。
ウ　水溶液中の塩化物イオンが増加するから。
エ　水溶液中の塩化物イオンが減少するから。
オ　水溶液中の電子が増加するから。
カ　水溶液中の電子が減少するから。

(3) 塩化銅水溶液のかわりに，他の物質を入れたビーカーを用いて同じ実験を行った。次に示した①～⑨のうち，電流が流れるものはどれか。電流が流れるものだけの組み合わせを下のア～オから1つ選び，記号で記せ。
① 食塩水　　　　② 固体の食塩　　　　③ アンモニア水
④ 塩酸　　　　　⑤ 砂糖水　　　　　　⑥ エタノール
⑦ 固体の塩化銅　⑧ 水酸化ナトリウム水溶液　⑨ 精製水
ア ①③④⑥　　　イ ①③④⑧　　　ウ ①④⑤⑥
エ ①④⑥⑧　　　オ ②④⑥⑧

（福岡・西南学院高）

★20 ［電流をつくり出す装置］ ◁頻出

　右の図の実験では，電源装置がない
のに回路に電流が流れている。この回
路について，次の問いに答えなさい。

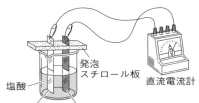

(1) 図のような電流をつくり出す装
　置を何というか。
(2) 電流が流れているとき，電子の
　移動について正しく述べているものは次のどれか。最も適当なものを1つ
　選び，記号で記せ。
　　ア　溶液中を銅板から亜鉛板に移動する。
　　イ　溶液中を亜鉛板から銅板に移動する。
　　ウ　導線中を銅板から亜鉛板に移動する。
　　エ　導線中を亜鉛板から銅板に移動する。
　　　　　　　　　　　　　　　　　　　　　　　　　　　（福岡・西南学院高）

★★21 ［塩化銅水溶液の電気分解①］

　塩化銅水溶液を炭素棒を使って電気分解した。これについて，次の問いに答
えなさい。

(1) 塩化銅水溶液の色は何色か。
(2) 陽極で起こる現象を正しく述べたものを，次のア～オから1つ選んで記
　号で答えよ。
　　ア　銅が析出する。　　　　イ　水素が発生する。
　　ウ　塩素が発生する。　　　エ　酸素が発生する。
　　オ　電極が細くなる。
(3) 陰極表面で起こることを正しく述べたものを，次のア～オから1つ選ん
　で記号で答えよ。
　　ア　原子が電子を放出しイオンになる。
　　イ　原子が電子を受け取りイオンになる。
　　ウ　イオンが電子を放出し原子になる。
　　エ　イオンが電子を受け取り原子になる。
　　オ　イオンが電子を受け取り分子になる。
　　　　　　　　　　　　　　　　　　　　　　　　　　　（長崎・青雲高）

着眼
　　20 (2)水溶液中ではイオンが移動する。
　　21 (3)電源装置の－極から陰極に向かって電子が移動する。

★★22 ［水の電気分解・燃料電池・化学電池］

次の文を読んで，下の問いに答えなさい。

水を電気分解すると，水素と酸素ができる。逆に，水素と酸素が反応すると，水ができる。このとき，20℃の水素 240cm³ を燃焼させると，2400J のエネルギーが発生することが知られている。したがって，このエネルギーを熱や電気のエネルギーとして利用することができる。この変化では，水だけが生じるので，水素は，環境にやさしいクリーンなエネルギー源として注目されている。いま，炭素電極を取りつけたガラス管に水酸化ナトリウム水溶液を満たしたのち，これを，水酸化ナトリウム水溶液を入れたビーカーに倒立させて電気を流すと，水が電気分解されて，図1のように両電極に気体がたまった。次に，図2のように各電極をプロペラつきのモーターにつなぐと，プロペラが回転して，たまっていた気体が少しずつ減っていった。

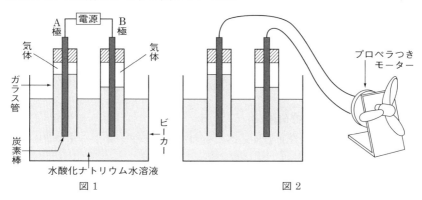

図1　　　　　　　　　　図2

(1)　図1のA極は，陽極，陰極のいずれか。

(2)　図1で，水の電気分解を行うのに，水酸化ナトリウム水溶液を用いる理由を説明せよ。

(3)　図2で，プロペラが回転しているときに，ビーカー内で起こっている変化を化学反応式で表せ。

(4)　次のうち，2枚の金属板を銅線でつないだとき，図2と同じエネルギー変化が起こるものはどれか。

　　ア　2枚の亜鉛板を希塩酸に浸す。

　　イ　亜鉛板と銅板をエタノールに浸す。

　　ウ　亜鉛板と銅板を食塩水に浸す。

　　エ　2枚の銅板を砂糖水に浸す。

（大阪・四天王寺高）

★*23* [化学電池]

　図1のような装置をLED（発光ダイオード）につなぐと発光ダイオードが点灯した。このことから，図1の装置は化学電池であるといえる。しかし，図2のようにLEDの＋端子と－端子をつなぎ変えると，LEDは点灯しなかった。これについて，あとの問いに答えなさい。ただし，セロハンには小さな穴がたくさんあいていて，イオンが少しずつ移動できるものとする。また，化学式で反応を表すとき，電子1個はe^-と表すものとする。

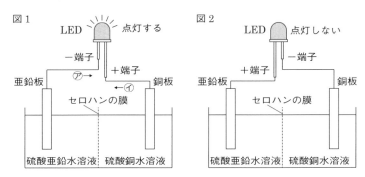

(1)　このような化学電池を何というか。

(2)　亜鉛板と銅板で，＋極になっているのはどちらか。

(3)　電子が移動する向きを，図1の㋐，㋑から選び，記号で答えよ。

(4)　亜鉛板と銅板では，それぞれどのような変化が見られるか。

(5)　亜鉛板のまわりで起こっている反応を正しく表したものを，次から選び，記号で答えよ。

　　ア　$Zn \longrightarrow Zn^+ + e^-$　　　　イ　$Zn \longrightarrow Zn^{2+} + 2e^-$

　　ウ　$Zn^+ + e^- \longrightarrow Zn$　　　エ　$Zn^{2+} + 2e^- \longrightarrow Zn$

(6)　銅板のまわりで起こっている反応を正しく表したものを，次から選び，記号で答えよ。

　　ア　$Cu \longrightarrow Cu^+ + e^-$　　　　イ　$Cu \longrightarrow Cu^{2+} + 2e^-$

　　ウ　$Cu^+ + e^- \longrightarrow Cu$　　　エ　$Cu^{2+} + 2e^- \longrightarrow Cu$

(7)　硫酸亜鉛水溶液から硫酸銅水溶液へ移動しているイオンは何か。化学式で答えよ。

(8)　硫酸銅水溶液から硫酸亜鉛水溶液へ移動しているイオンは何か。化学式で答えよ。

(9)　塩酸に亜鉛板と銅板を入れて導線でつなげた電池と比べて，この電池にはどのようなすぐれた点があるか。簡単に説明せよ。

★★*24* ［電気分解と電流］

　同じ濃度の塩化銅水溶液が100cm³ずつ4本のビーカーに入っている。これらに電極を浸して直流電圧をかけ，それぞれ0.1A，0.2A，0.3A，0.4Aの電流を流しながら，電極の表面につく金属の質量を測定した。次の図は，この実験結果である。このグラフを参考にして，あとの各問いに答えなさい。

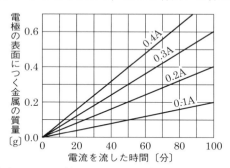

(1)　塩化銅水溶液中には，2種類のイオンが存在している。存在しているイオンすべてを，化学式で答えよ。

(2)　塩化銅水溶液の色は何色か答えよ。

(3)　塩化銅水溶液の色のもとになっているイオンは何か。イオン名で答えよ。

(4)　金属が付着したのは，片方の電極だけだった。どちらの電極に付着したか。陰極か陽極かで答えよ。

(5)　金属が付着しない側の電極では，ある変化が見られた。どのような変化が見られたか，簡単に説明せよ。

(6)　電極表面に付着する金属の質量は，電流の大きさ，電流を流す時間と，どのような関係になっているか。次のア〜エから最も適当なものを選び，記号で答えよ。

　　ア　付着する金属の質量は，電流の大きさに比例するが，電流を流す時間には反比例する。

　　イ　付着する金属の質量は，電流を流す時間に比例するが，電流の大きさには反比例する。

　　ウ　付着する金属の質量は，電流を流す時間に比例し，電流の大きさにも比例する。

　　エ　付着する金属の質量は，電流を流す時間に反比例し，電流の大きさにも反比例する。

(7)　付着する金属の質量をm〔g〕，電流の大きさをI〔A〕，電流を流す時間をt〔分〕としたとき，これらの関係を，文字を使った簡単な式で表せ。

(8) 0.5A の電流を 60 分間流したとき，電極表面に付着する金属の質量は何 g か。小数第 1 位まで答えよ。ただし，実験をはじめて 60 分後にも，水溶液中にはじゅうぶんな量の塩化銅が残っているものとする。

(9) この塩化銅水溶液と同じ濃度の砂糖水 100cm³ がある。この砂糖水に電極を浸し，塩化銅水溶液に 0.2A の電流を流したときと同じ直流電圧を，60 分間かけ続けた。このとき，電極表面につく砂糖の質量は何 g か。小数第 1 位まで答えよ。ただし，実験をはじめて 60 分後にも，水溶液中にはじゅうぶんな量の砂糖が残っているものとする。

(京都・同志社高図)

★★25 ［塩化銅水溶液の電気分解②］

塩化銅水溶液を，陽極に白金板，陰極に縦・横ともに 1cm の薄い銅板を用いて電気分解した。陽極からは気泡が発生したが，陰極では気泡が見られなかった。一定時間電気分解したのち，銅板の質量をはかったところ，108mg 増加していた。

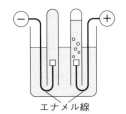

エナメル線

(1) 塩化銅のように，その水溶液が電気を通す物質を何というか答えよ。

(2) 陽極と陰極での反応を，電子 e⁻ を使ったイオン反応式でべつべつに示せ。

(3) 銅の密度を 9.0g/cm³ として，銅板の厚さは平均何 mm 増加したか答えよ。ただし，銅板の面積は変わらないものとする。

(4) 陽極側の試験管にたまった気体の質量が 32.4mg であった。塩素原子の質量を銅原子の 0.6 倍であるとして，発生した気体の何％が捕捉されたことになるか答えよ。ただし，発生した気体は純粋で，水蒸気などは含まないものとする。

(兵庫・灘高)

着眼
24 (6)金属の質量と電流の大きさとの関係を比較するには，電流を流した時間を同じにすればよい。
25 (3)体積〔cm³〕×密度〔g/cm³〕＝質量〔g〕という関係がある。
(4)陰極が水溶液にあたえる電子の数と，陽極が水溶液から受け取る電子の数は同じになる。

$\overset{\star\star}{26}$ [電気分解とイオンの移動]

右の図のように，水道水でしめらせた台紙(ろ紙)の上にA～Dの試験紙を置いた。さらに，中央には水酸化ナトリウム水溶液をしみ込ませたろ紙を置き，両端から電圧をかけた。(1)～(5)の問いについて，それぞれの解答群ア～オから正しいものを1つ選び，記号で答えなさい。

フェノールフタレイン溶液をつけたろ紙
台紙
陽極
A　B
C　D
陰極
青色リトマス紙　　　　　　　　赤色リトマス紙
水酸化ナトリウム水溶液をしみ込ませたろ紙

(1) 色が変わった試験紙はどれか。

　ア　A　　　　イ　AとC　　ウ　B　　　　エ　C　　　　オ　D

(2) (1)の結果は何色か。

　ア　青色　　　イ　赤色　　ウ　無色　　エ　黄色　　オ　緑色

(3) 色を変化させたのは，何というイオンか。

　ア　水素イオン　　　　　イ　ナトリウムイオン
　ウ　塩化物イオン　　　　エ　水酸化物イオン
　オ　ナトリウムイオンと水酸化物イオン

(4) C，Dの場所に，リトマス紙の代わりに緑色のBTB溶液をつけたろ紙を置くと，変化するのはC，Dのどちらで何色になるか。

　ア　Cで青色　　　　イ　Cで黄色　　　ウ　Dで青色
　エ　Dで黄色　　　　オ　Dで赤色

(5) 中央のろ紙に，次の水溶液をしみ込ませたものを置いたとき，(1)と同じ結果になるものはどれか。

　ア　砂糖水　　　イ　食塩水　　　　ウ　炭酸水
　エ　塩酸　　　　オ　アンモニア水

(東京・日本大豊山女子高)

着眼

26 (1)～(3)フェノールフタレイン溶液は，水酸化物イオンによって赤色に変化する。青色リトマス紙は，水素イオンによって赤色に変化する。赤色リトマス紙は，水酸化物イオンによって青色に変化する。また，水素イオンは陽イオン，水酸化物イオンは陰イオンである。

★★27 [塩化ナトリウム水溶液の電気分解]

塩化ナトリウム水溶液の電気分解について，次の2つの実験を行った。あとの各問いに答えなさい。

【実験1】 図1のように，炭素棒を電極として塩化ナトリウム水溶液の電気分解を行った。

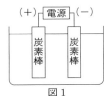

図1

(1) 塩化ナトリウムが水溶液中で電離するようすを化学反応式で表せ。

(2) 陽極での反応を電子を e^- として，化学反応式で表せ。

(3) 次の文の____に適切な語句または数値を入れよ。ただし，同じ体積の気体には，気体の種類に関係なく同じ数の気体分子が含まれているものとする。

「陰極では $2H_2O + 2e^- \longrightarrow H_2 + 2OH^-$ の変化が起こり，水素が発生する。いま，陰極で水素が $10cm^3$ 発生したとき，理論上，陽極では____A____が____B____cm^3 発生することになる。」

(4) 両極で実際に発生した気体の体積と理論上の数値のずれを調べたところ，陽極で発生した気体のほうがずれが大きかった。その理由を次から選べ。

ア 発生した気体どうしが反応するから。

イ 同時に他の気体が発生するから。

ウ 発生した気体が水に溶けるから。

エ 発生した気体が空気より重いから。

【実験2】 図2のように，塩化ナトリウム水溶液を，陽イオンだけ自由に通し陰イオンを通さない特殊な膜で仕切り，実験1と同じように電気分解を行った。一定時間電気分解を行ったのち，陰極付近の水溶液をとり，濃縮すると新たな物質Xが得られた。

(+)─[電源]─(−)

炭素棒 炭素棒

↑特殊な膜

図2

難(5) 特殊な膜で仕切ることで，電気分解のときの水溶液内のイオンの動きが制限される。電気分解前と比べて，陰極付近で濃度が増加しているイオンが2つある。1つは膜を通れずに残ったイオンYと，もう1つは膜を通ってきたイオンZである。それぞれのイオンY，イオンZを化学式を用いて表せ。

(6) 実験2で得られた物質Xは何か。

(福岡・久留米大附設高)

着眼

27 (3)ナトリウムは水素よりイオンになりやすい。

☆☆☆ **28** ［電池とイオン化傾向］

次の文章Ⅰ・Ⅱを読み，(1)～(5)に答えなさい。

Ⅰ．右の図のように，(あ)亜鉛板と銅板をお互い触れ ないようにうすい硫酸の中に浸した。これは，1799 年頃に発明され，有名な電池の１つとして 知られている。この電池をきっかけとして，電 気化学が発展し，(い)身のまわりの物質でも電池を つくることができるとわかった。そして，現在 では利用する用途に合うように，さまざまな電 池が研究・開発されている。

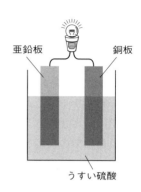

亜鉛板　　　　　銅板

うすい硫酸

(1) 下線部(あ)の電池をモーターにつ なぐと，モーターが回った。これ について次の①～④のうち，正誤 の組み合わせとして正しいものを 右のア～カから１つ選び，記号で 答えよ。

	ア	イ	ウ	エ	オ	カ
①	正	正	正	誤	誤	誤
②	正	誤	誤	正	正	誤
③	正	正	正	誤	正	正
④	誤	誤	正	正	誤	誤

① この電池の＋極は銅板である。

② モーターが回っているとき，銅板の表面では，酸素が発生する。

③ モーターが回っているとき，亜鉛板では，亜鉛原子１つに対して２つ の電子を放出して，陽イオンになる。

④ この電池の硫酸中の亜鉛板・銅板の表面積をより多くすると，モーター はさらに速く回る。

(2) 下線部(い)について，次の①～④の材料を使って，電池①～④をつくり，

電子オルゴールにつなげると，２つ だけ電子オルゴールから音楽が流 れた。音楽が流れた電池を○，流 れなかった電池を×として正しい 組み合わせを右のア～カから１つ 選び，記号で答えよ。

	ア	イ	ウ	エ	オ	カ
①	○	○	○	×	×	×
②	○	×	×	○	×	×
③	×	○	×	○	×	○
④	×	×	×	×	○	○

① 電極：アルミニウム板と銅板　　　水溶液：砂糖水

② 電極：備長炭とアルミニウムはく　水溶液：食塩水

③ 電極：銅板と銅板　　　　　　　　水溶液：お酢

④ 電極：銅板と亜鉛板　　　　　　　水溶液：レモン果汁

(3) 次の①〜④の文章は，電池に関するものである。正誤の組み合わせとして正しいものを，右のア〜カから1つ選び，記号で答えよ。

	ア	イ	ウ	エ	オ	カ
①	正	正	誤	誤	誤	誤
②	正	正	正	正	誤	誤
③	正	誤	誤	正	誤	正
④	誤	正	誤	誤	正	正

① 電流の向きと電子の移動する向きは，ともに＋極から－極の向きである。

② 電気エネルギーを運動エネルギーに変換する装置を電池という。

③ 充電してくり返し使うことができる電池を二次電池という。

④ 水素と酸素を利用して電気エネルギーをとり出す装置を燃料電池という。

Ⅱ．電解液としてうすい塩酸と，電極として亜鉛板と鉄板を用いて電池をつくった。この電池では，鉄よりも亜鉛のほうが，陽イオンとなり電子を放出しやすいので，亜鉛板が（ a ）極となる。このように，電子を放出し，陽イオンになろうとする性質をイオン化傾向という。イオン化傾向は金属の種類によって異なり，たとえばカルシウムは比較的イオン化傾向が大きいことがわかっている。ここで，亜鉛，鉄，マグネシウム，銅の金属を組み合わせて，電池をつくってみたところ，次のような結果が出た。ただし，用いた電解液の種類，濃度は同じものとする。

電池1．電極：亜鉛とマグネシウム　→　豆電球につなぐと，豆電球が点灯し，マグネシウムの電極の質量が減少していた。

電池2．電極：銅とマグネシウム　→　発光ダイオードの＋極側に銅を，－極側にマグネシウムをつなぐと，発光ダイオードは点灯した。

電池3．電極：銅と鉄　→　検流計の＋端子側に鉄，－端子側に銅をつないで調べると，－端子側に電流が流れ込むことがわかった。

したがって，5種類の金属の元素記号を用いて，イオン化傾向の大きいものから順番に並べると，Ca ＞（ b ）＞（ c ）＞（ d ）＞（ e ）となる。

(4) 文中（ a ）に入るものとして正しいものを，次のア，イのうちから1つ選び，記号で答えよ。

　　　ア　＋　　　イ　－

▶(5) 文中（ b ）〜（ e ）に入る組み合わせとして正しいものを，右のウ〜クから1つ選び，記号で答えよ。

	ウ	エ	オ	カ	キ	ク
b	Cu	Cu	Mg	Mg	Mg	Zn
c	Fe	Zn	Fe	Fe	Zn	Mg
d	Zn	Fe	Zn	Cu	Fe	Cu
e	Mg	Mg	Cu	Zn	Cu	Fe

（大阪・清風南海高）

1編 実力テスト

時間 **50**分
合格点 **70**点

得点 　　／100

解答 別冊 *p.15*

1 次の文を読んで，あとの問いに答えなさい。(21点)

　物質は原子からできている。原子はその中心にある＋の電気を帯びた(①)と周囲を回っている－の電気を帯びた(②)から成り立っていて，全体として電気を帯びていない。しかしある種の原子では，(②)を失ったり，受け取ったりして電気を帯びた状態になっているものがある。これがイオンである。

　塩化銅を水に溶かしたときのように，イオンに分かれることを(③)という。また，(③)する物質を(④)という。塩化銅水溶液に炭素棒を電極として直流電流を流すと，陰極に(⑤)が付着し，陽極からは(⑥)が発生する。

(1) 文中の(①)〜(⑥)の中に入る適切な語句を答えよ。ただし，(⑤)，(⑥)は物質名で答えよ。(各3点)

(2) 塩化銅水溶液を電気分解したときの化学反応式を書け。(3点)

(長崎・青雲高)

2 次のⅠ〜Ⅳの実験について，あとの問いに答えなさい。(27点)

Ⅰ．うすい硫酸に亜鉛板を入れた。

Ⅱ．うすい硫酸に銅板を入れた。

Ⅲ．塩化銅水溶液に亜鉛板を入れた。

Ⅳ．右の図のように銅板と亜鉛板をうすい硫酸に入れ，電圧計を接続した。

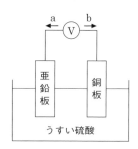

(1) Ⅰ〜Ⅲの実験結果をそれぞれ次のア〜オから選び，記号で答えよ。(各3点)

　ア　酸素を出しながら溶ける。

　イ　水素を出しながら溶ける。

　ウ　水溶液の色が濃くなる。

　エ　水溶液の色がうすくなる。

　オ　変化しない。

(2) Ⅲの実験結果の理由を簡単に書け。(3点)

(3) Ⅳの実験で時間がたつにつれて水溶液中で数が増えるイオンは何か。化学式で答えよ。(3点)

(4) Ⅳの実験で亜鉛板上と銅板上で起こっている反応を，それぞれ電子 e⁻ の記号と化学式を使って表せ。(各3点)

(5) Ⅳの実験で電流の流れる向きは図の a，b のどちらか。(3点)

(6) Ⅳの実験で亜鉛板のかわりにマグネシウム板を使うと，電圧はどのように変化するか。次のア〜ウから選び，記号で答えよ。(3点)

　　ア　上がる。

　　イ　下がる。

　　ウ　変化しない。

(京都・洛星高)

3 次の2つの実験とグラフをもとに，あとの問いに答えなさい。(7点)

【実験1】 ある濃度の塩酸 40cm³ をビーカーにとり，2〜3滴の BTB 溶液を加えた。これに，うすい水酸化ナトリウム水溶液を少しずつ加えたところ，20cm³ 加えたところで水溶液が中性になった。

【実験2】 実験1の塩酸を 30cm³ ずつ入れた三角フラスコを5個用意し，この中にマグネシウムをそれぞれ 0.1g，0.2g，0.3g，0.4g，0.5g 入れ，発生した気体の体積を測定した。下の図は，測定結果をグラフにまとめたものである。

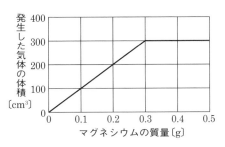

(1) 実験1で用いた塩酸の2倍の濃度の塩酸 10cm³ を中性にするには，実験で用いた水酸化ナトリウム水溶液は何 cm³ 必要か。(3点)

(2) ある濃度の塩酸 30cm³ に 1.2g のマグネシウムを入れると，マグネシウムはすべてとけ，気体の発生がおさまり，さらにマグネシウムを加えても気体は発生しなかった。この塩酸と同じ濃度の塩酸 10cm³ を中性にするには，実験1で使用した水酸化ナトリウム水溶液を何 cm³ 加えればよいか。(4点)

(大阪・清風南海高)

4 次の a ～ g の水溶液について，あとの問いに答えなさい。(33点)

   a　石灰水

   b　塩酸

   c　過酸化水素水

   d　塩化ナトリウム水溶液

   e　塩化カリウム水溶液

   f　水酸化ナトリウム水溶液

   g　硝酸銀水溶液

(1)　a，b は，水に何を溶かした水溶液か。物質名を答えよ。(各3点)

(2)　水道水に g を入れたところ，少しにごった。これから，何がわかるか。簡単に書け。(3点)

(3)　c に黒い固体を入れると，気体が発生した。黒い固体の物質名を書け。(3点)

(4)　b と d の水溶液を区別するのに正しくない実験はどれか。すべて選び，記号で答えよ。(3点)

  ア　フェノールフタレイン溶液を入れる。

  イ　BTB 溶液を入れる。

  ウ　蒸発皿に入れて水を蒸発させる。

  エ　硝酸銀水溶液を入れる。

  オ　亜鉛を入れる。

(5)　d と e を区別するにはどのような実験をすればよいか。実験名と結果を簡単に書け。(各3点)

(6)　b と f を混ぜて中性になるときの体積を求めると次の図のようなグラフが得られた。

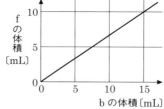

①　この反応を，化学反応式を使って表せ。(3点)

②　b を 5mL と f を 10mL 混ぜたとき混合溶液中に存在するイオンの化学式を多い順に書け。(3点)

③　b を 10mL と f を 20mL 混ぜたとき，BTB 溶液を入れると何色になるか。また，ちょうど中和させるには b，f どちらの溶液が何 mL 必要か。(各3点)

（京都・洛星高）

5 水酸化ナトリウム水溶液にBTB
溶液を加え，塩酸を少しずつ加
えていったとき，BTB溶液の色の変化
と電流の流れ方を図のような装置を組
んで調べたら，グラフのような結果が
得られた。各問いに答えなさい。(12点)

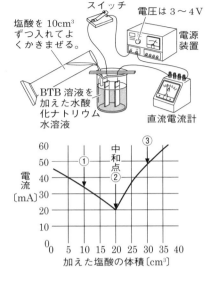

(1) 次のa～eのイオンで，グラフ
の①のとき，ビーカー内に存在する
ものはどれか。正しい組み合わせを
ア～オから1つ選んで答えよ。(3点)

　　a．K^+
　　b．Cl^-
　　c．H^+
　　d．OH^-
　　e．Na^+

ア a, b, c　　　**イ** b, c, d　　　**ウ** c, d, e
エ b, d, e　　　**オ** a, b, d

(2) グラフの③のとき，溶液の色は何色か。次のア～オから1つ選んで記号
で答えよ。(3点)
　　ア 黄　　**イ** ピンク　　**ウ** 緑　　**エ** 青　　**オ** 無色

(3) グラフの②の状態を誤って述べているものはどれか。次のア～オから1
つ選んで記号で答えよ。(3点)
　　ア 沈殿が生じるので，電流が0にならない。
　　イ 塩化物イオンが存在する。
　　ウ 赤色リトマス紙に溶液をつけても色の変化は見られない。
　　エ ナトリウムイオンが存在する。
　　オ 水素イオンと水酸化物イオンが過不足なく反応している。

(4) BTB溶液の代わりにフェノールフタレイン溶液を加えて実験を行うと，
グラフの①のときの溶液の色は何色か。次のア～オから1つ選んで記号で
答えよ。(3点)
　　ア 黄　　**イ** ピンク　　**ウ** 緑　　**エ** 青　　**オ** 無色

　　　　　　　　　　　　　　　　　　　　　　　　（東京・日本大豊山女子高）

1 生物の成長とふえ方

解答 別冊 *p.17*

*29 ［細胞分裂の観察］ **◀頻出**

細胞分裂について，次の問いに答えなさい。

(1) 右の図はある生物を顕微鏡で観察したときのスケッチである。このように見えるのはどれか。次のア～オから1つ選べ。

ア　タマネギの根

イ　タマネギの表皮

ウ　オオカナダモの葉

エ　ムラサキツユクサのおしべの毛

オ　ヒトのほおの粘膜細胞

(2) 図中の①～⑥は分裂中の細胞である。細胞分裂の正しい順序はどれか。次のア～カから1つ選べ。

ア　②→④→⑥→⑤→①→③　　　イ　②→⑥→④→⑤→①→③

ウ　③→①→⑤→④→⑥→②　　　エ　③→②→④→⑥→⑤→①

オ　⑥→④→②→⑤→①→③　　　カ　⑥→⑤→④→②→①→③

(三重・高田高)

*30 ［根の成長と細胞分裂］ **◀頻出**

根の成長と細胞分裂について，あとの問いに答えなさい。

(1) ソラマメの根を使って細胞分裂の観察をした。図1はソラマメの種子と根を示している。A，B，C，Dは，発根数日後のソラマメの根に等間隔の印を油性マジックでつけたものである。

図1

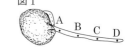

① 1週間後に再び観察したとき，間隔が最も長くなっているのはどこか。ア～ウから1つ選び，記号で答えよ。

ア　A～B間　　　イ　B～C間　　　ウ　C～D間

② 図1のA～Dのうち，細胞分裂の観察に最もふさわしい所はどこか。記号で答えよ。

③ 図1のA～Dのうち，細胞の大きさが1番小さい所はどこか。記号で答えよ。

着眼

29 (1)成長している部分で，盛んに細胞分裂が行われている。

(2)　図2は，ソラマメの根の細胞分裂のようすを示したものである。

図2

a　b　c　d　e　f

①　図2のa～fについて，aを1番目として細胞分裂の順番に並べたとき4番目になるのはどれか。記号で答えよ。

②　細胞分裂のときだけ図2中のひものような形のものを見ることができる。これは何とよばれているか。名称を答えよ。

（広島大附高）

★**31**［細胞分裂］

　次のア～キの各文は，植物細胞または動物細胞の体細胞分裂に見られるごく一般的な現象の一部を記述したものである。あとの問いに答えなさい。

ア　染色体が細胞の中央に並ぶ。

イ　細胞の体積が回復する。

ウ　細い糸状の染色体が太い染色体に変わる。

エ　細胞質の分裂が完了する。

オ　細胞の中央部に仕切りが形成される。

カ　細胞の中央部が外側から内側にくびれる。

キ　染色体が割れ目から分かれて両極へ移動する。

(1)　次の問いに答えよ。

　①　ア～キの各文のうちから植物細胞の分裂過程と関係のないもの除き，残りを植物細胞の分裂過程の順番に並べ，記号で答えよ。ウを初めとする。

　②　ア～キの各文のうちから，動物細胞では見られない現象を選び，記号で答えよ。また，その現象がなぜ見られないのかを説明せよ。

(2)　図はタマネギの先端を表している。光学顕微鏡で体細胞分裂を観察するのによく用いられる部分を図の(a)～(d)から1つ選び，記号で答えよ。

(3)　(2)で，体細胞分裂を観察するときにうすい塩酸を用いた。その役割を説明せよ。

（京都・同志社高）

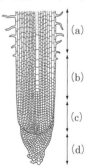

(a)
(b)
(c)
(d)

<hr>

着眼

30 (1)②③は，どちらも細胞分裂が盛んに行われている所である。

31 (1)植物細胞と動物細胞の細胞分裂では，細胞質が分かれたあとに大きな違いが見られる。

[*]**32** ［減数分裂と体細胞分裂］ ◁ 頻出

次の問いに答えなさい。

(1) 次の(　　)内にあてはまるものを，下のア～オから1つ選べ。

　　卵や精子ができるときは，それぞれの細胞に含まれる(　　)が半分になる特別な細胞分裂が起こる。

　ア　葉緑体の数

　イ　細胞質

　ウ　核の数

　エ　染色体の数

　オ　液胞の数

(2) 右の図は，受精後しばらく経過したカエルの胚の
ようすを示したものである。黒く塗りつぶした細胞に
含まれる染色体の数は，親カエルのものと比べるとど
のようになっているか。次のア～オから1つ選べ。

　ア　親の精子と同じである。

　イ　親の体細胞の8分の1である。

　ウ　親の体細胞の半分である。

　エ　親の体細胞と同じである。

　オ　親の体細胞の2倍である。

（三重・高田高）

[*]**33** ［受　精］

　カエルの雌の卵と雄の精子が合体して受精卵ができる。植物では具体的に何と何が合体してこの現象が起こるか。次のア～オから1つ選びなさい。

　ア　やくと柱頭が合体して胚珠ができる。

　イ　花粉と柱頭が合体して子房ができる。

　ウ　精細胞と卵細胞が合体して子房ができる。

　エ　精細胞と卵細胞が合体して受精卵ができる。

　オ　精細胞と卵細胞が合体して胚珠ができる。

（東京学芸大附高）

着眼

　32 (2)黒く塗りつぶした細胞は，1つの体細胞である。

　33 花粉の中にあった生殖細胞と胚珠の中の生殖細胞が合体する。

★34 ［減数分裂］ ＜頻出

減数分裂が起こっているのはどこか。次から１つ選び，記号で答えなさい。

ア　ヒトの脳　　　　　　　イ　ヒトのほおの内側

ウ　オオカナダモの葉　　　エ　タマネギの根の先端

オ　カエルの精巣

（長崎・青雲高）

★35 ［減数分裂・受精・生殖］ ＜頻出

次の問いに答えなさい。

(1) 次の文章の（　　）にあてはまる語句を，ア～オから選べ。

減数分裂では（　　）の数が半分になる。

ア　核　　　イ　精子　　　ウ　染色体　　　エ　花粉　　　オ　卵

(2) 次の各文から，正しいものを選べ。

ア　被子植物の受精は，花粉管の中の精子と胚珠の中の卵細胞の間で起こる。

イ　受精卵の染色体の数は，体の細胞の２倍になってしまうが，その後，減数分裂が起きて，体の細胞と同じ数にもどる。

ウ　生殖には，雌雄が関係する有性生殖と，雌雄が関係しない無性生殖の２つがある。

（東京・お茶の水女子大附高改）

★36 ［生　殖］ ＜頻出

次の文中の ① ～ ③ に入る適語を答えなさい。

土手の向こうには，ジャガイモの畑がひろがっていた。ジャガイモを掘ると，地下の ① にいくつものイモがなっている。このイモが芽を出し，次の世代が育っていくのがジャガイモの繁殖になる。このような方法で子孫をふやすことを ② という。一方で，ジャガイモは花を咲かせることから， ② でない方法で子孫をふやすことも可能である。花が咲いたあと ③ ができるので，ジャガイモは ③ 植物の仲間である。

（京都・同志社高）

着眼

34, 35 生殖細胞がつくられるときに減数分裂が行われる。

36 イモができるときに雌雄は関係していない。

*37 ［生殖と遺伝］ ◀頻出

被子植物の一種であるセイロンベンケイ
ソウの葉を切り取って水に入れた容器につ
けておいたら，右の写真のように葉の周囲
から小さな芽が出てきた。この芽をはずし
て土に植えたら成長した。

以下の各問いに答えなさい。

(1) このような生殖の方法を何というか。

(2) 葉を切り取ったもとの個体を親，葉から出た芽を育ててできた個体を子
と見なしたとき，次のなかで正しいものはどれか。すべて答えよ。

ア　子は，親とまったく同じ形質をもつ。

イ　子は，親と少し違った形質をもつ。

ウ　子は，親と同じ大きさまで成長するが花は咲かない。

エ　子は，親と同じ大きさまで成長できずに早く枯れる。

オ　子の染色体数は，親の葉の細胞にある染色体数の半分である。

カ　子の染色体数は，親の花粉の精細胞にある染色体数の2倍である。

(東京・筑波大附駒場高改)

**38 ［生殖・発生・変態］

生殖に関する次の文を読んで，あとの問いに答えなさい。

生物の生殖方法には，大きく分類すると2つの方法がある。1つは，A雌雄
の区別のある生殖方法，もう1つは，B雌雄に関係のない生殖方法である。

(1) 下線部Aと下線部Bのような生殖方法をそれぞれ何というか。

(2) 下線部Aでつくられる生殖細胞にはどのようなものがあるか。

(3) (2)で答えた生殖細胞をつくるときの細胞分裂を何というか。

(4) 右の図は雌親と雄親の体細
胞の染色体を示したものであ
る。右の図の個体が下線部A
の方法で新個体をつくった場
合，新個体の体細胞の染色体
を一番右の図に示せ。

雌親　　　雄親

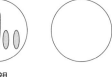

(5) 次の図は両生類(アフリカツメガエル)の発生のようすを表したものであ
る。図を発生の進む順に並べ替え，記号で答えよ。

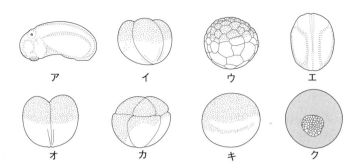

ア　イ　ウ　エ

オ　カ　キ　ク

(6)　次のような実験を行った。この結果から得た考察の文中の空欄（　A　）
〜（　E　）に適する語句を，あとの語群ア〜タから選び，記号で答えよ。

【実験】　「物質X」は，アフリカツメガエルの変態に関与する物質である。こ
のはたらきを調べるために，次のような実験を行った。

　　同じ発生段階のアフリカツメガエルの幼生を，一方は，「物質X」を含ん
だ溶液中で飼育(a)，もう一方は，蒸留水で飼育(b)した。その飼育期間中，
それぞれの幼生の体長に対して尾の長さの占める割合を調べた。するとそ
の割合は，(a)の幼生では，だんだん小さくなっていき，(b)の幼生では
だんだん大きくなっていった。さらに，飼育最終日にはそれぞれを解剖し，
幼生の腸の長さを測ったところ，(a)の幼生の腸は(b)の幼生の腸に比べ，
かなり短くなっていた。また，メダカを，一方は，餌としてかつお節を与
えて一定期間飼育(c)，もう一方は，餌としてアオノリを与えて(c)と同じ
期間だけ飼育(d)した。それぞれ解剖し，腸の長さを測ったところ，(c)の
腸は(d)の腸に比べて短かった。

【考察】　(b)の幼生では，日を追うにつれ，尾が伸びていることから，この
時期の幼生は自然に成長すれば変態が（　A　）ことがわかる。しかし，(a)
の幼生では，尾が縮小するという現象が見られた。以上のことから，「物
質X」は変態を（　B　）させる物質だと考えられる。次に，腸の長さの測
定結果から，変態にともなって（　C　）が変化することに備えたことがわ
かる。幼生のときは（　D　）であるが，成体になると（　E　）へと変化す
るためである。

ア　起こる	イ　起こらない	ウ　促進	エ　抑制
オ　体色	カ　呼吸法	キ　食物	ク　生活場所
ケ　緑色	コ　灰色	サ　えら呼吸	シ　肺呼吸
ス　肉食	セ　草食	ソ　水中	タ　陸上

（大阪・清風南海高）

39 ［植物の受精］

次の文章を読み，あとの問いに答えなさい。

カボチャでは，花粉がめしべの先の（　①　）に受粉すると，やがて花粉は発芽して，花粉管を子房の中の（　②　）に向かって伸ばす。花粉管の中には，生殖細胞の（　③　）があり，（　③　）の核と（　②　）の中にある生殖細胞の（　④　）の核が合体して受精卵ができる。受精卵は細胞分裂をくり返して種子の中の（　⑤　）となる。

(1) 文章中の（　①　）～（　⑤　）に適する語を答えよ。

(2) 花粉管が伸びるようすを観察するために，表1のA～Cの寒天溶液をそれぞれスライドガラスの上に滴下して固め，その上に花粉をまいた。表2は，花粉管が伸びるようすを10分ごとに顕微鏡で観察し，花粉管の長さを測定した結果をまとめたものである。

表1

A	水100cm³に寒天2gを加えたもの
B	水100cm³に砂糖5g, 寒天2gを加えたもの
C	水100cm³に砂糖10g, 寒天2gを加えたもの

表2

	花粉管の長さ〔µm〕			
	10分	20分	30分	40分
A	295	403	450	450
B	210	473	705	876
C	48	82	113	175

(注) 1µm は 1mm の 1000 分の 1 の長さである。

この結果からわかることを次のア～オから1つ選んで，記号で答えよ。

ア　花粉管が伸長する速度は一定である。

イ　花粉管が伸長する速度は加える栄養分が多いほど速い。

ウ　花粉管の伸長には花粉に含まれる栄養分も使われる。

エ　花粉管は加える栄養分が多いほどよく伸びる。

オ　花粉管は加える栄養分が少ないほどよく伸びる。

(長崎・青雲高)

着眼

39 (2)一定時間に伸びる長さで伸びの速さを，最終的な長さでよく伸びたかどうかを判断する。

★★ **40** ［細胞分裂と細胞数］

　ある植物細胞を栄養を含んだ液体の中に入れ，一定の温度条件で増殖させた。下の表は 24 時間ごとの細胞数の計測データであり，増殖開始後の経過時間と試験管中に含まれる全細胞数を示している。これについて，あとの問いに答えなさい。

開始後の経過時間〔時間〕	0	24	48	72	96	120	144
細胞数〔個〕	900	1200	2000	4000	7000	9500	10000

(1)　培養開始時から 144 時間後までの間で，細胞が最も活発に分裂しているのは開始後，何時間後から何時間後の間か。次から選べ。

　ア　24 ～ 48　　　イ　48 ～ 72　　　ウ　72 ～ 96

　エ　96 ～ 120　　　オ　120 ～ 144

(2)　(1)で答えた期間において，細胞が 1 回分裂する平均時間はどれだけか。次から選べ。

　ア　12 時間

　イ　18 時間

　ウ　24 時間

　エ　36 時間

(3)　上の表から，グラフを右に描け。ただし，グラフの横軸は時間，縦軸は細胞数を表すものとする。

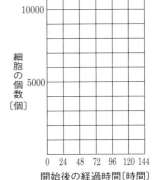

細胞の個数〔個〕

開始後の経過時間〔時間〕

(4)　下の図は分裂中の細胞を模式的に表したものである。分裂の順序にしたがって正しい順に並べたとき，3 番目にくるのはどれか。次から選べ。

①　　　　②　　　　③　　　　④　　　　⑤　　　　⑥

分裂中の細胞の模式図

（東京学芸大附高）

着眼

40 (1)増加した細胞の数をそのまま比較するのではなく，細胞の数が何倍になったのかを比較する。

　　(2)染色体がひも状になっていない③を出発点として並べる。

★*41* ［細胞分裂と成長］

植物の細胞とその増殖について，以下の問いに答えなさい。

(1) 図1は細胞分裂のいろいろ
な時期をスケッチしたもので
ある。アを最初として，細胞
分裂の進行順に並べよ。

図1

ア　イ　ウ　エ　オ

(2) 生殖細胞がつくられるときは，図1に示した細胞分裂とは異なる分裂が行われる。この分裂の名前を漢字で答えよ。

(3) 植物の細胞や成長について述べた次のア〜キのうち正しい文をすべて選べ。

ア　細胞全体の体積に対する核の体積の割合は，若い細胞は大きく，古くなった細胞では小さい。

イ　液胞は若い細胞で大きく発達し，古くなった細胞では小さくしぼむ。

ウ　葉緑体はすべての植物細胞に含まれる。

エ　形成層ではさかんに細胞分裂を行っている。

オ　鉢植えを横に倒すと，茎の先は上に向けて，根の先は下に向けて伸びる。

カ　おしべのやくの中では，細胞分裂は起きていない。

キ　細胞壁の厚さを比べると，若い細胞も古くなった細胞も同じである。

(4) 図2はエンドウの根が伸びていくようすを示したものである。根の先端から0.5mmごとに印をつけて，順にA〜Fとし，その移動を追った。細胞の伸長が起こるのは常に根の先端から0.5〜2.0mmの領域だけとする。図中の1目盛りは0.5mmである。

図2

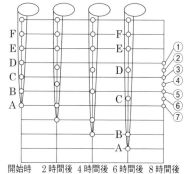

開始時　2時間後　4時間後　6時間後　8時間後

① AB間，B付近，BC間，EF間について，最も適するものを次からそれぞれ選べ。

ア　細胞分裂を盛んに行っている。

イ　細胞が縦長になっていく途中である。

ウ　細胞は十分に縦長になり，もう伸びない。

エ　根冠という固い部分で，ほとんど分裂も伸びもしない。

② 8時間後のCおよびDがそれぞれ図2のどの位置にくるか，番号①〜⑦で答えよ。

（兵庫・灘高）

★★★ *42* ［生殖と発生］

生物の連続性(生殖・発生)について，次の問いに答えなさい。

A. 生物の示す現象にはいくつかあるが，そのなかの１つに「子孫を残す」ということがあげられる。その方法としては，親の体の一部が成長して新個体になる(①)生殖と，雌雄の生殖器官でつくられた生殖細胞が合体して新個体になる(②)生殖がある。(①)生殖には，体の一部に生じた突起が成長・分離して新個体になる(③)や，植物の根・茎・葉などの栄養器官の一部から新個体がつくられる(④)などがある。(①)生殖では，遺伝的に親と同一の新個体がつくられることになる。(②)生殖で，２種類の生殖細胞が合体して１つになることを接合とよぶ。このうち，生殖細胞の形に違いがある卵と精子の合体を特に(⑤)とよぶ。(②)生殖では繁殖の能率や確実性は(①)生殖より(⑥)が，遺伝の組み合わせの変化が生じるので，絶えず変化する環境に対して，広く適応(⑦)ことになる。

(1) 上の文章の( )内に，下の語群より適当なものを選び，それぞれ記号で答えよ。

  ア 分裂   イ 有性   ウ 突起法   エ できない

  オ 受粉   カ できる   キ 受精   ク 無性

  ケ 高い   コ 出芽   サ 胞子生殖   シ 低い

  ス 栄養生殖

(2) (③)，(④)，(⑤)のような子孫の残し方に最も関係の深いものを下から選び，それぞれ記号で答えよ。

  ア ヒドラ，酵母   イ ケイソウ，アメーバ   ウ サトイモ，ユリ

  エ ウニ，カエル   オ カビ，キノコ

B. 図1は，ある植物の受粉後の初期発生のようすを模式的に示したものである。

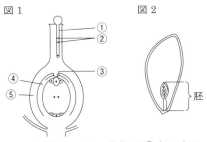

(3) 図1の①〜⑤の名称を書け。

(4) 図2の胚は，図1の①〜⑤のどれとどれが合体してできたものか。番号で答えよ。

(5) 植物のなかには，同じ個体の花粉がついた場合，その花粉が①をほとんど伸ばさないものが多い。その理由として，考えられることを書け。

(鹿児島・志學館高等部改)

**★★*43*　[被子植物の生殖]

下の文章と図1〜図3を参照して，以下の問いに答えなさい。

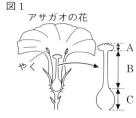

図1

アサガオの花

生物が自分と同じ種類の子をつくり，仲間をふやすことを生殖という。被子植物が，花という器官の中で，図1のやくでつくられる花粉に含まれる精細胞と，図1のCでつくられる卵細胞という2つの生殖細胞を合体させ，それぞれの細胞の中にある（　ア　）を融合させることを受精という。
受精は将来種子となる部分の中で行われる。受精により生じた細胞を（　イ　）とよぶが，これは細胞分裂をくり返して（　ウ　）となる。種子の中には養分をたくわえる胚乳などもあるが，（　ウ　）はやがて成長し植物の体となる部分のことである。花は子孫のために受精の場を提供し，胚珠が種子へと成熟するのを助け，果実を成熟させる。そして種子は（　ウ　）が成長するのを助けている。このように被子植物の生殖を助けるのが花，果実，種子の役割である。

(1)　文章中の（　）にあてはまる語句を答えよ。ア，イは漢字で答えよ。

(2)　図1はアサガオの花を示しているが，中が見えやすいように，花の一部は取り除いてある。図1の記号A，Cで示した部分の名称を漢字で答えよ。

(3)　図2はキュウリの雌花を示している。めしべは，花粉を受け入れる役割と胚珠を包む役割を果たす部分である。図2でめしべはどの部分をさすか。図中のD〜Gから1つ選び，記号で答えよ。

図2　キュウリの雌花

(4)　被子植物の生殖においては，受粉により直ちに受精が成立するわけではない。受粉後，精細胞と卵細胞が合体するには，花粉から花粉管が伸びて胚珠に到達する必要がある。また，受精が成立して初めて，種子と果実が成熟し始めるのであるから，花粉管が伸び始めても，必ず果実が成熟するわけではない。このように，₁受粉が成立すること，花粉管が伸びること，花粉管が胚珠に到達すること，受精が成立すること，種子と果実が成熟することは，それぞれ違う段階の現象なのである。

　図1中のAが果たす役割の1つに「植物の受粉後，₂花粉から花粉管が伸びることを助け，花粉管が最終的に胚珠に到達するためのきっかけをつくる」ことがある，といわれている。下線部1のように受粉以後の段階をくわしく分けて考えるとき，Aの役割を確かめるための作業として，次のア〜オの実験と観察を行い，それぞれの結果を得た。あとの①，②の問いに答えよ。

ア　Aを取りさった花において，残されためしべ（図1中のBとC）に花粉を接着させたが，花粉には何の変化も起こらなかった。

イ　Aを取りさった花において，残されためしべ（図1中のBとC）に花粉を接着させたが，種子と果実は成熟しなかった。

ウ　花から切りとったAに花粉を接着させると，花粉から花粉管が伸びた。

エ　Aを取りさった花でも，受粉に関わる昆虫が花を訪れる頻度は正常なときと変わらなかった。

オ　薄いガラス板を用いてAからCまでめしべをたてに仕切り，Aの片側に花粉を接着させると，接着させた側だけで種子と果実が成熟し，ガラスに隔てられた反対側では種子と果実は成熟しなかった。

① 花粉から花粉管が伸びることを観察によって直接確かめた結果はどれか。上のア～オから1つ選び，記号で答えよ。

② Aに下線部2のはたらきがあり，そのはたらきが花粉から花粉管が伸びるために必要であることを示すには，①にあげた結果に加え，どの結果を組み合わせるのが適当か。上のア～オから1つ選び，記号で答えよ。①にあげた結果だけでよい場合は×を記入せよ。

（5）図3はいくつかの花と果実を縦に切ったときの断面をモデル化したものであり，図中の黒塗りの部分は胚珠・種子を示している。図の上側から順に花，果実，受精に成功した花粉から伸びた花粉管が示されている。受精に成功した花粉から伸びた花粉管のようすを示したものとして適当なものを，図3の①～④のそれぞれについて図中のア～エから1つずつ選べ。ただし，図の中では，1本の花粉管は1本の線で示されている。図中で枝分かれする線は花粉管が分岐することを示す（花と果実に含まれる各部分の大きさの比率は，実際の植物とは異なっている）。

（東京・開成高）

図3

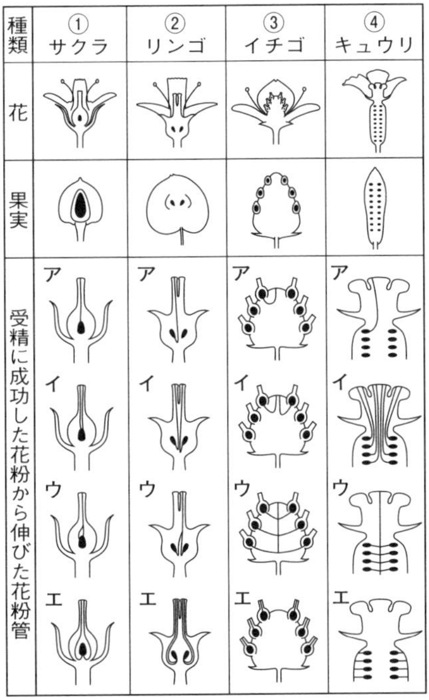

2 遺伝の規則性と生物の進化

解答 別冊 *p.23*

*44 ［エンドウを用いたメンデルの遺伝の実験］ ◀頻出

　メンデルはエンドウを用いて次のような実験を行い，遺伝の規則性を研究した。

【実験1】　A丸い種子の純系がつくる花粉を使ってBしわのある種子の純系と受粉させると，すべてC丸い種子が得られた（図1）。

【実験2】　さらに，実験1でできた子（丸い種子）を育てて自家受粉させて孫を得ると，丸い種子が5474個，しわのある種子が1850個できた（図2）。

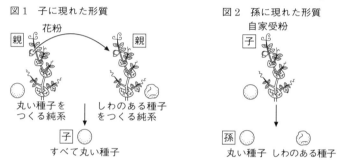

図1　子に現れた形質　　　　　　　　　図2　孫に現れた形質

　メンデルは，これらの結果から，D形質を伝えるもとになる要素（遺伝子）があると考えて，種子を丸くする遺伝子をR，しわにする遺伝子をrと表し，そのしくみを説明した。

(1)　実験1から，下線部A〜Cについて正しく述べた文を，次から1つ選べ。

　ア　Aの種子の形とBの種子の形は，両方とも顕性の形質といえる。

　イ　Aの種子の形とCの種子の形は，両方とも顕性の形質といえる。

　ウ　Bの種子の形とCの種子の形は，両方とも顕性の形質といえる。

　エ　Cの種子の形は，顕性の形質でも潜性の形質でもないといえる。

　オ　Cの種子の形は，潜性の形質といえる。

(2)　実験1で使われた卵細胞のもつ遺伝子を記号で表すとどうなるか。次のア〜オから1つ選んで記号で答えよ。

　ア　RR　　イ　Rr　　ウ　rr　　エ　R　　オ　r

(3)　実験2で得られた丸い種子としわのある種子の比は，およそどうなるか。次のア〜オから1つ選んで記号で答えよ。

　ア　1:1　　イ　1:2　　ウ　2:1　　エ　1:3　　オ　3:1

(4)　実験2で得られた丸い種子のうち，純系のものと純系でないものの比はいくらになるか。最も簡単な整数の比で答えよ。

(5) 下線部Dの遺伝子について，次の文の空欄にあてはまる語句を答えよ。
　　「細胞の核内にあって，細胞分裂のときにひも状に見える（　①　）には遺伝子が含まれている。これまでの研究では，遺伝子の本体は（　②　）という物質であることがわかっている。」
（沖縄県）

*45 ［カエルの遺伝の実験］ ◀頻出

　カエルのなかまには，体色が灰色のものと白色のものがあり，このカエルの体色は，メンデルが注目したエンドウの形質と同じように遺伝する。このカエルを用いて，次の実験を行った。これについて，あとの問いに答えなさい。なお，このカエルは1回の産卵で数百から数千の卵をうむ。

【実験1】　何代にわたって飼育しても，親と同じ灰色のカエルのみがうまれる個体のグループと，親と同じ白色のカエルのみがうまれる個体のグループから，それぞれ1匹ずつカエルを選んだ。次に，選んだ灰色のカエルと白色のカエルを親として，卵をうませて受精させたところ，₁受精卵は，細胞分裂をくり返しながら変化し，体を完成させてカエルになった。このときうまれたカエルはすべて体色が灰色であった。図は，この実験における親の体色と子の体色の関係を示したものである。

（親）　灰色——白色

（子）　　　　灰色

【実験2】　実験1でうまれた子どうしを親として卵をうませたところ，₂灰色のカエルと白色のカエルがうまれ，その合計は1197匹であった。

(1) 次の文の　①　，　②　にあてはまる語句を書け。
　　下線部1の過程を　①　という。また，動物では，受精卵が細胞分裂を始めてから自分で食物をとり始める前までの子（個体）を　②　という。

(2) 実験1で親として用いた白色のカエルの生殖細胞の説明として，正しいものを，ア～エから選べ。なお，このカエルの体色の遺伝における顕性の形質を表す遺伝子をA，潜性の形質を表す遺伝子をaとする。
　　ア　生殖細胞は遺伝子Aを1つもつ。
　　イ　生殖細胞は遺伝子aを1つもつ。
　　ウ　生殖細胞は遺伝子の組み合わせAAをもつ。
　　エ　生殖細胞は遺伝子の組み合わせaaをもつ。

(3) 実験2でうまれた1197匹のカエルのうち，下線部2のカエルの個体数として，最も適当なものを，ア～エから選べ。
　　ア　311匹　　　イ　408匹　　　ウ　614匹　　　エ　895匹　　　（北海道）

***46** ［セキツイ動物の進化］ ◀頻出

セキツイ動物に関する次の文を読んで，あとの各問いに答えなさい。

私たちは，化石を含む地層の年代を調べることにより，生物の移り変わりを知ることができる。①動物の進化についてのこれまでの研究結果から，水中で生活していた無セキツイ動物からセキツイ動物の魚類が進化し，その魚類から陸上生活のできる動物が進化してきたものと推測されている。やがて，陸上に上がった動物は，さらに②乾燥や温度変化に耐えられるように進化して，種類を増やし，生活の範囲を広げてきたものと考えられている。なお，最も遅く地球上に現れたのは鳥類と考えられている。

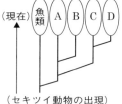

右の図は，5つのなかまに分類されているセキツイ動物が，魚類を祖先として長い年月をかけて進化し，現在に至っているようすを模式的に表したもので，A〜Dは鳥類，両生類，ホニュウ類，ハチュウ類のいずれかである。

(1) 下線部①について，ドイツの中生代の地層から発見されたシソチョウは，骨格はハチュウ類に似ていて，口には歯，つばさの先には爪をもっていたことが明らかになっている。シソチョウは，図の何と何の間をつなぐ動物と考えられているか。次のア〜エから1つ選び，記号で答えよ。

ア　AとB　　　イ　BとC　　　ウ　BとD　　　エ　CとD

(2) 下線部②について，図と5つのセキツイ動物のなかまの特徴を考えあわせると，進化に伴って，生まれ方や体のつくりなどから見た類縁関係は，魚類からA→C→D→Bの順に遠ざかると考えることができる。このように考えると，少数の例外はあるものの，セキツイ動物の進化に伴う特徴の変化の大まかな方向性を推測することができる。一般的な変化の方向性として，不適切なものはどれか。次のア〜エから1つ選び，記号で答えよ。

ア　子の生まれ方は，卵生から胎生へ。
イ　呼吸のしかたは，えら呼吸から肺呼吸へ。
ウ　体温の保ち方は，恒温から変温へ。
エ　子の生まれる場所は，水中から陸上へ。

（神奈川県 改）

---

　46 (1)図では，魚類の一部がAへと進化し，Aの一部がBとCへと進化し，Cの一部がDへと進化したことを示している。

*47 ［植物の進化］ <頻出

地球上に生命が誕生したのは海の中
であったと考えられている。右の図は，
水中で生活していた藻類が，陸上に上
がり，A植物を経て，B植物，C植物
へと陸上での生活に適するように進化
してきたようすを模式的に示したものである。

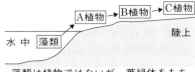

藻類は植物ではないが，葉緑体をもち，
光合成を行う。

(1) 次の文中の □ に適当な語句を入れよ。

A植物は維管束をもたないがB植物は維管束をもっている。また，A植物，
B植物が □ でふえるのに対して，C植物は種子でふえるようになった。

(2) A植物，B植物に属する植物を，次から1つずつ選び，記号で答えよ。

ア イチョウ　　イ ゼニゴケ　　ウ サクラ　　エ ゼンマイ

(熊本県改)

*48 ［共通のつくり］ <頻出

右の図に示すように，カメの前あし，ニワトリ
の翼，ヒトの手を比べると，外形やはたらきは違っ
ているが，骨の形や並び方に共通のつくりが見ら
れる。このように，形やはたらきは違っていても，
基本的に同じつくりの器官を何といいますか。

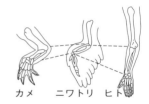

カメ　　ニワトリ　ヒト

(富山県)

*49 ［セキツイ動物の胚］

右の図は，セキツイ動物の5つの
グループ(魚類・両生類・ハチュウ類・
鳥類・ホニュウ類)の発育途中(発生
初期)の胚(受精卵が細胞分裂を始め
てから，自分で食物をとることので
きる個体となる前まで)のようすを
それぞれ表したものである。これを
見ると，どれも，形がよく似ている。このことから，どのようなことが推測で
きるか。「現在見られるこの5つのグループは，」に続けて，簡単に説明しな
さい。

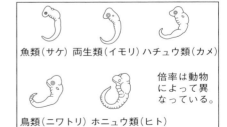

魚類(サケ)　両生類(イモリ)　ハチュウ類(カメ)

鳥類(ニワトリ)　ホニュウ類(ヒト)

倍率は動物
によって異
なっている。

★★ **50** ［遺伝の規則性①］

次の文章を読み，あとの問いに答えなさい。

体細胞に含まれる染色体の数や形は，生物の ① によって決まっており，① が異なれば含まれる染色体もふつう違っている。体細胞には形や大きさが同じ染色体が原則として2本ずつ含まれており，これを相同染色体とよんでいる。精子や卵ができるとき， ② とよばれる特殊な分裂が起こり，2本ずつある相同染色体は1本ずつに分けられる。精子と卵が合体して受精卵になると相同染色体は再び2本ずつになり，染色体の数はもとにもどる。したがって，子の体細胞に含まれる2本ずつある相同染色体のうち，片方は精子つまり父親由来で，片方は卵つまり母親由来となる。

(1) 文中の □□□ に適語を入れよ。

(2) ヒトの体細胞には46本の染色体が含まれている。ヒトの精子には何本の染色体が含まれるか。

(3) ある生物の体細胞には染色体が10本含まれている。この生物において，かりに1個の卵が精子2個と受精し，その後正常に成長したとき，この個体の体細胞には何本の染色体が含まれるか。

(4) 有性生殖を行う動物における次の①〜③の問いについて，最も適当なものをそれぞれ1つずつ選び，記号で答えよ。

① 両目がともに「赤い目」で，その両親から「白い目」の子が生まれたとき，子と両親の遺伝子の関係は一般にどのようになるか。

　ア　子は「白い目」という形質を表す遺伝子を両親からまったく受け継いでいない。

　イ　子は「白い目」という形質を表す遺伝子を一方の親から受け継いでいるが，もう一方の親からは受け継いでいない。

　ウ　子は「白い目」という形質を表す遺伝子を両親から受け継いでいる。

② 父親のもっている遺伝子と，子のもっている遺伝子との関係は一般にどのようになるか。

　ア　半分は同じ形質を表す遺伝子であるが，残りの半分は同じ形質を表す遺伝子であるとは限らない。

　イ　同じ形質を表す遺伝子が少しあるが，大部分は異なる形質を表す遺伝子である。

　ウ　すべて異なる形質を表す遺伝子であり，同じ形質を表す遺伝子はない。

③ 同じ両親から多くの子供が生まれた場合，それぞれの子のもつ遺伝子の関係はどうなるか。

ア　すべての子が，すべて同じ形質を表す遺伝子をもつ。

イ　約半数の子が，すべて同じ形質を表す遺伝子をもつ。

ウ　すべて同じ形質を表す遺伝子をもつ子はほとんどいない。

（兵庫・甲陽学院高）

★★*51* ［遺伝の規則性②］

　マメ科のエンドウの種子には，丸い種子としわのある種子とがあり，丸い種子をつくる遺伝子がしわのある種子をつくる遺伝子に対して顕性であることがわかっている。次のかけ合わせを行った場合について，問いに答えなさい。

【実験1】　いつも丸い種子をつける株（X）に咲いた花と，いつもしわのある種子をつける株（Y）に咲いた花について，図のようなかけ合わせを行った。なお，花の形は○印，葉の形は⬭印で略してある。

1　Xの花の花粉を同じ花のめしべにかけ合わせる。

2　Xの花の花粉を同じ株の別の枝にある花のめしべにかけ合わせる。

3　Xの花の花粉をYの花のめしべにかけ合わせる。

4　Yの花の花粉を同じ枝にある別の花のめしべにかけ合わせる。

【実験2】　実験1の3のかけ合わせでできた種子から育った，異なる株どうしの花をかけ合わせて種子をとった。

(1)　実験1の1〜4のかけ合わせのうち，丸い種子だけが得られるものをすべて選び，番号の小さいものから順に答えよ。

(2)　丸い種子をつくる遺伝子をA，しわのある種子をつくる遺伝子をaとしたとき，実験2の結果を遺伝子の記号を用いて右の表のようにまとめ

		卵細胞の遺伝子	
		ア	イ
精細胞の	ウ	オ	カ
遺伝子	エ	キ	ク aa

たい。ア，イ，ウ，エは卵細胞および精細胞の遺伝子の型であり，オ，カ，キ，クはそれぞれかけ合わせた結果である。このとき，表中のア，エ，キにあてはまる遺伝子の記号を答えよ。ただし，クの枠の記号はaaである。

(3)　完成させた上の表から，このとき得られた種子のうち，丸い種子の中でAAの遺伝子をもつものは何％を占めるか。小数点以下を四捨五入して整数で答えよ。

（東京・開成高）

★★*52* ［ウマの進化］

ウマの進化について，図書館や動物園で調べ，ウマの進化と生活場所の変化との関係を考えた。これについて，あとの問いに答えなさい。

【図書館で調べたこと】

1. それぞれの時代におけるウマの祖先の前あしの
   骨の化石を，図鑑からスケッチした(図1)。
2. バク，サイ，シマウマなどは，ウマのなかまで
   あり，ウマやこれらの動物は，共通の祖先から
   分かれた後，いずれも，前あしに4本の指をも
   つ時代があったと考えられている。

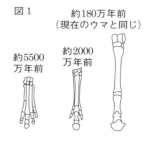

図1　約180万年前（現在のウマと同じ）　約2000万年前　約5500万年前

【動物園で調べたこと】

図2　マレーバク　インドサイ　グラントシマウマ

1. マレーバク，インドサイ，グラントシマウ
   マの前あしを観察し，それぞれの指の数が
   わかるようにスケッチした(図2)。
2. それぞれの動物のおもな食べ物をまとめ，
   表にした。

	おもな食べ物
マレーバク	森林に生える木の葉や小枝 森林の中の湿地に生える水草
インドサイ	森林に近い草原に生える木の葉や草
グラントシマウマ	草原に生える草

【まとめ】

図1と図2の指の数や表のおもな食べ物の違いから，ウマの生活場所の変化を推定してみると，約5500万年前のウマの祖先が現在のウマに進化するまでに，生活場所は　①　から森林に近い草原へ，さらに　②　へ変化したと考えられる。

(1)　ウマはセキツイ動物であるが，セキツイ動物のなかまを，現れた時代の古い順に並べたものはどれか。次のア〜エから1つ選び，記号で答えよ。

　　ア　両生類→魚類→ハチュウ類やホニュウ類→鳥類

　　イ　両生類→ハチュウ類やホニュウ類→魚類→鳥類

　　ウ　魚類→ハチュウ類やホニュウ類→両生類→鳥類

　　エ　魚類→両生類→ハチュウ類やホニュウ類→鳥類

(2)　　①　，　②　にあてはまる語句を，それぞれ書け。

(3) 19世紀，ガラパゴス諸島での調査などをもとに『種の起源』という本をまとめ，進化についての理論に大きな影響を与えた人はだれか。　(北海道改)

★★*53* ［動物の進化］

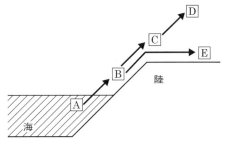

　次の文章と図は，地球上に出現した動物が，進化してきた過程を示したものである。この文章と図を見て下の各問いに答えなさい。

　大昔の地球で，最初に動物が出現したのは海の中である。化石として確認できる（　ア　）動物には，体が固い殻でおおわれ，節のある（　イ　）動物の祖先やサンゴ類，貝類などがある。（　イ　）動物のうち現在最も種類が多いのは，（　ウ　）のなかまである。

　また，最初に現れたセキツイ動物は［　A　］類で，［　A　］類のなかまから足が発達し（　エ　）で呼吸できるようになり，陸上で生活しはじめたのが［　B　］類である。次に，乾燥した陸上の生活に耐える皮ふをもった［　C　］類が栄えた。［　C　］類から分かれた［　D　］類の卵には（　オ　）があって，乾燥に耐えるつくりになっている。また，［　C　］類とは別に［　B　］類から進化したと考えられるのが［　E　］類で，現在でも広く地球上に栄えている。

(1)　文中の（　ア　）〜（　オ　）および［　A　］〜［　E　］に，適当な語句を書け。

(2)　下線部に相当する，生きている化石とよばれている動物は何か。

(3)　C類からD類へ進化していく途中の生物ではないかと考えられ，化石で発見されている動物は何か。

(4)　分類の上でE類に入れられているが，卵をうむなどの特徴をもち，進化が起こった痕跡と考えられている，オーストラリアに生息する動物は何か。

(京都・同志社高改)

(着眼)

52 (2)マレーバクの指は4本で，森林に生息し，インドサイの指は3本で，森林に近い草原に生息し，グラントシマウマの指は1本で，草原に生息している。

53 (2)大昔からほとんど進化しないまま，現在も海中に生息しているセキツイ動物である。

(3)C類とD類の両方の特徴をもつ動物である。

★★★ **54** ［遺伝の規則性③］

（　　　）に最も適当な語を答えなさい。（　④　）はアルファベット３文字の略号，（　⑥　）は数字，（　⑤　），（　⑭　），（　⑮　）は｜　　｜から適当なもの，（　⑫　），（　⑬　）は最も簡単な整数比を答えること。

生物のもつさまざまな色や形，性質などを（　①　）という。また，親がもつ（　①　）が子に伝わることを（　②　）という。（　②　）は，染色体に含まれている（　③　）が親から子に伝わることによって行われる。（　③　）の本体は（　④　）という物質で，生物の（　①　）を決定するものである。（　②　）のしくみを最初に解明したのはメンデルである。メンデルはエンドウを用いて実験を行い，種々の（　②　）の法則を発見した。エンドウは，（　⑤　）｜ア．カタバミ　イ．タンポポ　ウ．ハコベ　エ．レンゲソウ　オ．アブラナ｜と同様にマメ科の植物である。エンドウの花には，めしべが１本，おしべが（　⑥　）本，がくが５枚，花びらが５枚ある。５枚の花びらは壁をつくり，その中にめしべやおしべが閉じこめられ，他の花の花粉が受粉できない。そのため，通常（　⑦　）によりめしべの先端の（　⑧　）に花粉が受粉する。受粉した花粉は，子房の中の（　⑨　）に向かって花粉管を伸ばす。伸びた花粉管の中には，２つの精細胞が生じる。１つの精細胞は，（　⑨　）の中の卵細胞と合体し，受精卵となる。受精卵は，細胞分裂をくり返して（　⑩　）となる。やがて子房は成長して（　⑪　）になり，その中の（　⑨　）が種子になる。エンドウなどのマメ科の植物では，（　⑪　）はさやとよばれる。なお，エンドウは何代にもわたって（　⑦　）を行っているので，純粋な品種すなわち，純系とみなされている。

エンドウの種子の形とさやの色に注目して実験を行った。丸い種子・黄色のさやの純系の花からおしべを除去した。この花の（　⑧　）に，しわのある種子・緑色のさやの純系の花粉を受粉させたところ，生じたさやはすべて黄色，種子はすべて丸い種子だった。このとき生じた丸い種子を「丸い種子A」とする。「丸い種子A」をすべて育て，（　⑦　）させたところ，生じたさやはすべて緑色であり，種子は丸い種子としわのある種子の数の比が約３：１であった。このとき生じた丸い種子を「丸い種子B」とし，しわのある種子を「しわのある種子C」とする。「丸い種子B」と「しわのある種子C」の両方をすべて育て，（　⑦　）させた場合，生じたさやは緑色のさやと黄色のさやの数の比が約（　⑫　）になり，種子は丸い種子としわのある種子の数の比が約（　⑬　）になる。これから，種子は（　⑭　）｜ア．丸い種子　イ．しわのある種子｜が顕性であり，さやは（　⑮　）｜ア．黄色のさや　イ．緑色のさや｜が顕性であることがわかる。

（鹿児島・ラ・サール高）

★★**55** ［遺伝の規則性④］

遺伝に関する次の文章を読み，あとの問いに答えなさい。

エンドウの子葉の色には黄色と緑色のものがあり，これは 1 対の遺伝子 Y（黄色）と y（緑色）によって決まっており，Y が y に対して顕性である。エンドウは自然状態では自家受精（自家受粉）を行うが，人工的に異なる 2 個体をかけ合わせることができる。

A ある 2 個体（親）をかけ合わせたところ，B 多数のさやができた。そのなかから 50 個の種子（1 代目）を無作為に選び，それらをすべてまいて育て，自家受精させたところ，C 多数のさやができた。そのなかの種子（2 代目）を，無作為に 1000 個調べたところ，黄色の種子が 875 個と，緑色の種子が 125 個であった。

(1) 下線部 A「ある 2 個体（親）」の遺伝子の組み合わせとして最も適当なものを，次のア〜カから 1 つ選び，記号で答えよ。

　ア　YY－YY　　　イ　YY－Yy　　　ウ　YY－yy

　エ　Yy－Yy　　　オ　Yy－yy　　　カ　yy－yy

(2) 下線部 B の「多数のさや」から種子が 4 つだけ入っているものを 1 つ選んで調べたとき，中に入っている種子の子葉の色はどのようになっているか。次のア〜カから 1 つ選び，記号で答えよ。

　ア　すべて黄色　　　　　　　イ　黄色 3 個と緑色 1 個

　ウ　黄色 2 個と緑色 2 個　　エ　黄色 1 個と緑色 3 個

　オ　すべて緑色　　　　　　　カ　ア〜オのすべてあり得る。

(3) 下線部 C の「多数のさや」から種子が 4 つだけ入っているものを 1 つ選んで調べたとき，中に入っている種子の子葉の色はどのようになっているか。(2)のア〜カから 1 つ選び，記号で答えよ。

(4) 上の実験とは別に，あるかけ合わせを行って得られたさやを無作為に 1 つだけ選んで調べたところ，子葉が黄色い種子が 6 つだけ入っていた。このさやができた花の柱頭についた花粉がもつ遺伝子として考えられるものを，次のア〜オからすべて選び，記号で答えよ。

　ア　Y　　　イ　y　　　ウ　YY　　　エ　Yy　　　オ　yy

（北海道・函館ラ・サール高）

着眼

55 (1)1 代目を無作為に選んで育てたあと，自家受精させて 2 代目をつくっていることに注意すること（無作為にかけ合わせて 2 代目をつくっているのではなく，自家受精させている）。

★★56 ［ゲノム］

　次の文章を読み，以下の問いに答えなさい。

　受精卵のゲノム*，つまり「私のゲノム」は，精子のゲノムと卵のゲノムが1つの細胞に同居しているのですから，「私ゲノム」は母親のゲノム半分，父親のゲノム半分でできていることになります。このようにして世代から世代へと確実につながっていくのが生きものです。ただしこれは，必ずしも両親の性質を半分ずつ受け継いでいるということではありません。

　母親と父親のそれぞれの体を作っている細胞（体細胞）に入っているゲノムは，もちろんそれぞれが受精卵だった時に入っていたゲノムがそっくりそのまま（　A　）されたものです。つまり両親の体細胞には，それぞれの祖父の精子由来23本，祖母の卵由来23本の染色体がそのままのかたちで同居しているわけです。

　ところで，母親と父親がそれぞれ卵と精子（生殖細胞）を作る時，B減数分裂という非常に興味深いことが起きます。祖父母それぞれから来た染色体が対同士で一度混ざり合い（対合といいます），そして再び分かれるのです。

　こうして生じた染色体は，母親，父親の体細胞にある染色体と同じではありません。ある部分は祖父由来，ある部分は祖母由来という，1本1本の染色体の中で祖父母のDNAが混ざり合ったものが私に受け継がれるのです（おじいさん似，おばあさん似が生まれる所以です）。これは染色体の組換えと呼ばれる現象で，通常1本の染色体で1カ所以上は組換えが起こります。

　祖父と祖母という別の個体に由来する染色体が混ざり合ってできた新しい染色体を23本持つ卵と精子ができ，それがまた組み合わさって生まれた私は，それまで存在してきた個体のどれとも違う唯一無二のゲノムを持つことになります。同じ両親から生まれても兄弟姉妹のゲノムが違うのはこのためです。

　仮にこのような染色体の組換えが起こらなかったとしても，卵や精子に送られる染色体のうち，どれが祖父由来でどれが祖母由来かは偶然に決まるので，23本の染色体の組み合わせには（　C　）の可能性が生まれます。これだけでも十分の（　D　）なのに，生きものは，それ以上の（　D　）を生じさせる仕組みを作っているわけです。減数分裂というこの仕組みは，生物の持つさまざまな仕組みの中でも感心させられるものの1つです（実はそれだけに入り組んでいて，生物学で最もわかりにくいと悪評高い現象でもあるのですが）。

　このように，卵と精子のできかたをゲノムと染色体の立場から考えると，面白いことが見えてきます。あなたの体細胞では，両親に由来するゲノムが同居してはたらいているわけですが，それぞれが別々の染色体として存在している

という意味ではまさに「核内同居」です。ところがあなたが生殖細胞を作る時に起こる減数分裂の過程で，あなたの両親由来のゲノムは染色体レベルで混じり合う，つまり「結婚」するのです。精子や卵にあなたのゲノムの半分が入る時に，はじめてあなたの両親の染色体が混じり合う。つまりあなたが存在することによって_E「両親から受け継ぎながらも，全く新しいもの」を次に伝えることができるのです。あなたは生命をつないでいく鎖の1つの輪ですが，この輪は_F必ず新しいものを作って次へとつながるという特徴があります。

（中村桂子，山岸敦 共著『「生きている」を見つめる医療 ゲノムでよみとく生命誌講座』）

※設問の都合上，一部の漢数字を算用数字に書き換えた。＊ゲノム…ある生物のもつすべての遺伝情報

(1)　（　A　）にあてはまる語を漢字2字で答えよ。

(2)　ヒトの体細胞に含まれる染色体の本数を答えよ。

(3)　下線部Bに関して，「減数分裂」について正しく述べている文を，次のア〜ウから選び，記号で答えよ。

　　ア　減数分裂によって生じた細胞に含まれる染色体の本数と量は，もとの細胞の半分になっている。

　　イ　減数分裂によって生じた細胞に含まれる染色体の本数はもとの細胞と同じだが，量はもとの細胞の半分になっている。

　　ウ　減数分裂によって生じた細胞に含まれる染色体の本数はもとの細胞の半分だが，量はもとの細胞と同じである。

(4)　（　C　）にあてはまるものとして，最も適当なものを次のア〜オから選び，記号で答えよ。

　　ア　8　　　イ　46　　　ウ　23^2　　　エ　2^{23}　　　オ　60兆

(5)　（　D　）には現代の生物学において重要な考え方である「いろいろな種類や傾向のものがあること。変化に富むこと。」を表す語が入る。入る語を漢字3字で答えよ。

🏅(6)　下線部Eに関して，ゲノムにおいて「両親から受け継ぎながらも，全く新しいもの」が生じるのは，どのような仕組みがあるからか。2つ説明せよ。

(7)　下線部Fに関して，生物はなぜ「新しいもの」を作っていく必要があるのか，その理由として最も適当なものを，次のア〜エから選び，記号で答えよ。

　　ア　新たに生まれた生物は，唯一無二のゲノムを持つ必要があるから。

　　イ　新しいものを作ったほうが，必要なエネルギーが少なくてすむから。

　　ウ　種全体を考えた時に，環境の変化に対応しやすいから。

　　エ　父親，あるいは母親由来のゲノムが，偶然に伝わるのを防ぐ必要があるから。

（愛知・滝高改）

| **2**編 | **実力テスト** | 時間 **50**分
合格点 **70**点 | 得点 /100 |

解答 別冊 *p.29*

1 細胞分裂を顕微鏡で観察した。次の問いに答えなさい。(14点)

(1) 図1はソラマメの根の断面図である。細胞分裂のようすを観察するには根のどの部分を使用すればよいか。図1の**ア～エ**から選べ。(3点)

(2) 図2はソラマメの根の一部に，ある処理をしてからスケッチしたものである。このときの処理について，細胞のつながりを弱めるために使う薬品は何か。また，この観察に使用する染色液は何か。(各3点)

(3) 図2の a ～ e の細胞を a をはじめとして分裂の順に並べよ。(完答5点)

(高知学芸高)

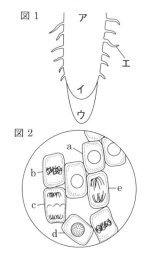

図1

図2

2 次の文章を読み，あとの問いに答えなさい。(35点)

　生物には，自分と同じ種類の個体を生み出すはたらきがある。これを生殖という。また，親のもつ形や性質の特徴(形質)が子に伝わることを遺伝という。遺伝は細胞の核内にある ① に存在する遺伝子が，親から子に伝わることによって起こる。生殖細胞の2つが合体することによって新しい個体が生じる生殖を有性生殖という。動物では，雄がつくる生殖細胞は ② とよばれ，雌がつくる生殖細胞は ③ とよばれる。

(1) 上の文章中の空欄 ① ～ ③ に入る，最も適切な語句を答えよ。
(各3点)

(2) 下線部の細胞をつくるための分裂を観察するためには，被子植物ではどの部分を用いるとよいか。最も適切な場所を2つ答えよ。(各3点)

(3) 有性生殖と無性生殖を比べた場合，子の形質が親の形質に近いのはどちらか。また，その理由を15字以内(句読点を含まない)で答えよ。(各5点)

(4) 生物が自分と同じ種類のなかまをふやしていく点や進化の観点から，有性生殖がもつ利点と欠点をそれぞれ20字以内（句読点を含まない）で答えよ。

（各5点）

（京都・同志社高）

3 カエルは，雌の卵巣でつくられた卵と雄の精巣でつくられた精子を用いて，有性生殖を行う。次の問いに答えなさい。（9点）

(1) 精子をつくらない生物をすべて選べ。（3点）

　　ア　ゾウリムシ　　　イ　アサガオ　　　ウ　メダカ　　　エ　ウサギ

　　オ　ニワトリ　　　　カ　バッタ　　　　キ　イネ　　　　ク　ヘビ

(2) カエルの卵塊の一部を取り出した。その中には，受精卵が5個，2細胞期が10個，4細胞期が15個，8細胞期が20個含まれていた。これらを1つ1つの細胞に分離し，245個の細胞にした。そして，これらの細胞を大きさ別にグループ分けした。次の①，②のグループに含まれる細胞の個数をそれぞれ答えよ。（各3点）

　　①　2番目に大きい細胞が含まれるグループ

　　②　最も小さい細胞が含まれるグループ

（鹿児島・ラ・サール高）

4 染色体と生殖について，次の問いに答えなさい。（6点）

(1) 右の図は，ある動物の体細胞1個あたりの染色体の組を示している。この動物がつくる精子の染色体の組み合わせとしてありうるものを，次のア～カからすべて選び，記号で答えよ。（3点）

(2) 精子と卵または精細胞と卵細胞の受精以外の方法で，自然界でふえることがよく知られている生物を，次のア～オからすべて選び，記号で答えよ。

（3点）

　　ア　ゾウリムシ　　　イ　ウニ　　　　　ウ　イモリ

　　エ　ウサギ　　　　　オ　ジャガイモ

（愛媛・愛光高）

5 次の文章を読んで，あとの問いに答えなさい。(21点)

種子が丸の純系であるエンド
ウ（親）の柱頭に，種子がしわの純
系であるエンドウ（親）の花粉を
つけてかけあわせたところ，でき
た種子（子）はすべて丸い種子
だった。丸い種子をつくる遺伝子
を R，しわのある種子をつくる遺
伝子を r とすると，このしくみは
右のように表すことができる。

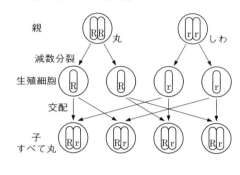

(1) 子の遺伝子には R，r の両方が受け継がれているが，子はすべて丸い形質
をもっている。このように，対立形質をもつ純系の親をかけあわせたとき，
子に現れる形質を何とよぶか。漢字4字で答えよ。(3点)

(2) (1)の規則性を最初に発見した人物の名前を答えよ。(3点)

(3) 子を自家受粉させてできた孫について，丸い種子としわのある種子が出
現する割合を，「丸：しわ＝○：○」の形に合うように，最も簡単な整数比で
表せ。(3点)

マルバアサガオの花の色は，花を赤くする遺伝子 A と花を白くする遺伝子 a
の1対の遺伝子のみで決まる。花が赤い純系 AA（親）と花が白い純系 aa（親）
をかけあわせて，得られた種子（子）を育てると，赤と白の中間である桃色の花
がつき，赤色や白色の花はつかない。この遺伝では(1)の規則性が成り立たず，
このとき得られた桃色の花をつける個体は中間雑種とよばれている。

(4) 中間雑種の遺伝子はどのように表されるか。A，a を用いて表せ。(3点)

(5) 中間雑種（子）どうしをかけあわせ，得られた種子（孫）を育てたとき，つ
ける花の色の数の比を，「赤色：桃色：白色＝○：○：○」の形に合うように，
最も簡単な整数比で表せ。(3点)

(6) 桃色の花と白色の花をかけあわせて，得られた種子を育てたとき，つけ
る花について正しく説明した文を，次のア〜エから1つ選び，記号で答えよ。
(3点)

ア すべてが桃色の花になる。

イ すべてがもとの桃色よりさらにうすい桃色の花になる。

ウ 花の数の比が，桃色：白色＝1：1になる。

エ 花の数に比が，桃色：白色＝3：1になる。

▶(7) すべての色の孫を自家受粉させ，得られた世代をさらに自家受粉させる。このように，自家受粉を何代もくり返したとき，つける花について正しく説明した文を，次のア〜エから1つ選び，記号で答えよ。(3点)

　ア　赤色の花の割合が増え続け，白色の花の割合が減り続ける。

　イ　赤色の花，白色の花の割合が増え続け，桃色の花の割合が減り続ける。

　ウ　孫の後の世代では，花の色の割合は変化しない。

　エ　赤色：桃色：白色＝1：1：1に近づいていく。

（北海道・函館ラ・サール高）

6　次の文章中の　①　〜　③　にあてはまる語を答えなさい。(9点)

　日本では「左ヒラメ，右カレイ」といって，ヒラメとカレイの眼の位置で区別してきたが，目の位置を決めるのは　①　のはたらき次第であることがわかっている。このように生きものの体は　①　のはたらきによって形づくられている。この　①　の本体は　②　核酸という物質である。　②　核酸は2本の鎖が合わさった　③　構造をしている。このことは，1953年にワトソンとクリックの2人の科学者によって解明された。(各3点)

（京都・洛南高）

7　右の図は前あしのはたらきをもつ，コウモリの翼，クジラのひれ，ヒトの腕について，それぞれの骨格を示したものである。次の問いに答えなさい。
(6点)

コウモリ　クジラ　ヒト

(1)　コウモリ，クジラ，ヒトは，生活場所が異なり，前あしのはたらきが異なる。このように，現在の形やはたらきは異なっていても，元は同じ器官であったと考えられるものを何というか。言葉で書け。(3点)

(2)　約1億5000万年前の地層から始祖鳥の化石が発見された。始祖鳥は，その体のつくりから，鳥類とあるグループの両方の特徴をもつと考えられる。そのグループとして最も適切なものを，次のア〜エから1つ選び，記号で答えよ。(3点)

　ア　ホニュウ類　　　イ　ハチュウ類　　　ウ　両生類　　　エ　魚類

（岐阜県）

1 力のはたらき

解答 別冊 *p.32*

***57** ［水圧①］ ◀頻出

　図1のような底面積 100cm² の円筒および厚さが無視できる板と，図2のような質量 400g で底面積 25cm²，高さ 2.0cm の円柱形のおもりを数個用意し，図3のように円筒の底に板をあて，円筒の中に水が入らないように板を手で押さえながら，傾かないように水槽の水の中に入れる。水槽の水面からの板の深さを 20cm にしたあと，板から手を離し，ゆっくりと円筒を引き上げていく。板が円筒の底から離れるときの，板の水面からの深さ x〔cm〕を測定した。次に，図4のように板の上におもりを乗せ，おもりの数をふやして同様の測定をくり返した。この実験から，下の表が得られた。水の密度を 1.0g/cm³，質量 100g の物体にはたらく重力を 1N として，あとの問いに答えなさい。

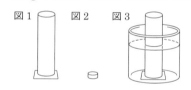

おもりの数〔個〕	x〔cm〕
0	(ア)
1	5.0
2	9.0
3	13.0

(1)　おもりの密度は何 g/cm³ か。

(2)　円筒を 20cm 沈めたとき，板にはたらく水圧（水の圧力）は何 N/cm² か。

(3)　表の(ア)にあてはまる値を答えよ。

(4)　板の質量は何 g か。

(5)　板の水面からの深さを 20cm にして，板の上に静かにおもりを積み上げていくと，何個目のおもりをのせたとき板が円筒から離れるか。

(6)　さらに，図5のように，円筒内に 400cm³ の水を入れ，板の上におもりを1個乗せて水槽の中で円筒をゆっくりと引き上げるとき，板が円筒から離れるのは，水槽の水面からの板の深さが何 cm のときか。

(7)　次に，図6のようにおもりに糸をつけ，円筒や板にあたらないようにして，円筒内の水中に静止させた。この状態で円筒をゆっくりと引き上げるとき，板が円筒から離れるのは，水槽の水面からの板の深さが何 cm のときか。

図5　　　　図6

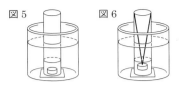

（福岡大附大濠高改）

★58 ［水圧と浮力］

次の(1)，(2)の文章を読んで，（　①　）～（　⑫　）に入る数値，式，または語を答えなさい。なお，質量が 100g の物体にはたらく重力の大きさを 1N，水の密度を 1g/cm³ とする。

(1)　図1のように，水が 800cm³ 入ったメスシリンダーの水面から深さ 20cm のところに，面積が 10cm² の面 S を考える。その面 S の上にのっている部分の水の重さは（　①　）Nで，その水が面 S を押す圧力は（　②　）hPa となり，これは深さ 20cm での水圧となる。ここで，もし面 S の面積を半分の 5cm² として，深さ 20cm のところの水圧を計算すると，（　③　）hPa となる。以上より，水圧は（　④　）だけで決まることがわかる。

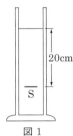

図1

次に，この水に（　⑤　）g の砂糖を溶かして，20%の砂糖水にする。このとき砂糖水の体積は，砂糖を入れる前より 16%増加していた。この砂糖水の密度は，小数第2位を四捨五入すると，（　⑥　）g/cm³ となるので，水溶液が水面から深さ 20cm のところの面 S を押す圧力は（　⑦　）hPa となる。これより，液体による圧力は，（　④　）と液体の密度で決まることがわかる。

(2)　密度が d〔g/cm³〕の液体が入った水槽に，1辺が 10cm の立方体の物体を入れて，図2のような位置にあるとき，物体の上面における液体による圧力は（　⑧　）hPa だから，液体が物体の上面を下向きに押す力は（　⑨　）N となる。またこのとき，液体が物体の下面を上向きに押す力は（　⑩　）N である。左右の面を押す力は互いに打ち消し合うので，結局，物体は液体から上向きに（　⑪　）N の力を受けることになる。さて，物体の密度を D〔g/cm³〕とすると，物体の重さは（　⑫　）N で下向きである。ここで，（　⑪　）＞（　⑫　）ならば物体は浮き上がり，（　⑪　）＜（　⑫　）ならば物体は液体中に沈むことになる。これより，物体が浮くか沈むかは，物体の密度と液体の密度の大小で決まることがわかる。

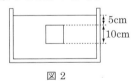

図2

（京都・洛南高）

★★*59* ［浮　力］

次の実験について，あとの問いに答えなさい。

【実験】

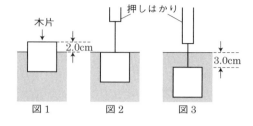

図1　　　　図2　　　　図3

① 一辺が5.0cm, 重さ0.75Nの立方体の木片を，水の入った大きな容器の中に入れた。木片は，図1のように水面から2.0cm浮き出て静止した。

② 次に，押しはかりをあてて木片を水の中へ静かに押しこんだ。図2のように木片の上面が水面と一致したとき，はかりは0.5Nを示した。

③ つづいて，押しはかりをあてたまま，図3のように木片の上面と水面の距離が3.0cmになるまで静かに沈めていった。

(1) 図1の状態のとき，木片にはたらく重力の大きさと，木片にはたらく浮力の大きさはどのような関係になっているか。

(2) 押しはかりが0.25Nを示しているとき，木片の底面が水から受ける力の大きさは何Nか。

(3) 図1から図3の状態まで木片を沈めていくとき，木片が動いた距離と木片の底面が受ける力の大きさの関係を，右図にグラフで表せ。

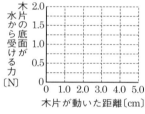

ただし，木片が沈むことによる水面の上昇は無視できるものとする。

（広島大附高改）

★★*60* ［水圧②］

図1

ピストンの重さが2N，断面積が10cm²の注射器を，水面にまっすぐ立てて固定した。しばらく置くと，図1のように，ピストンの下面は水面より低くなったところで静止した。水の密度は1g/cm³，大気圧は10N/cm²，質量100gの物体にかかる重力の大きさを1Nとして，次の問いに答えなさい。

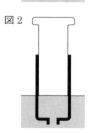

図2

(1) 水がピストンを上向きに押す力の大きさは何Nか。

(2) ピストンの下面は水面から何cm下がっているか。

次に，図2のようにピストンを真上に引っ張って，ピストンの下面がちょうど水面と同じ高さになるようにした。

(3) 水がピストンを押す力の大きさは何Nか。

(4) このときピストンを引く力の大きさは何 N か。

　さらに図 3 のようにピストンを真上に引っ張って，ピストンの下面が水面から 10cm 上になるようにした。

(5) ピストンが水に対して下向きに加える圧力の大きさは何 N/cm² か。

(6) このときピストンを引く力の大きさは何 N か。

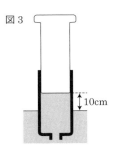

(京都・洛南高)

★★**61** ［水圧と大気圧］

　図 1 のような形のふたのない水槽に水が満たされている。大気圧を 1000hPa とし，水の重さによる圧力は 1m 深くなるごとに 100hPa ずつ増えるものとして，次の問いに答えなさい。（hPa はヘクトパスカルで，1hPa = 100Pa）

(1) 水中の深さ 0.5m，深さ 1m における圧力はそれぞれ何 hPa か。

(2) 水槽の底 CDEF を下から支えるには何 N の力が必要か。底には下側から大気圧がかかっていることに注意して答えよ。ただし，水槽自体の重さは考えなくてよい。

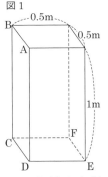

(3) 水槽の壁 ABCD には，面に垂直な圧力がかかる。壁 ABCD を（左から押して）支えるのに必要な力は何 N か。壁はそれとつながっている他の壁や底からは力を受けないものとして考えよ(以下同様)。

(4) 壁 ABCD を（水平に切って）上下 2 枚に二等分し，それぞれを支えたい。必要な力はそれぞれ何 N か。

(5) 壁 ABCD を上下 2 枚に分割し，等しい力でそれぞれを支えたい。上から何 cm のところで分割すればよいか（分数や無理数で考えてもよい）。

(6) 壁 ABCD を上下の多数の部分に分割し，等しい力でそれぞれを支えたい。図 2 を参照し，分割された各部分の長さ y と上からの距離 x との関係の特徴を表すグラフとして，最も適当なものを次から選び，記号で答えよ。

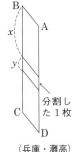

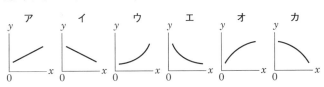

(兵庫・灘高)

**62* ［力の合成と分解①］

下図のア〜オのうち，力 F を X 方向と Y 方向に正しく分解しているものはどれか。ア〜オから1つ選び，記号で答えなさい。ただし，分解した X 方向の力を F_X，Y 方向の力を F_Y とする。

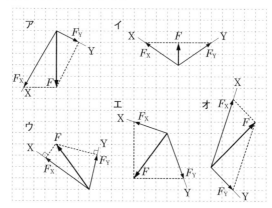

（三重・高田高）

**63* ［慣性の法則と作用・反作用の法則］

まさとさんのクラスでは，理科の授業で，物体の運動について調べる実験を行った。図のように，水平な床のうえに壁のそばで静止した台車があり，その台車にまさとさんが乗っている。まさとさんが壁を押すと台車はまさとさんを乗せ

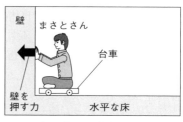

たまま壁と反対向きに動いた。このことについて，次の問いに答えなさい。ただし，空気の抵抗，台車と床との間にはたらく摩擦力は考えないものとする。

⑴ 台車は，外から力を加えないかぎり，静止しているときは静止し続けようとし，運動しているときはいつまでもその運動を続けようとする。このような物体のもつ性質を何というか。

⑵ まさとさんが壁を押したとき，まさとさんと壁にはどのような力がはたらくか，最も適切なものを次のア〜エから1つ選べ。

(着)(眼)

62 F_X と F_Y が，F を対角線とした平行四辺形の2辺となる。

63 ⑴このことを慣性の法則という。

 ⑵このことを作用・反作用の法則という。

ア　まさとさんには，まさとさんが押した力と同じ向きに大きさが等しい力
　　がはたらくが，壁には力がはたらかない。

イ　まさとさんには，まさとさんが押した力と反対向きに大きさが等しい力
　　がはたらくが，壁には力がはたらかない。

ウ　まさとさんと壁の両方に，たがいに向きが反対でまさとさんが押した力
　　と大きさが等しい力がはたらく。

エ　まさとさんと壁の両方に，どちらもまさとさんが押した力と同じ向きで
　　大きさが等しい力がはたらく。

（高知県囡）

*64 ［力の合成と分解②］

　右の図は，30g の同じおもりを，2 本のひもで天井からつるしたところである。ア〜クの各ひもがおもりを引く力について，各問いに答えなさい。

(1)　ア〜クのうち，どのひもが引く力が最も大きいか。

(2)　ア〜クのうち，どのひもが引く力が最も小さいか。

（高知・土佐高）

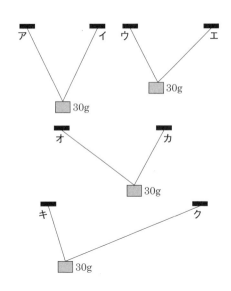

65 ［力の合成と分解③］ ◀頻出

次の文中の①，②に入る数字をそれぞれ答えなさい。

　右図のように，4N のおもりが，天井から糸 A・B でつり下げられている。このとき，糸 A を引く力は（　①　）N，糸 B を引く力は（　②　）N となっている。ただし，$\sqrt{3}$ ＝ 1.7 とする。

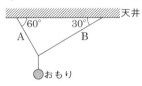

（大阪桐蔭高囡）

66 ［力の合成と分解④］

次の文の空欄に入る語句の組み合わせや数字をそれぞれあとのア〜エから選び，記号で答えなさい。ただし，100gの物体にはたらく重力を1Nとする。

(1) 右図のように，天井から糸でおもりをつり下げた。

（ ① ）と（ ② ）がつりあっている。

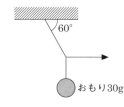

ア ①天井が糸を引く力 ②おもりが糸を引く力

イ ①天井が糸を引く力 ②糸が天井を引く力

ウ ①糸がおもりを引く力 ②糸が天井を引く力

エ ①糸がおもりを引く力 ②おもりが天井を引く力

(2) 天井から30gのおもりをつり下げている糸を右図の矢印のように水平に引くとき，（ ）Nの力が必要である。

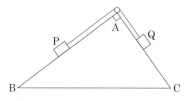

ア 0.15 イ 0.17

ウ 0.30 エ 0.60

（大阪桐蔭高改）

67 ［斜面上の物体にはたらく力］

右図のように，斜面AB上の物体Pと，斜面AC上の物体Qは，Aに取り付けた滑車を介して，質量の無視できるロープでつながれて静止している。斜面ABと斜面ACは直交していて，AB＝2〔m〕，

AC＝1.5〔m〕である。斜面に摩擦はなく，滑車はなめらかに動くものとする。

(1) Pの質量が4kgのとき，Qの質量は何kgか。

(2) ロープがPを引く力は何Nか。ただし，1Nは100gの物体にはたらく重力の大きさとする。

（愛媛・愛光高）

68 ［力のつり合いと物体にはたらく力］

次の問いに答えなさい。

(1) 次の文の〔 〕にあてはまる適当な語句を答えよ。ただし，同じ番号の〔 〕には同じ語句が入る。

(着眼)
66 (1)つり合っている2力は，同じ物体にはたらいている。
67 (1)AB：AC＝4：3なので，Pの質量：Qの質量＝4：3となる。

　力を矢印を用いて図示するとき，力の〔　①　〕を矢印の長さに，力の〔　②　〕を矢印の向きに，力の作用点を矢印の始点に，それぞれ対応させて表現する。物体にはたらく2つの力がつり合うための条件としては，まず

　　・2つの力の〔　①　〕が〔　③　〕。　　・2つの力の〔　②　〕が〔　④　〕。

ということが必要である。しかし，この2つの条件が成り立っても，右図のような場合，物体が〔　⑤　〕運動を起こすので，つり合ってはいない。2つの力がつり合うときにはさらに，上の2つの条件に加えて，

　　・2つの力の〔　⑥　〕が一致する。

という条件が必要である。これらの3つの条件をまとめてAとする。また，2つの物体が互いに力をおよぼし合うときに，2つの力の間には

　　・2つの力の〔　①　〕が〔　③　〕。　　・2つの力の〔　②　〕が〔　④　〕。

　　・2つの力の〔　⑥　〕が一致する。

という関係が成り立つ。これらの関係をまとめてBとする。

(2)　右図のように重さW〔N〕の直方体状の物体Yの上に同じ重さの直方体状の物体Xを重ねて床の上においた。それぞれの物体にはたらく重力は図に示されている。このとき，XおよびYにはたらく力は次の5つである。

a　Xにはたらく重力　　　b　YがXにおよぼす力

c　XがYにおよぼす力　　d　Yにはたらく重力

e　床がYにおよぼす力

①　a～cの力の大きさがW〔N〕であることを，筋道だてて説明すると，以下の文のようになる。文中の｜　｜の中の正しいほうを選べ(AかBで答えよ)。また，〔　　〕には，a～eより適するものを選んで入れよ。

　　aの大きさはW〔N〕である。bはア｜Aの条件，Bの関係｜より，〔　イ　〕と大きさが等しくなるのでW〔N〕である。cはウ｜Aの条件，Bの関係｜より，〔　エ　〕と大きさが等しくなるのでW〔N〕である。

②　eの力の大きさと向きを答え，その理由を上記①にならって説明せよ。

(兵庫・灘高)

68 Aは，1つの物体にはたらいている2力のつり合う条件である。Bは，2つの物体が力をおよぼし合うときの2力の関係である(作用・反作用)。

2 | 運動と力

解答 別冊 p.37

*69 ［斜面上ではたらく力］ ◀頻出

　右図のように，なめらかな斜面上の点Aに力学
台車を置き，静かに手をはなすと，台車は点Aか
ら斜面上を下りはじめた。また，その台車の速さ
はしだいに大きくなっていった。このとき，A，B，
Cの各点における斜面に沿って台車にはたらく力

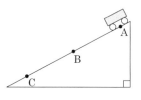

の大きさをそれぞれ，F_A，F_B，F_Cとすると，それらはどのような関係になっ
ているか。下の解答群より正しいものを選び，記号で答えなさい。

　ア　$(F_A > F_B > F_C)$　　　　イ　$(F_A < F_B < F_C)$
　ウ　$(F_A = F_B = F_C)$　　　　エ　$(F_A < F_C < F_B)$

（石川・星稜高）

*70 ［運動している物体にはたらく力］ ◀頻出

　図のように斜面上に台車
を置き，静かに手をはなし
た。台車は斜面を下って木
片に衝突し，木片を押しな

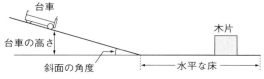

がら一体となって移動して静止した。これについて以下の問いに答えなさい。
ただし，木片には一定の摩擦力がはたらくものとし，台車にはたらく摩擦力や
空気の抵抗は無視できるものとする。

(1)　台車が下っているとき，台車にはたらく斜面方向の力について正しく述
　　べているものはどれか。次から最も適当なものを1つ選び，記号で示せ。
　　　ア　少しずつ小さくなっていく。　　　イ　少しずつ大きくなっていく。
　　　ウ　はたらいていない。　　　　　　　エ　一定の大きさではたらいている。

(2)　斜面の角度をさらに大きくして，同じ高さに台車を置き，静かに手をは
　　なした。このとき，①台車にはたらく斜面方向の力の大きさと，②水平な床
　　に達したときの速さは，角度を大きくする前と比べてどうなるか。

（福岡・西南学院高改）

着眼
　69 斜面上の傾きはすべて等しい。
　70 (2)水平面上での速さは，台車の高さによって決まる。

＊71 ［平均の速さと瞬間の速さ］ ◀頻出

次の文章を読んで，あとの問いに答えなさい。

時刻 $t=0$〔分〕に電車がA駅を出発して一定の割合で加速し，時刻 $t=3$〔分〕である速さ V に達した。時刻 $t=3$〔分〕から時刻 $t=5$〔分〕までは一定の速さ V で走り，時刻 $t=5$〔分〕から一定の割合で減速して時刻 $t=11$〔分〕にB駅に停車した。下の表は，電車がA駅を出発してからB駅に停車するまでの時刻とA駅からの距離を表したものである。A駅とB駅との間のレールは直線であるとし，割り切れない場合は，小数第1位を四捨五入して整数で答えよ。

時刻〔分〕	0	1	2	3	4	5	6	7	8	9	10	11
距離〔m〕	0	200	800	1800	3000	4200	5300	6200	6900	7400	7700	7800

(1) A駅を出発してからB駅に停車するまでの平均の速さは何 m/分か。

(2) A駅を出発してからB駅に停車するまでの時刻と速さの関係を示すグラフを下にかけ。

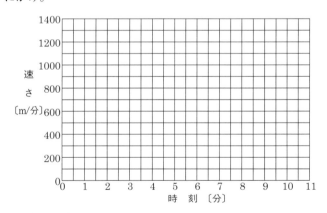

(3) 速さ V は何 m/分か。

(4) 時刻 $t=2$〔分〕の瞬間の速さは何 m/秒か。

(5) 時刻 $t=8$〔分〕の瞬間の速さは何 km/時か。

（東京・開成高）

着眼

71 (1) 11分間で 7800m 移動している。

(2) 時刻 $t=3$〔分〕から時刻 $t=5$〔分〕までは一定の速さであるという条件があるので，まず，この間の速さを求める。

*72 ［水平面上の運動］ ◁頻出▷

物体の運動の実験を行った。摩擦や空気の抵抗はないものとして，あとの問いに答えなさい。

【実験】 図1のように，なめらかな水平面上に物体を置き，水平方向に手で一定の力を加えて押したところ，物体はある距離まで進んだあと，手からはなれてすべっていった。図2は，このときの運動のようすを，1秒間に60打点を打つ記録タイマーで紙テープに記録したものである。

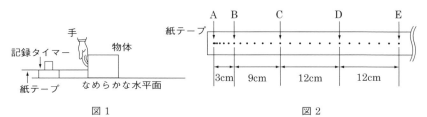

図1　　　　　　　　　　　　　　　図2

(1) 手で物体を押しているのは，紙テープ上では，Aからどこまでの区間になるか。次のア～エのうちから1つ選べ。

ア　B　　　イ　C
ウ　D　　　エ　E

(2) 紙テープに記録されたBからCまでの区間の平均の速さは何cm/sか。次のア～カのうちから1つ選べ。

ア　15cm/s　　　イ　30cm/s
ウ　60cm/s　　　エ　90cm/s
オ　120cm/s　　　カ　180cm/s

(3) この物体が，手からはなれて水平な面上を運動しているとき，物体にはたらいている力はどれか。図3のア～カからすべて選べ。

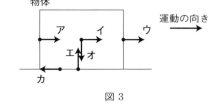

図3

(4) 紙テープに記録されたAからEまでの区間の運動について，

① 動きはじめてからの時間と物体の瞬間の速さの関係
② 動きはじめてからの時間と物体が進んだ距離の関係

を表すグラフはどれか。次のア～カのうちから最も適切なグラフをそれぞれ1つずつ選べ。ただし，①は，縦軸を瞬間の速さ，横軸を動きはじめてからの時間，②は，縦軸を進んだ距離，横軸を動きはじめてからの時間とする。

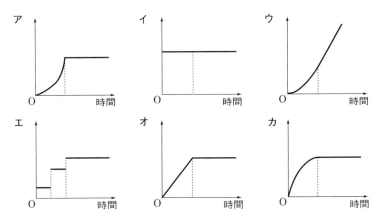

(5) 「慣性の法則」を唱えた人物はだれか。次のア〜カのうちから1つ選べ。

ア　オーム　　　イ　ドルトン　　　ウ　アンペール

エ　フック　　　オ　ジュール　　　カ　ニュートン

(愛知・中京大附中京高改)

★73 ［物体の運動］

東西にのびた直線上の1点Oに物体がある。Oから物体が動き出し，動き出してからの時間とOから物体までの距離との関係を示したのが右図である。ただし，Oより東側の距離を正の側で表してある。

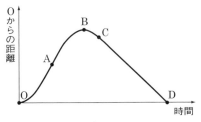

次の(1)〜(5)の(　　)にあてはまるものを，グラフ上の点O，A，B，C，Dの文字のみで答えなさい。

(1)　Oから最もはなれた位置に物体があるのは(　　)である。

(2)　運動の向きと逆向きの力がはたらいているのは(　　)の間である。

(3)　物体の運動中，物体に力がはたらいていないのは(　　)の間である。

(4)　物体に西向きの力がはたらいているのは(　　)の間である。

(5)　瞬間の速さが最大と考えられるのは(　　)である。

(愛知・東海高)

着眼

72 (1)水平面上では，手からはなれてからは等速直線運動を行う。

　(3)もし，物体の運動方向に力がはたらいていれば，物体の速さが大きくなる。

　(4)速さが一定になってからは，移動距離は時間に比例する。

73 (5)傾きの絶対値が最大のときである。

*74 ［斜面を下る台車の運動］ ＜頻出

次の実験1，2について，あとの問いに答えなさい。ただし，斜面と台車の摩擦や空気の抵抗などは無視できるものとする。

【実験1】 右の図1のように，なめらかな斜面のP点から力学台車を静かにはなし，力学台車が斜面を下るときの運動のようすを，台車に紙テープをつけ，1秒間に60打点を打つ記録タイマーで調べた。図2は，紙テープの記録の最初の打点Aから6打点ごとに区切ってB，C，D，E，Fとし，距離を示したものである。

【実験2】 斜面の角度を変えて，実験1と同様に斜面上の台車の運動のようすを調べた。図3は，このときの紙テープの記録に実験1と同様の方法でA′からF′まで印をつけたものである。

図1

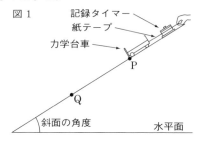

図2

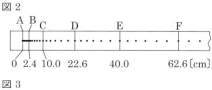

図3

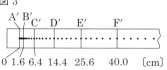

(1) 実験1で，記録タイマーが紙テープのC点からD点まで打つのにかかる時間は何秒か。

(2) 実験1で，台車のDE間の速さ（平均の速さ）は何 cm/s か。

(3) 実験1において，力学台車が動きはじめて斜面を下りきるまでの間の，時間（横軸）と力学台車の速さ（縦軸）の関係を表しているグラフを，次のア〜エから選び，記号で答えよ。

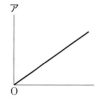
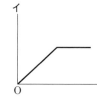
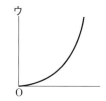
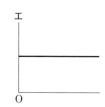

(4) 実験1において，力学台車が動きはじめて斜面を下りきるまでの間の，時間（横軸）と力学台車の移動距離（縦軸）の関係を表しているグラフを，(3)のア〜エから選び，記号で答えよ。

(5) 斜面の角度は，実験1と実験2ではどちらが大きいか。

(6) 実験1と実験2についていえることを，次のア ～カからすべて選び，記号で答えよ。ただし，台 車にはたらく斜面方向の力は，図4の矢印で示し た力のことである。

図4

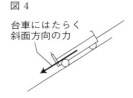

台車にはたらく 斜面方向の力

ア 実験1でも実験2でも，台車にはたらく斜面 方向の力は斜面を下るにつれてしだいに大きくなる。

イ 実験1でも実験2でも，台車の速さは斜面を下るにつれてしだいに大 きくなる。

ウ 斜面の角度が大きいほど，台車にはたらく斜面方向の力は大きい。

エ 斜面の角度が大きいほど，台車にはたらく斜面方向の力は小さい。

オ 斜面の角度を変えても，台車にはたらく斜面方向の力は変わらない。

カ 実験1でも実験2でも，台車は等速直線運動をしている。

(広島大附福山高)

$\overset{\star\star}{75}$ ［平均の速さと瞬間の速さ］

右図は，Bを境にして摩擦 のある面と摩擦のない面がつ ながった平らな斜面上を，斜 面方向下向きに動く小物体の 運動のようすを表している。 図中の $P_1 \sim P_8$ は，小物体が

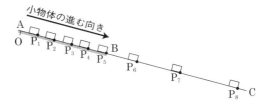

小物体の進む向き

Oを通過した瞬間から0.2秒ごとの位置を示している。Oから位置 $P_1 \sim P_8$ ま での距離は表のとおりである。ただし，AB間は摩擦があるが，BC間は摩擦 がないものとする。

位置	P_1	P_2	P_3	P_4	P_5	P_6	P_7	P_8
Oからの距離〔cm〕	10	20	30	40	51	69	95	129

(1) 小物体が P_5 を通過してから P_8 に達するまでの平均の速さを答えよ。

(2) (1)の平均の速さは，Oを通過してから何秒後の瞬間の速さに等しいか。

(3) 小物体が P_7 を通過する瞬間の速さを答えよ。

(大阪星光学院高)

着眼

74 (3)(4)台車が斜面を下るとき，速さは時間に，移動距離は時間の2乗に比例する。
(6)台車にはたらく斜面方向の力は，斜面の角度によって決まる。

75 (3) P_7 を通過する瞬間の速さは， P_6 – P_8 間の平均の速さに等しい。

$\overset{\star\star}{76}$ ［力の合成と速さ］

　図1のように斜面上の点Aから静かに物体をすべらせた。物体は水平面BCを通過し，点Dで折り返して再びCBを通過した。これについて，以下の問いに答えなさい。ただし，点B，Cで物体ははねたりすることはなく，なめらかに運動したものとする。また，摩擦ははたらかないものとする。

図1

(1)　斜面AB上をすべりおりるときの斜面から
　　受ける力の向きはどれか。図2のア〜オから
　　選び，記号で答えよ。

図2

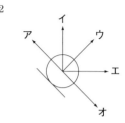

(2)　斜面AB上をすべりおりるときの重力と，
　　斜面から受ける力を合わせた力の向きはどれ
　　か。図2のア〜オから選び，記号で答えよ。

(3)　斜面ABをすべりおりるときの物体の速さは，どのように変化するか。下
　　のア〜ウから選び，記号で答えよ。
　　ア　変化しない。　　イ　速くなる。　　ウ　遅くなる。

(4)　水平面BC上をすべるときには，力ははたらいていない。このように力が
　　はたらかなくても，物体が運動し続けるという法則を何というか。

(5)　斜面CD上をすべりあがるときの重力と，斜　図3
　　面から受ける力を合わせた力の向きはどれか。
　　図3のア〜オから選び，記号で答えよ。

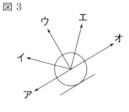

(6)　斜面CD上をすべりあがるときの物体の速さ
　　は，どのように変化するか。次のア〜ウから選び，
　　記号で答えよ。
　　ア　変化しない。　　イ　速くなる。　　ウ　遅くなる。

(7)　次のア〜エの文章のうち正しいものを1つ選び，記号で答えよ。
　　ア　斜面AB上で物体が斜面から受ける力と，斜面CD上で物体が斜面から
　　　　受ける力は，同じ向きで同じ大きさである。
　　イ　斜面AB上で物体が斜面から受ける力と，斜面CD上で物体が斜面から
　　　　受ける力は，向きが異なるが同じ大きさである。

ウ 斜面 AB 上で物体が斜面から受ける力のほうが，斜面 CD 上で物体が斜面から受ける力より大きい。

エ 斜面 CD 上で物体が斜面から受ける力のほうが，斜面 AB 上で物体が斜面から受ける力より大きい。

（広島・近畿大附福山高）

★★**77** ［斜面を下る小球の運動］

図は斜面上の番号①の点から小球を静かにはなし，0.1 秒間隔でストロボ写真にとり，これを図示したものである。表はそのときの番号①からの小球の移動距離をまとめたものである。小球にはたらく空気の抵抗，小球と斜面との間の摩擦はないものとして，あとの問いに答えなさい。

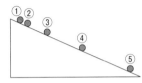

小球の位置	①	②	③	④	⑤
移動距離〔cm〕	0	2	8	18	32

(1) 小球がころがりはじめてから 0.3 秒後には，小球はどこまで移動するか。番号①〜⑤から選べ。

(2) 小球が番号②から④まで移動する間の平均の速さ〔cm/s〕を求めよ。

(3) 小球が斜面をころがりおりる間について，次の (a)，(b) の関係を表すグラフを，右の**ア**〜**カ**からそれぞれ選べ。

(a) 時間と小球の速さとの関係（時間を横軸）

(b) 時間と小球の移動距離との関係（時間を横軸）

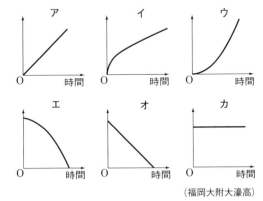

（福岡大附大濠高）

着眼

76 (2)物体が斜面から受ける力の作用点を重力の作用点に重ねてみる。

(5)(2)と同じように，力の作用点を重ねてみる。

(7)物体が斜面から受ける力の向きは，斜面に対して垂直な向きである。

77 (3)速さは時間に比例し，移動距離は時間の 2 乗に比例する。

★★*78* ［落下運動］

右の図1のような装置を用いて，力学台車にはたらく力と力学台車の運動との関係を調べる実験をした。力学台車につけた糸を滑車を通しておもりに結びつけ，力学台車を

図1

なめらかで水平な机の上に置き，静かにはなすと，力学台車は動きはじめ，速さがだんだん速くなった。おもりが床に達して静止したあとも，力学台車は運動を続けた。この運動のようすを調べるために，力学台車を静かにはなすと同時に，1秒間に60回打点する記録タイマーを作動させ，紙テープに記録した。図2は，この紙テープの記録をA点より6打点ごとにB，C，D，E，Fと区切って，A点からの長さをはかったものの一部を示したものである。

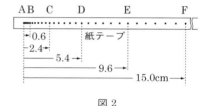

図2

図2の紙テープを，A点から6打点ごとのB，C，D，E，F，…で切り，下端をそろえて左から順に並べて，方眼紙にはりつけたものが図3である。ただし，図中の打点は省略してある。

これに関して，以下の問いに答えなさい。

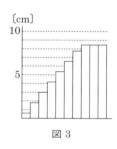

図3

(1) 図3のグラフで横軸は力学台車が動きはじめてからの時間を表す。紙テープ1本のはばに相当する時間は何秒か。

(2) AD間での力学台車の平均の速さは何cm/sか。

(3) CD間での力学台車の平均の速さは何cm/sか。

(4) 次の文は，図3をもとに力学台車の運動について述べたものである。文中の（　）にあてはまる言葉，数式を書け。

図3より，糸が力学台車を引いている間は，力学台車の速さがだんだん速くなることがわかる。図2のテープから0.1秒ごとに（　①　）cm/sずつ速さがふえていることがわかる。

おもりが床に達すると，糸が力学台車を引かなくなり，力学台車は（　②　）運動をする。その速さは図3から考えて（　③　）cm/sであることがわかる。このように，物体に力がはたらかないとき，物体はその運動の状態を続けよ

うとする性質をもっている。この性質を（　④　）という。

(5) 図2，図3から考えると，A点を記録した時刻から0.6秒間に力学台車が移動した距離は何 cm か。

(6) 図1の装置で，おもりの質量を大きくし，床からの高さは変えずに，同じような実験をした。おもりの質量を大きいものに変えると，力学台車にはたらく力は大きくなる。運動のようすを記録した紙テープを6打点ごとに切って図3のように方眼紙にはりつけるとどのようになるか。次の文中の①～③の（　）の中の語句を選び，記号で答えよ。

　　図3のときと比べると，0.1秒ごとの速さのふえ方は，①(ア　大きくなる，イ　小さくなる，ウ　変わらない)。おもりが床に達するまでの時間は，②(エ　長くなる，オ　短くなる，カ　変わらない)。また，おもりが床に達したあとの力学台車の速さは③(キ　速くなる，ク　遅くなる，ケ　変わらない)。

（福岡・久留米大附設高）

★**79** ［移動距離と速さ］

　　板を床に固定し，その左端に物体を置き，水平方向右向きの一定の力を物体に加えた。物体が動きはじめてから$\frac{1}{4}$秒間ごとの移動距離を測定しグラフにすると右図のようになった。板の表面はなめらかであり，板と物体の間に摩擦力ははたらかなかった。次の各問いに答えなさい。

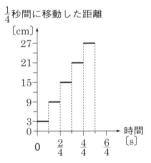

(1) 物体が動きはじめてから1秒後，物体は板の左端から何 cm 離れているか。

(2) 物体が動きはじめてから$\frac{6}{4}$秒後，物体は板の左端から何 cm 離れているか。

(3) $\frac{3}{4}$秒後から$\frac{4}{4}$秒後までの物体の平均の速さは何 cm/s か。

(4) 物体が動きはじめてから1秒後の物体の瞬間の速さは何 cm/s か。

（大阪教育大附高池田改）

着眼
78 (1)1秒間に60回打点する記録タイマーで6打点する時間である。
　　(2)(3)速さ＝移動距離÷時間
　　(6)力学台車にはたらく力が大きくなる。
79 (3)$\frac{3}{4}$秒後から$\frac{4}{4}$秒後までに21cm 移動している。

★★★ **80** ［斜面上の物体の運動と速さの変化］

　図1のような斜面A, 斜面Bがある。斜面を滑る台車の運動を調べるために, 次の実験1, 実験2を行った。実験の結果や考察について述べた(1)～(3)の文中の(①)～(④)に入る適当な数値を答えなさい。ただし, 台車と斜面との間の摩擦, 空気の抵抗は考えないものとする。

図1

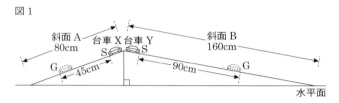

【実験1】 2台の同じ台車Xと台車Yをそれぞれ, 斜面A, 斜面Bのスタート地点(S)から同時に滑らせ, ゴール地点(G)までの運動を観察した(図1)。このときの, スタート地点からの時間と速さの関係をグラフにまとめた(図2)。

【実験2】 台車Xと台車Yを重ねて台車Zとし, これを斜面Aのスタート地点(S)から滑らせ, ゴール地点(G)までの運動を観察した(図3)。

図2

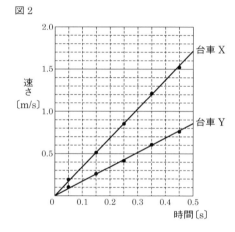

図3

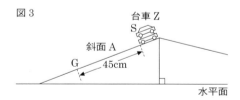

(1) 台車Yがスタート地点からゴール地点まで要する時間を測定したら, 台車Xがスタート地点からゴール地点まで要する時間の(①)倍であった。また, 台車Yがスタート地点から(②)cm滑ったときに, 台車Xは45cmを滑りきった。

(2) 台車Yがゴール地点を通過した瞬間の速さは, 台車Xがゴール地点を通過した瞬間の速さの(③)倍と考えられる。

(3) 台車 Z がスタート地点からゴール地点まで要する時間を測定したら，台車 X がスタート地点からゴール地点まで要する時間の（ ④ ）倍であると考えられる。

（東京・筑波大附駒場高）

★★★ *81* ［斜面を下る運動の平均の速さと瞬間の速さ］

じゅうぶん長い板を斜めに固定し，板上の点 A からボールをころがす実験を行った。ボールが点 B を通過する時刻を 0 秒とする。時刻 1.0 秒にボールは B から 2.4m の点 C を通過し，時刻 2.0 秒にボールは B から 7.2m の点 D を通過した。この実験について，以下の問いに答えなさい。ただし，速さが一定でない場合，「移動時間÷かかった時間」を「平均の速さ」といい，空気の抵抗は無視している。

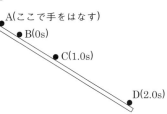

A(ここで手をはなす)
B(0s)
C(1.0s)
D(2.0s)

(1) 次の文①～③の〔 〕に適する式または数値を答えよ(イ，ウのみ数値)。

① 時刻 t_1〔s〕と t_2〔s〕の間の時間を「区間 $t_1 \sim t_2$〔s〕」とよぶことにする。区間 $t_1 \sim t_2$〔s〕の平均の速さを V〔m/s〕とすると，区間の幅にかかわらず，まん中の時刻〔 ア 〕〔s〕と V〔m/s〕との間に
$V =$〔 イ 〕$×$〔 ア 〕$+$〔 ウ 〕という関係が成り立つ。

② 区間の幅を広くして区間 $0 \sim T$〔s〕を考えるとき，区間 $0 \sim T$〔s〕の平均の速さは〔 エ 〕〔m/s〕であり，時刻 T〔s〕におけるボールの B からの距離 X は $X =$〔 オ 〕と表される。

③ 時刻 t〔s〕をまん中とする非常に狭い区間を考えると，その区間の平均の速さは時刻 t〔s〕の瞬間の速さとほぼ等しくなる。これより，時刻 t〔s〕における瞬間の速さ v〔m/s〕は，t を用いて $v =$〔 カ 〕と表される。

(2) ① ボールが，B から 14.4m の点を通過する時刻を求めよ。
② その時刻における，ボールの瞬間の速さは何 m/s か。

(3) ① A でボールがはなされてから B にいくまでの時間は何秒であったか。
② A と B の距離は何 m か。

（兵庫・灘高）

着眼
80 台車の移動距離はグラフと横軸に囲まれた直角三角形の面積にあたる。
81 (1)各点間のまん中の時刻と平均の速さを求め，その変化を考察する。

★★★*82* ［摩擦力がはたらかない面と摩擦力がはたらく面］

次の問いに答えなさい。ただし，問題中の物体はいずれも十分小さく，その大きさは考えなくてよいものとする。

［Ⅰ］ 図1のような，斜面と水平面とがなめらかにつながった実験台を用意する。斜面が水平面となす角度は30°である。水平面上の点Aより右はあらい面となっていて，物体と面との間に摩擦力がはたらくが，それ以上の面はなめらかになっていて，物体と面との間に摩擦力ははたらかない。斜面上の点から物体をそっとはなすと，物体は斜面を下って水平面を進み，点Aからしばらく進んだところで静止した。

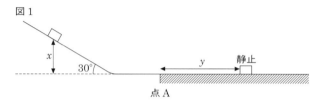

図1

いま，質量50gの物体アを，斜面上で位置をさまざまに変えてそっとはなす。物体アを放した位置の水平面からの高さ（図1の x）と，静止した位置の点Aからの距離（図1の y）との関係を調べると，表1のようになった。あらい面は十分に長く，物体は必ず静止するものとする。答えが小数になる場合は，小数第2位を四捨五入して小数第1位まで答えよ。

表1

高さ x〔cm〕	10	20	（ あ ）	40	50
距離 y〔cm〕	25	50	75	（ い ）	125

(1) 物体アにかかる摩擦力の向きはどちらか。右向き，左向きで答えよ。

(2) 表1の（ あ ），（ い ）にあてはまる数値を答えよ。

質量60gの物体イを用意し，斜面上の点からそっとはなした。はなした位置の水平面からの高さが80cmのとき，点Aから200cm進んで静止した。

(3) 次の**カ～ク**から正しいものを1つ選べ。

　カ 軽い物体よりも，重い物体のほうが斜面を滑る速さは大きい。そのため，x の値を同じにすれば，重い物体のほうが y の値は大きくなる。

　キ 軽い物体よりも，重い物体のほうが摩擦力の大きさは大きい。そのため，x の値を同じにすれば，重い物体のほうが y の値は小さくなる。

　ク 物体の重さは違っても，x の値を同じにすれば，y の値は同じになる。

[Ⅱ] 図2のような水平面と斜面とがな
めらかにつながった実験台を用意す
る。斜面が水平面となす角度は30°で
ある。すべての面がなめらかであり，
物体と面との間に摩擦力ははたらかないものとする。水平面上の点Bから
物体を右向きに発射すると，物体は水平面から斜面を進み，最高点に達した
後，再び斜面を下っていく。

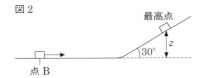

　いま，[Ⅰ]で使用した物体アを，速さをさまざまに変えて点Bから発射
する。このとき，物体アが斜面上で達する最高点の，水平面からの高さ（図
2のz）を計測すると，表2のようになった。斜面は十分に長く，物体は必
ず最高点で折り返すものとする。答えが小数になる場合は，小数第2位を
四捨五入して小数第1位まで答えよ。

表2

点Bでの速さ〔m/s〕	0.7	1.4	2.1	2.8	（ え ）
高さz〔cm〕	2.5	10	（ う ）	40	90

(4) 表2の（う），（え）にあてはまる数値を答えよ。

(5) 斜面が水平面となす角度を45°に変え，物体アを点Bから5.6m/sの速さ
で発射した。物体アが斜面上で達する最高点の，水平面からの高さ〔cm〕を
求めよ。

[Ⅲ] 図3のような，斜面と水平面
とがなめらかにつながった実験台を
用意する。斜面が水平面となす角度
は30°である。水平面上の点Cと

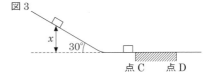

点Dの間は[Ⅰ]と同じあらい面になっていて，物体と面との間に摩擦力が
はたらくが，それ以外の面はなめらかになっていて，物体と面との間には摩
擦力ははたらかない。ただし答えの有理化できない根号は小数にせず，その
ままで答えよ。

　$x = 50$〔cm〕の位置から，[Ⅰ]で用いた物体アをそっとはなした。

(6) 点Cを通過するときの物体アの速さ〔m/s〕を求めよ。

(7) 点Dを通過するときの物体アの速さが1.4m/sであった。CD間の距離〔cm〕
を求めよ。

　$x = 60$〔cm〕の位置から，[Ⅰ]で用いた物体アをそっとはなした。

(8) 点Dを通過するときの物体アの速さ〔m/s〕を求めよ。

（奈良・西大和学園高）

3 力学的エネルギー

解答 別冊 *p.44*

83 ［ふりこの運動］ 頻出

図は，ふりこの運動のようすを模式的に表したものである。次の（　）に適切な言葉を入れて文章を完成させなさい。解答は，下の語群から選び，記号で答えなさい。

高いところにあるおもりは（　①　）エネルギーをもち，運動しているおもりは運動エネルギーをもっている。（　①　）エネルギーと，運動エネルギーの和を，（　②　）エネルギーという。図のふりこの運動で，おもりの（　①　）エネルギーが最も大きいのは（　③　）の場所にあるとき，おもりの運動エネルギーが最も大きいのは（　④　）の場所のときである。

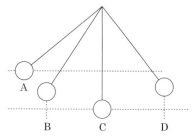

【語群】

ア	A	イ	B	ウ	C	エ	D
オ	力学的	カ	熱	キ	位置	ク	光

（広島・如水館高）

84 ［斜面を下る台車の運動］ 頻出

図のような斜面を下る台車の運動を調べた。次のそれぞれの関係を表すグラフの概形はどのようになるか。ア～シから選び，記号で答えなさい。

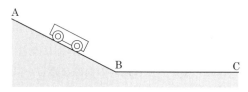

ただし，AB 間，BC 間はなめらかな面で，台車は静かにはなすものとする。

(1) AB 間を運動するときの，時間と物体の速さの関係

(2) BC 間を運動するときの，時間と物体の速さの関係

(3) BC 間を運動するときの，時間と物体の進んだ距離の関係

(4) AC 間を運動するときの，物体の進んだ距離と位置エネルギーの大きさの関係

(5) AC 間を運動するときの，物体の進んだ距離と運動エネルギーの大きさの関係

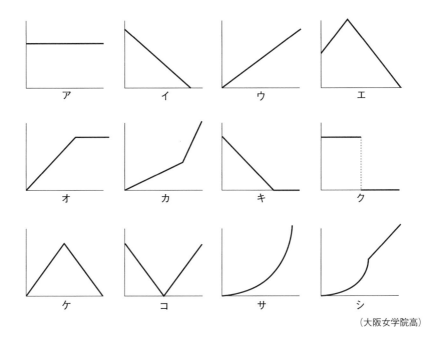

（大阪女学院高）

*85 ［位置エネルギーと仕事］

右図のように，長さ 40cm の棒を
三角台にのせ，てことして用いた。
棒の左端を A 点，右端を B 点，て
この支点を C 点とする。AC = 10
〔cm〕，BC = 30〔cm〕である。A 点に
重さ 12N のおもりを糸でつるした

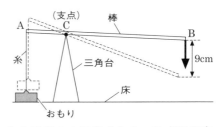

ところ，糸は A 点から真下に張り，おもりは床の上に静止した。B 点に下向
きの力を加え，B 点の高さをゆっくり 9cm 押し下げた。次の問いに答えなさい。

(1) おもりが床からもち上げられた高さは何 cm か。

(2) B 点に加えた力の大きさは何 N か。

(3) 床からもち上げられたことで増加したおもりの位置エネルギーは何 J か。

(4) 道具や装置を使うことで，小さな力で同じ量の仕事をすることができる。
　　この原理を利用した道具や装置を，てこ以外で 1 つ書け。

（山形県）

着眼
84 斜面を下るとき，物体の速さは時間に比例する。
85 (3)おもりのもつ位置エネルギーは，おもりがされた仕事の大きさに等しい。

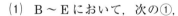

＊86 ［ふりこの運動と力学的エネルギー］ ◀頻出

　図1のように糸につながれた
おもりをAまで持ち上げ，手を
はなすとおもりはOの真下の
Cを通り，ふりこの運動をした。
摩擦や空気抵抗はないものとし
て，次の問いに答えなさい。

(1) B〜Eにおいて，次の①，
②の大きさの関係はどのよう
になっているか。

　　① 運動エネルギー　　② 力学的エネルギー

　　ア C＞D＞B＞E　　イ B＝C＝D＝E　　ウ E＞B＞D＞C
　　エ C＝E＞D＞B　　オ E＞B＝D＝C

(2) 図2のようにOの真下に
太さの無視できるくぎPを打
ちつけ，おもりをAからは
なしたところ，おもりはある
位置まで振れた。おもりは図
中ア〜エのどの位置まで振れ
たか。ただし，くぎと糸の摩
擦はないものとする。

図1

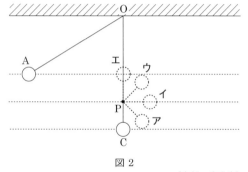

図2

（京都・東山高）

＊＊87 ［電気エネルギーと力学的エネルギー］

　運動エネルギーについて学習した和美さんたちは，運動する磁石とコイルの
関係を調べるために，次の実験を行った。あとの(1)〜(3)に答えなさい。

【実験1】 図1のように，棒
磁石を取りつけた重さが
20Nの台車をレールのア
の位置で静かにはなした
ところ，往復運動をくり返
し80秒後に静止した。

図1

棒磁石を取り
つけた台車

レール

着眼 **86** 力学的エネルギーは位置エネルギーと運動エネルギーの和である。また，力学的
エネルギーは保存される。

【実験2】 次に, 図2のよう
に, 同じようにしてつくっ
た5個のコイルに, それぞ
れ抵抗と検流計を接続した
ものを, ア～オの位置に取
りつけた。アの位置で静か
に台車をはなしたところ,

図2

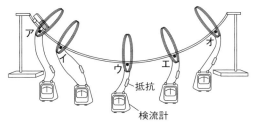

台車の往復運動にともない検流計の針が振れ, 台車は少しずつ振れを小さく
しながら, 50秒後に静止した。

(1) 実験1について, 次の①～③に答えよ。

① 右の図は, アの位置における棒磁石を取りつけ
た台車を模式的に示したものである。図中の点(・)
を作用点として, 台車にはたらく重力を, 右の図
の中に矢印で記入せよ。ただし, 図の方眼の1目
盛りの長さを10Nとする。

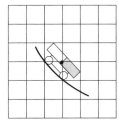

② 台車の運動エネルギーが最大となるのは, 台車
が図1のア～オのどの位置にあるときか, 1つ選んでその記号を書け。

③ 摩擦や空気抵抗がないものとして, この実験を行うと, 台車は永久に往
復運動を続けることになる。このとき, イの位置で台車がもつ位置エネル
ギーをa, 運動エネルギーをb, エの位置で台車がもつ位置エネルギーをc,
運動エネルギーをdとして, それぞれのエネルギーの関係を式で表すと
どのようになるか。a～dの文字をすべて用いて書け。

(2) 実験2について, 次の①, ②に答えよ。

① 検流計の針が振れたのは, コイルに電圧が生じ, 電流が流れたからであ
る。この電流を何というか。

② 針が最も大きく振れたのは, 図2のア～オのどの位置のコイルに接続
した検流計か, 1つ選んでその記号を書け。

(3) 実験2では, 実験1より短い時間で台車が静止した。このことをエネルギー
の移り変わりから説明せよ。

(和歌山県)

着眼

87 (2)台車の動きが速いほど, 電流は大きくなる。

(3)運動エネルギーの一部が位置エネルギー以外のエネルギーに変換されている。

★★*88* ［ジェットコースター］

　なめらかなレールで図1のようなジェットコースターの模型をつくった。このA点に小さな物体Qを置き，押し出したらQがレールに沿って運動し，P点，B点，C点を通ってD点まで届いた。このときの位置エネルギーの変化を途中まで右のグラフに表した（ただし，細かい変化については省略してある）。P点でのQの力学的エネルギーは0.12Jであった。このレールとQとの摩擦

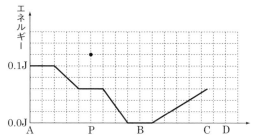

図1　ジェットコースター模型

はないものとし，空気抵抗などでエネルギーが失われることもないものとする。次の(1)〜(5)の各問いに答えなさい。(2)，(3)，(4)の答えは，上のグラフにかき込みなさい。

(1)　水平なB点でQには，右の図中の矢印のように1Nの重力がはたらいていた。B点を通過するQに，重力以外にはたらいている力の向きと大きさを図中に矢印でかけ。ただし，重力以外に力がはたらいていないと考える場合には，物体に×をうち，1点にはたらく力でない場合には，代

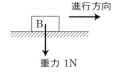

表する1つの力の矢印でかけ。

(2)　位置エネルギーのグラフは，C点までかいてある。この先までかくとするとどうなるか。グラフを完成させよ。

(3)　力学的エネルギーを表すグラフをかき，このグラフの近くに(3)と記せ。

(4)　A点からC点までのQの運動エネルギーを表すグラフをかき，このグラフの近くに(4)と記せ。

(5)　このレールがC点で切れていると，Qは斜め上方に飛び出す。このとき，飛び出したあとのQのもつ位置エネルギーの最大値は，次のどれか。

　　　ア　0.12Jより大きな値　　　イ　0.12J

　　　ウ　0.12Jより小さな値　　　エ　これだけでは決まらない　　　（東京学芸大附高）

着眼　*88* (3)力学的エネルギーは0.12Jで保存されている。
　　　　　(5)位置エネルギーが最大になるときもQは運動している。

★★89 ［斜面を下る台車の位置エネルギーと仕事］

力学台車を斜面でそっと離して運動させる実験1，実験2を行った。これらについて，あとの問いに答えなさい。ただし，用いた台車はすべて同じ規格のものであり，空気や斜面の抵抗は無視できるものとする。

【**実験1**】　傾きの異なる斜面にそれぞれ台車1と台車2を置いて支える。

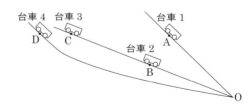

位置Aから台車1を離したときと位置Bから台車2を離したときの位置Oでの速さを測ったところ，台車1のほうが速かった。AO間，BO間の距離はともに1mである。

【**実験2**】　台車2と同じ斜面で位置Aと同じ高さの位置Cに台車3を置いて支える。台車1を置いた斜面とはじめは同じ傾きだが下に行くほどゆるやかになる斜面で，位置Aと同じ高さの位置Dに台車4を置いて支える。台車3と台車4を離し，位置Oでの速さを測った。CO間の距離は2mであり，DO間の斜面に沿った長さは2.5mである。

⑴　実験1での台車1・2の運動について，次から正しいものをすべて選べ。
　　ア　斜面からはたらく抗力は台車1より台車2のほうが大きい。
　　イ　AO間，BO間の距離が等しいので，重力がする仕事は台車1・2で等しい。
　　ウ　台車1のほうが位置エネルギーが大きいので，はたらく重力も大きい。
　　エ　重力と斜面からはたらく抗力の合力は，台車1のほうが大きい。
　　オ　台車1のほうがはたらく重力が大きいので，速度の変化の割合も大きい。

⑵　実験2での台車3・4の運動について，次から正しいものをすべて選べ。
　　ア　CとDで各台車を離したとき，はたらく重力は台車4のほうが大きい。
　　イ　CとDで位置エネルギーが等しいので，各台車にはたらく重力も等しい。
　　ウ　CとDで位置エネルギーが等しいので，各台車がOの達したときの速さも等しい。
　　エ　はたらく重力は台車4のほうが大きく，運動する距離が長いので，Oに達したときの速さは台車4のほうが速い。
　　オ　重力と抗力の合力が等しいので，Oに達したときの速さも等しい。
　　カ　斜面の抗力がする仕事は，台車3・4いずれに対しても0である。

（東京・筑波大附高）

★★*90* ［ジェットコースターとエネルギーの変換］

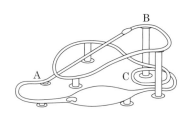

右図に示す模型のジェットコースターがある。モーターでコースターを最下点Aからスタート地点Bまで20秒かけてゆっくり引き上げると、B点からコースターが初めの速さ0で動きはじめた。点Aから点Bまで引き上げる間のモーターの消費電力を測ると30Wであった。

この間に消費した電気のエネルギーの80％がB点でのコースターの位置エネルギーになり（ただし、A点で位置エネルギーは0であるとする）、残りはモーター内で熱エネルギーになり、C点の位置エネルギーはB点での位置エネルギーの10％で、B点での位置エネルギーの5％がB点からC点まで動く間に摩擦によって熱エネルギーになったとする。B点からC点までの運動において、運動エネルギー、位置エネルギー、熱エネルギーの和が保存されるものとする。

(1) C点での運動エネルギーは何Jか。

(2) C点での運動エネルギーをE_1〔J〕、C点での位置エネルギーをE_2〔J〕、コースターがA点からC点に達するまでの間にこの装置全体で発生した熱エネルギーをE_3〔J〕とする。E_1〔J〕、E_2〔J〕、E_3〔J〕を多い順に並べ、百分率の円グラフを右にかけ。それぞれの百分率の値を書いておくこと。

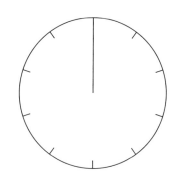

（大阪教育大附高平野）

★*91* ［運動と仕事］

次の文章を読み、あとの問いに答えなさい。

クレーンは荷物をつり上げる先端部分（フック）に動滑車が組みこまれていて、それを何重にも利用して、重い荷物をつり上げられるようにしている。

図1に示したクレーンのフックの質量は40kgで、内部には2個の動滑車が使われ

図1

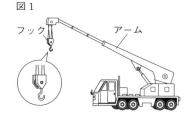

フック　　アーム

着眼

90 エネルギー〔J〕＝消費電力〔W〕×時間〔s〕

まず、B点での位置エネルギーを求める。

ている。このフックの内部のようすとアームの先端にある定滑車のようすを図2に示した。このクレーンを用いて，地面に置いてある 2400kg の荷物を，地面からの高さが 15m の建物の屋上へ移動させるため，次の操作Ⅰ～Ⅲの間，アームの長さや傾きは変えないものとする。

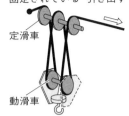

図2
ロープの一端は 固定されている
ロープを 引き出す
定滑車
動滑車

操作Ⅰ. 荷物を建物の屋上の高さよりも高い位置までゆっくりもち上げる。

操作Ⅱ. はじめ5秒間荷物を静止させた後，アームを回転させて，荷物を建物の屋上の真上までゆっくり水平に移動させる。

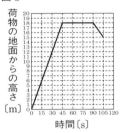

図3

荷物の地面からの高さ〔m〕／時間〔s〕

操作Ⅲ. 荷物をゆっくり屋上へ下ろす。

また，荷物の地面からの高さと，荷物を動かしはじめてからの時間の関係を表すグラフを図3に示した。100g の物体にはたらく重力の大きさを 1N として，次の問いに答えなさい。

(1) 操作Ⅱのはじめの5秒間に，荷物を引く力は仕事をしているか，していないか。仕事をしている場合は，その仕事の量は何Jか答えよ。仕事をしていない場合は，その理由を簡潔に答えよ。

(2) 操作Ⅲのとき，荷物はどのような運動をしているか。その運動の名称を答えよ。また，このときの荷物の速さは何 m/s か。

(3) 操作Ⅰの間にクレーンのフックの部分からロープを引き出す距離は何 m か。

(4) 操作Ⅰのときフックの部分からロープを引き出すために必要な力は何Nか。

(5) 操作Ⅰのとき，クレーンがする仕事について，その仕事率は何 W か。

(6) 滑車を動滑車と定滑車としてそれぞれ1個ずつ使い，クレーンのように物体をもち上げる装置を組み立てたい。装置のようすを図に表せ。用いる器具が右の図に示してある。ただし，糸の長さは十分

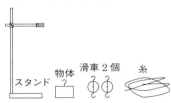

スタンド　物体　滑車2個　糸

あるものとし，結び目をつくってもかまわないが，切ってはいけないものとする。

(広島大附高)

着眼
91 仕事〔J〕＝物体に加えた力〔N〕×力の向きに移動させた距離〔m〕

$\overset{\star\star}{\star}$*92* ［力学的エネルギー］

A. 図1のような断面をもつすべり台上の点P
から，速度0（初速度0）ですべり出した小球
が最下点Qを通過して最高点まで上がり，再
び点Qのほうに戻った。摩擦や空気抵抗，小
球の大きさは考えないものとして，次の問い
に答えなさい。

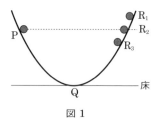

図1

(1) 小球がはじめて達した最高点は図1中の
$R_1 \sim R_3$ のどれか。記号で答えよ。

(2) 最下点Qを通過してから，最高点に達する間で，小球がもつ運動エネル
ギーKと床（最下点Qを含む水平面）からの高さxとの関係を示すグラフと
して最も適当なものを次のア〜クから1つ選び，記号で答えよ。

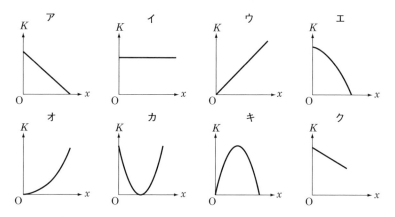

B. 図2のような断面をもつすべり台上の点Pから，速度0（初速度0）です
べり出した小球が最下点Qを通過して点Rから水平に対して45°斜め上方
の空中に飛び出し，最高点を通過し床に落下した。摩擦や空気抵抗，小球の
大きさは考えないものとして，あとの問いに答えなさい。

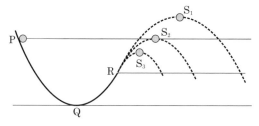

図2

(3) 最高点の位置は図2中の $S_1 \sim S_3$ のどれか。記号で答えよ。

(4) 次の3つの場合，重力以外に小球にはたらいている力があれば，その力の向きを右の①〜⑧の中から選び，それぞれ記号で答えよ。また，重力以外の力がはたらいていない場合は⓪と答えよ。

(a) 点Rから飛び出した直後

(b) 最高点に達したとき

(c) 最高点を通過し床に落下する途中

はたらいていない…⓪

(5) 点Rから飛び出して最高点に達する間で，小球がもつ運動エネルギー K と点Rを含む水平面からの高さ x との関係を示すグラフとして最も適当なものを，(2)のア〜クから1つ選び，記号で答えよ。

(北海道・函館ラ・サール高)

☆☆☆**93** ［力学的エネルギーの保存］

下図のように，質量 1kg の物体A，Bを糸でつなぎ，床面から 1m の高さに静止させる。手をはなすと，Aはなめらかな斜面に沿って上昇し，Bは落下した。糸に質量はなく，滑車はなめらかに回るものとする。

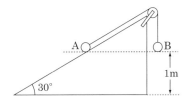

(1) Bが 50cm 落下したとき，AとBの位置エネルギーはそれぞれいくら増加または減少したか。高さ 1m にある 1kg の物体の位置エネルギーを 10J とする。

(2) このとき，Aの運動エネルギーはいくらか。

(愛媛・愛光高)

着眼

92 (2)横軸が高さを示していることに注意する(水平方向の移動距離ではない)。
(3)最高点に達したときも，小球は運動している。

93 Bが 1m の高さにあるときにもつ位置エネルギーは 10J である。ここから 50cm 落下すると高さは半分になる。また，30°，60°，90°の直角三角形の辺の比は1：$\sqrt{3}$：2である。

| **3**編 | **実力テスト** | 時間 **50** 分
合格点 **70** 点 | 得点 | /100 |

解答 別冊 *p.49*

1 運動に関する次の問いに答えなさい。(25点)

　台車が斜面を下りる運動のようすを調べるため，図1のように，紙テープをうしろに取りつけた台車を斜面 PQ の上に置いて手で支えておき，紙テープを記録タイマーに通した。記録タイマーのスイッチを入れて，静かに手をはなすと，台車は斜面を下り，点 Q から先は水平面上を運動した。

　この実験に用いた記録タイマーは，$\frac{1}{60}$ 秒ごとに打点を打つものである。図2は，この実験で打点が記録された紙テープである。

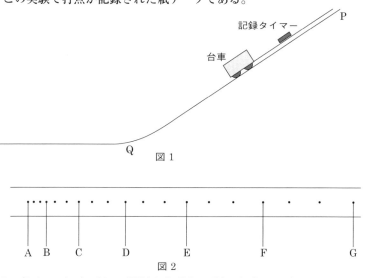

図1

図2

(1) 下の表は，3打点ごとの間隔を物差しで測ったものである。AB 間…①，FG 間…②の平均の速さをそれぞれ求めよ。(各5点)

区　　間	AB	BC	CD	DE	EF	FG
区間の距離〔cm〕	1.6	2.8	4.0	5.2	6.4	7.6

(2) 上の運動では，時間が1秒たつごとに，速さが何 cm/s ずつ速くなるか。
(5点)

(3) 斜面の傾きを大きくして PQ 間で実験したとき，台車が進んだ距離と時間の関係，台車の速さと時間の関係を表した次のグラフア～カから，正しいものを1つだけ選べ。ただし，グラフの太い線は傾き角が大きい場合を，細い線は小さい場合を示す。(5点)

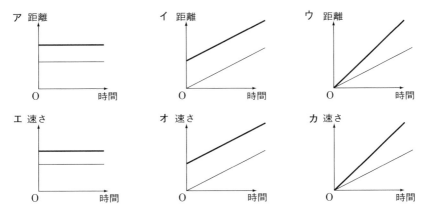

(4) 台車が斜面の下端 Q を通過して水平面を運動するとき，台車はどのような運動をするか。摩擦や空気抵抗が無視できるものとして答えよ。(5点)

（大阪・四天王寺高＝）

---

2 2500kg の石を 50m もち上げる場合について，次の問いに答えなさい。ただし，石と斜面の摩擦は考えないものとし，100g の物体にはたらく重力を 1N とする。(19点)

(1) 2500kg の石を 1 個，50m もち上げるときの仕事は何 J か。(4点)

(2) 図 1 のように，高さ 50m，長さが 100m の斜面を用いて，石を運んだとする。このとき，斜面にそって，石をもち上げるのに必要な力は最小何 N か。(5点)

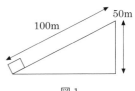

図 1

(3) 図 2 のように，高さ 50m，長さが 1000m の斜面を用いて，石を運んだとする。このとき，斜面にそって石をもち上げるのに必要な力の大きさと必要な仕事のそれぞれについて，(2)のときと比べてどうなるか述べよ。(各5点)

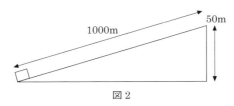

図 2

（東京・筑波大附高）

3 　図1のように，おもりに糸をつけて天井Oからつるし，糸がたるまないようにおもりをAの位置まで引き上げ，静かに手をはなしたところ，おもりは最下点Cを通過後，Aと同じ高さEまで上がった。

　手をはなしたあとのふりこの運動について，次の問いに答えなさい。ただし，糸の質量やのび，空気の抵抗や摩擦は無視できるものとする。(24点)

図1

点線 (……) は水平線を表す。

(1) ふりこの運動でおもりの運動エネルギーが最も大きい点はどこか。次のア〜オから選び，記号で答えよ。(6点)

　　ア　A　　　イ　C　　　ウ　E
　　エ　AとE　　オ　BとD

(2) ふりこがAからCまで移動する間の，おもりのエネルギーの説明として正しいものを，次のア〜エから選び，記号で答えよ。(6点)

　　ア　位置エネルギーは増加するが，運動エネルギーは減少する。
　　イ　位置エネルギーは減少するが，運動エネルギーは増加する。
　　ウ　位置エネルギーは増加するが，力学的エネルギーは減少する。
　　エ　位置エネルギーは減少するが，力学的エネルギーは増加する。

(3) ふりこの運動で，縦軸は次の①，②，横軸は最下点Cを基準とした高さのグラフを，下のア〜カから選び，それぞれ記号で答えよ。(各6点)

　　①　位置エネルギー
　　②　運動エネルギー

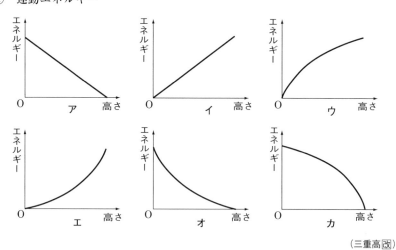

(三重高改)

4 次の問いに答えなさい。(32点)

(1) 水を入れた容器を台ばかりにのせると，針は
540g を指した。次に，容器の中に 60g の卵（ニ
ワトリの卵）を入れると，図1のように沈んだ。
このときの説明として正しいものを，次の**ア～カ**
から1つ選び，記号で答えよ。(6点)

図1

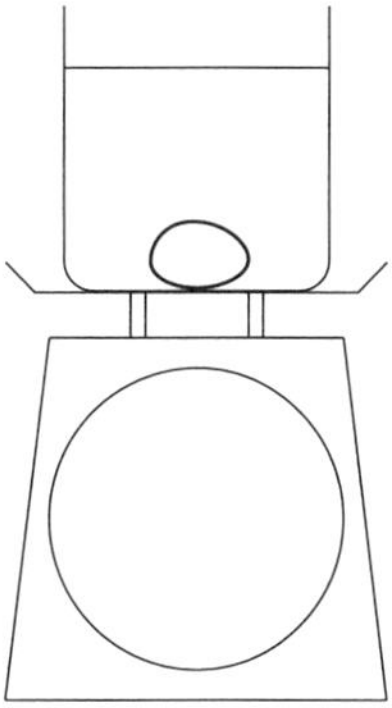

　ア 卵は浮力を受けていない。台ばかりの針は
　　600g より小さな値を指す。
　イ 卵は浮力を受けていない。台ばかりの針は
　　600g を指す。
　ウ 卵は浮力を受けていない。台ばかりの針は
　　600g より大きな値を指す。
　エ 卵は浮力を受けている。台ばかりの針は 600g より小さな値を指す。
　オ 卵は浮力を受けている。台ばかりの針は 600g を指す。
　カ 卵は浮力を受けている。台ばかりの針は 600g より大きな値を指す。

(2) (1)のあと，容器の中の水に砂糖 250g を溶かす
と，卵は図2のように浮いた。このときの説明
として正しいものを，次の**ア～カ**から2つ選び，
記号で答えよ。(各6点)

図2

　ア 卵が受けている浮力は，卵が受けている重力
　　より小さい。
　イ 卵が受けている浮力は，卵が受けている重力
　　と等しい。
　ウ 卵が受けている浮力は，卵が受けている重力
　　より大きい。
　エ 台ばかりの針は 850g より小さな値を指す。
　オ 台ばかりの針は 850g を指す。
　カ 台ばかりの針は 850g より大きな値を指す。

(3) (2)のあと，さらに砂糖 250 g を溶かすと，卵が水面より上に出る部分が
大きくなった。(2)のときと比べて，卵が受けている浮力と卵が受けている
重力はどのようになったか，説明せよ。(各7点)

(東京・筑波大附高㋐)

1 | 天体の1日の動きと地球の自転

解答 別冊 p.50

*94 [太陽の1日の動きの理由] ◀頻出

　日本付近から見た太陽が東の空からのぼり，西の空に沈んでいく理由を，次のア〜エから1つ選びなさい。

ア　南極上空から見た地球は，時計回りに回転しているから。

イ　南極上空から見た地球は，反時計回りに回転しているから。

ウ　赤道上空から見た地球は，東から西へ回転しているから。

エ　赤道上空から見た地球は，北西から南東へ回転しているから。

（福岡大附大濠高）

*95 [地球の自転と星の動き]

次の問いに答えなさい。

(1) 地球は直径が約13000kmの球だとすると，赤道上での自転の速さはおよそいくらか。

　　ア　時速800km　　　イ　時速1100km

　　ウ　時速1400km　　　エ　時速1700km

　　オ　時速2000km　　　カ　時速2300km

(2) 北の空では，星はどの方向に動いて見えるか。また，その理由は何か。

　　ア　地球が自転しているため，星は時計の針の回転方向と同じ方向に動いて見える。

　　イ　地球が自転しているため，星は時計の針の回転方向と反対の方向に動いて見える。

　　ウ　地球が公転しているため，星は時計の針の回転方向と同じ方向に動いて見える。

　　エ　地球が公転しているため，星は時計の針の回転方向と反対の方向に動いて見える。

（東京学芸大附高）

着眼

94 太陽が東から西へ動いて見えることから，地球の自転の向きを考える。

95 (1)円周率を3.14として考え，最も近い値を選べばよい。

★**96** ［太陽の 1 日の動きの観察］

次の観察は，ある年の 10 月下旬に四国のある場所で観測された太陽の記録である。以下の各問いに答えなさい。

【観察】 白い紙に透明半球と同じ大きさの円をかいて中心に×印をつけ，半球を固定した(図 1)。午前 9 時から午後 3 時まで 1 時間ごとに，ペン先の影が中心の×印にくるように半球に・印をつけ，時刻を記入した(図 2)。最後に，観測した点を曲線で結び，それを半球のふちまで伸ばした。また，太陽が最も高くなるときの高度を求めた(図 3)。

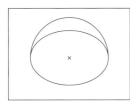 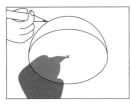 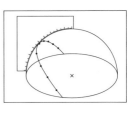

図 1 　　　　　　　　図 2 　　　　　　　　図 3

(1) 紙にかいた円の中心×印の位置は，実際には何の位置にあたるか。下のア〜オから 1 つ選び，記号で書け。

　ア　太陽　　　イ　北極星　　　ウ　観測者

　エ　天頂　　　オ　赤道

(2) ・印を結んだ曲線は，太陽の見かけの動きである。この見かけの動きを何とよぶか。また，この動きが生じる理由を下のア〜オから 1 つ選び，記号で書け。

　ア　太陽の自転　　　イ　地球の自転　　　ウ　地球の公転

　エ　月の公転　　　　オ　地軸の傾き

(3) 曲線に糸を合わせて記録を写しとった。半球上の糸の長さは 33.3cm あり，1 時間ごとの・印の間隔はどこも 3cm であった。この結果から，観測日の昼の長さは何時間何分とわかるか。計算式を示し，答えを求めよ。

(4) 太陽が最も高くなるときの高度を何とよぶか。また，この高度は観測日の 2 か月後にどう変化しているか。下のア〜ウから 1 つ選び，記号で書け。

　ア　高くなる　　　イ　低くなる　　　ウ　変わらない

（高知学芸高）

---

 96 (2)・印を結んだ曲線は，透明半球の中心から見た太陽の動きを示している。

　　　(3) 1 時間を 3cm としたとき，昼の長さは 33.3cm である。

*97 ［北極星の高度と太陽の動き］

右の図は，北極星の高度が北の地平線
から30度の地点での天球を表している。
この地点の緯度が何度で，どのようなと
きの天球かを答えなさい。

ア　北緯30度の地点における日の出のとき
イ　北緯30度の地点における日没のとき
ウ　北緯60度の地点における日の出のとき
エ　北緯60度の地点における日没のとき

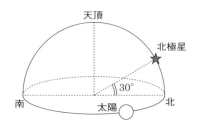

（愛知・東海高）

*98 ［海外の星の動き］

シンガポールで東の空の星の動きを，固定したカメラで撮影すると，その写
真は次の図のうちどれになるか。ア〜エから1つ選び，記号で答えなさい。た
だし，京都の緯度は35°，シンガポールの緯度はほとんど0°と考えてよい。

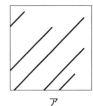
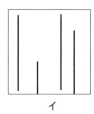
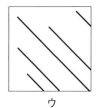

ア　　　　　　　イ　　　　　　　ウ　　　　　　　エ

（京都・同志社高）

*99 ［星の1日の動き］

次の文章を読んで，あとの問いに答えなさい。

9月中旬のある日の午後9時に，長崎（北緯33度，東経130度）で星を観測
した。観測者の頭上に，はくちょう座で最も明るいデネブ，こと座で最も明る
い（　A　），はくちょう座から南側に離れているわし座で最も明るいアルタイ
ルが夏の大三角を形成し，アルタイルは南中していた。わし座は天の赤道（地
球の赤道面と天球とが交わった円周線）近くにある星座である。

着眼

97 太陽の位置が東側か，西側かを考える。
98 北極星の高度はほぼ0°なので，観測地と水平面上の真北を結んだ線が回転の軸と
　　なる。

(1) （　A　）にあてはまる星の名前を書け。

(2) この日のアルタイルについて，①，②にそれぞれ**ア～カ**の記号で答えよ。

　① 地平線から出てきた時刻は，およそ何時ごろと考えられるか。

　　ア 午前3時　　　**イ** 午前6時　　　**ウ** 午前9時

　　エ 正午　　　　**オ** 午後3時　　　**カ** 午後6時

　② 地球から見て，アルタイルと太陽とは何度離れているか。

　　ア 45°　　　**イ** 90°　　　**ウ** 110°

　　エ 135°　　　**オ** 165°　　　**カ** 180°

(3) この日，同じ場所でデネブが最も高い位置にきたときは，真北で高度78°の位置であった。次の①，②に答えよ。

　① この日，デネブが没するのはどこか。次の**ア～ウ**から選び，記号で答えよ。

　　ア 真西　　　**イ** 真西より北側　　　**ウ** 真西より南側

　② この日（9月），経度が同じ赤道上でデネブを観測したら，高度は何度になるか。

（長崎・青雲高）

★★★ **100** ［オリオン座の動き］

　右の図は，秋分の日の太陽の南中高度が55度の土地で，ある夜のある時刻にオリオン座が地上に出てきた直後のようすを描いたものである。

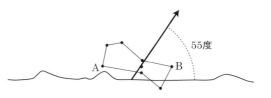

　このとき星Aと星Bを結ぶ線は，地平線に平行であった。その後1時間ほど三ツ星の動きを追うと，地平線に対して55度の方向に上っていった。

(1) 星A，星Bの名称を書け。

難▶(2) この土地でオリオン座が西の空に沈みかけるのが見えるとき，ABを結ぶ直線が地平線となす角度はいくらか。角度は90度より小さい数値で答えよ。

難▶(3) 観測地をオーストラリアのある場所に移し，オリオン座を眺めるとどうなるかを考えた。その場所の緯度を南緯30度とする。ここで見たとき，地平線から上ってくるときと，地平線に沈んでいくときのそれぞれで，星Aと星Bを結ぶ線が地平線となす角度を求めよ。また，A，Bのいずれの高度が高いのかも記号で記せ。角度は90度より小さい数値で答えよ。

（兵庫・甲陽学院高）

着眼

99 (2)天の赤道付近にある星が地上に出ている時間は約12時間である。

100 (2)三ツ星が沈むときも，地平線に対して55度の方向に沈んでいく。

★★*101* ［北斗七星の動き］

図1の星は，おおぐま座に含まれる七つの星で北斗七星として昔からよく知られている。天に放りあげられた熊，ひしゃくなど，北斗七星にまつわる神話や伝説が数多くの国に残されている。

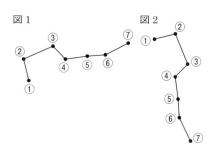

(1) 冬，2月の夜9時に北斗七星を探すと，図2のように北東の空でひしゃくの柄を下にして，立ち上がっているように見えた。同じ地点で北斗七星が，北極星よりも天頂側で図1のように見えるのはいつか。あてはまるものを次のア～オよりすべて選び，記号で答えよ。

ア　8月の夜9時　　　イ　2月の夜6時
ウ　5月の夜9時　　　エ　11月の朝3時
オ　2月の朝3時

🈡(2) 北緯35°の京都で，北斗七星が図1のように北極星の天頂側で子午線を通過するときの高度を星別に調べると，右表のような結果だった。北斗七星が北極星よりも地面側で子午線を通過するときに，京都で実際にいつでも見える（地面よりも上側にある）星はこの7つのうちいくつか答えよ。

🈡(3) 北斗七星に対して，南側にはさそり座付近に南斗六星がある。この星座の中心の南中高度は，京都において20°であった。この南斗六星の南中のようすを見られる場所はどこか。あてはまるものを次のア～オよりすべて選び，記号で答えよ。

ア　北緯50°のロンドン　　　イ　北緯60°のヤクーツク
ウ　南緯35°のシドニー　　　エ　赤道直下付近のシンガポール
オ　北緯90°の北極点

星	高度〔°〕
①	63
②	68
③	72
④	68
⑤	69
⑥	71
⑦	76

（京都・同志社高）

着眼

101 (1)同じ日の北の空の星は，1時間に約15°ずつ，北極星を中心にして反時計回りに動く。また，同時刻の北の空の星の位置は，1か月で約30°ずつ，北極星を中心にして反時計回りに移動している。
(2)北極星との角度を考える。
(3)北半球では，緯度が高くなるほど，南の空の星の南中高度は低くなる。

☆☆102 ［太陽高度の測定方法］

次の文を読み，以下の各問いに答えなさい。

時計と書いて「とけい」と読むのは，古代中国で利用された天文観測装置「土圭（とけい）」が日本に伝わり，日時計の意味に用いられたからである。下図は幕末まで使われた「圭表儀」を示したもので，現在の東京（北緯35.7度）にあった。図の左には，支えのある柱「表」があり，その根元から，目盛りのついた「圭」が水平な床面に南北方向に設置されている。図の「表」上部右側に水平に支えられた棒状の「梁（はり）」があり，その「梁」に下げられたひもが描かれている。このひもにはおもりがつけられ，下の容器内の水中に浸されている。これらは，「圭表儀」を用いての観測をしやすくする工夫であり，ひもと「圭」の公転が基準とされた。

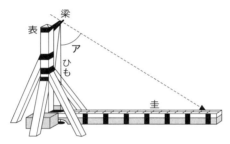

(1) 下線部について，「圭」の目盛りの中央に引かれた直線と，ひもは「圭表儀」で何の時刻を観測するのに役立つか。漢字2文字で答えよ。

➡(2) 圭表儀の「表」の高さ（6.06m）に対して，「圭」の長さ（11.03 m）は約1.8倍の長さがある。

① この長さにしたのは，圭表儀での観測によって特に何を知ろうとしたからか。漢字2文字で答えよ。

② そのとき，梁を中心としてひもと太陽光のなす角度アは何度になると考えられるか。ただし，地球の自転軸は公転軌道面に対して66.5度傾いているものとして，小数第1位まで答えよ。

（福岡・久留米大附設高）

★★★*103* ［人工衛星の動き］

　2017 年の 10 月に，みちびき 4 号が打ち上げられ，新しい軌道を周回し始めた。これは準天頂軌道とよばれる特殊な軌道である。気象衛星や通信衛星の多くは，静止軌道とよばれる赤道上空の軌道を利用するが，日本では地面から 40 度前後に人工衛星を見ることになる。都市部では高いビルなどが多く，斜めに人工衛星を見るとなると，電波が届きにくい場所が出てきてしまう。しかし，人工衛星は，軌道面が地球の重心を通る必要があるため，赤道以外で同一直線の上空のみを公転させ，常に衛星を日本上空に留めておくことが困難である。準天頂軌道は，このような難点を解消し，天頂付近で日本上空に長時間滞空させることができるように，楕円形(つぶれた円形)の軌道になっている。数機の衛星を公転させることで，常に良い状態で電波を受信できるため，測位システムとしての誤差は数 cm 以下になると期待されている。

(1)　月面から地球を見たとき，最も高速で移動して見えるのは地球上のどこか。次のア～エから 1 つ選び，記号で答えよ。

　ア　低緯度地域　　　イ　中緯度地域

　ウ　高緯度地域　　　エ　どこも変わらない

(2)　地球から離れている人工衛星ほど公転速度は遅くなり，近いほど速くなる。みちびきのように日本上空での滞空時間を長くするためには，どのような軌道が良いか。次のア～ウから 1 つ選び，記号で答えよ。

　ア　日本上空ではより近い所を公転する。

　イ　日本上空以外でも変わらない距離で公転する。

　ウ　日本上空ではより遠い所を公転する。

(3)　みちびきの軌道を横から見ると，どのように見えるか。次のア～カから 1 つ選び，記号で答えよ。ただし，以下は地球を真横から見た図で表しており，太実線は軌道を表している。

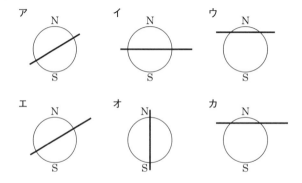

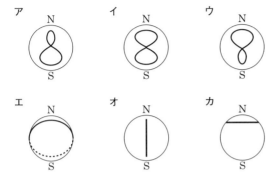

難▶(4) みちびきは地球の自転と同じ周期で公転している。みちびきの軌道を地球上に投影すると，どのような形になるか。次のア～カから1つ選び，記号で答えよ。ただし，図中の点線は裏側を通っているものとする。

(5) みちびきを利用したサービスは，日本を中心として運用されているが，軌道の関係上，他の国でもこのサービスの恩恵を受けられるところがある。南半球の中から国名を1つ答えよ。

(6) このみちびきの精度の高さによって期待される新たなサービス（ビジネス・研究テーマなど）として，どのようなものが考えられるか。

(千葉・市川高⚙)

103 (1)1日の間に移動する距離が大きいほど，高速に移動して見える。

(2)日本上空の滞空時間を長くするためには，日本上空付近での移動速度が遅くなればよい。

(3)みちびきの公転面は，地球の重心を通らなければならない。

(4)(1)の答えを参考にして考える。

(5)(4)で求めたみちびきの軌道を地球に投影した図を参考として考える。

(6)「みちびきの精度の高さによって期待される新たなサービス」という条件に注意すること。

2 天体の1年の動きと地球の公転

解答 別冊 *p.54*

*104 [地球の自転・公転・地軸の傾き] ◀頻出

地球の自転，地球の公転，地軸の傾きがさまざまな現象を引き起こしている。次の問いに答えなさい。ただし，観測は日本で行ったものとする。

(1) 地球の自転と公転の方向を表している図として適当なものを，次から選び，記号で答えよ。ただし，図中の上部を北極星の方向とし，破線(………)は地球の公転軌道を表すものとする。

(2) 次の文のうち，地球の自転や地軸の傾きに関係なく，地球の公転のみが原因となって起こる現象を選び，記号で答えよ。

　ア　東京では，1月の平均気温は5.8℃であるが，8月は17.1℃である。

　イ　ある星座が南中してから10日後，同じ星座が南中していた。

　ウ　星座を観察していると，地平線から昇るものや沈むものがあった。

　エ　やぎ座の方向にあった太陽が，3か月後におひつじ座の方向にあった。

（東京学芸大附高）

*105 [緯度と昼の長さの変化] ◀頻出

北極点および北緯35度の地点での昼の長さの年変化として最も適当なグラフはどれか。次のア〜オからそれぞれ1つずつ選びなさい。

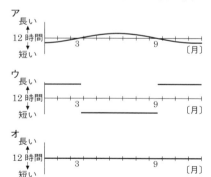

（三重・高田高）

着眼

104 (2)天体の1日の動きは，地球の自転による見かけの動きである。

105 太陽が地平線から出ているときが昼で，地平線の下に沈んでいるときが夜である。

★★106 ［太陽の動き］

太陽の動きなどの天体現象について，次の(1)から(3)に答えなさい。

(1) 春分の日に，那覇(北緯26.2度)において，透明半球を使って太陽の1日の動きを調べた。下の図はその結果(太陽の動きを破線で示す)である。およそ，2か月後に同じ道具を使って同じ地点で調べたときの結果(実線で示す)として，最も適当なものをあとのア〜エから1つ選び，その記号を書け。なお，参考として春分の日の結果を図中に破線で示してある。

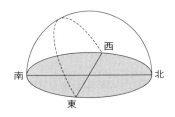

(2) 右の表は夏至の日を含んだ期間について，およそ10日ごとの那覇における日の出・日の入りの時刻を示したものである。夏至の日に最も近いと考えられるものをア〜カから1つ選び，その記号を書け。

月日	日の出	日の入り
	時　分	時　分
ア	5　40	19　12
イ	5　37	19　17
ウ	5　36	19　21
エ	5　37	19　24
オ	5　40	19　26
カ	5　44	19　25

(3) 次のア〜オについて，季節とともに変化するものをすべて選び，その記号を書け。ただし，那覇で観測したものとする。

ア 日の出・日の入りの時刻

イ 日の出・日の入りの方位

ウ 北極星の高度

エ 太陽の南中高度

オ 地球の公転面に対する地軸の傾き

(国立高専)

着眼
106 (1)同じ地点での太陽の動きは，1年間の間に平行移動する。
(2)夏至の日は，1年のうちで昼の長さが最も長い。

★★ *107* ［棒の影の動き］

　水平な面の上に白い紙をのせ，紙面の中心に，まっすぐな棒を垂直に立てた。東京で，春分の日，夏至の日，冬至の日に，日光によって紙面にうつる棒の影の先端の移動距離を記録した。次の(1)～(3)の問いに答えなさい。ただし，用いた棒の長さはすべて等しいものとする。

(1)　上記の観察記録について，次の文の空欄に入る適切な文を，下のア～オから1つ選び，記号で答えよ。

　　　正午から1時間の間における棒の影の先端の移動距離に関しては，（　　）。

　　ア　春分の日が最も長い

　　イ　夏至の日が最も長い

　　ウ　冬至の日が最も長い

　　エ　春分の日でも，夏至の日でも，冬至の日でも等しい

　　オ　規則性が認められない

(2)　上記の観察記録について，次の文の空欄に入る適切な文を，下のア～オから1つ選び，記号で答えよ。

　　　春分の日でも，夏至の日でも，冬至の日でも，1時間における棒の影の先端の移動距離に関しては，（　　）。

　　ア　日の出直後が最も短い　　　イ　正午頃が最も短い

　　ウ　午後3時頃が最も短い　　　エ　どの時間帯でも等しい

　　オ　規則性が認められない

(3)　棒の影が，真南から80°東の方向にのびていた。この観測が行われた日時について，次のア～カから適切なものを1つ選び，記号で答えよ。

　　ア　春分の日の午前　　　イ　春分の日の午後

　　ウ　夏至の日の午前　　　エ　夏至の日の午後

　　オ　冬至の日の午前　　　カ　冬至の日の午後

　　　　　　　　　　　　　　　　　　　　　　　　（東京・筑波大附高）

眼

107 (1)太陽高度が低いほど影は長くなり，同時間での影の先端の移動距離も長くなる。
　　(3)真南から80°東の方向とは，真東から10°南の方向で，太陽は真西から10°北にある。

★★*108* ［四季の星座と地球の公転］

図1は，四季の代表的な星座と，地球，太陽の位置関係を模式的に表したものであり，図2は，図1のBの位置の地球を拡大し，北極星の方向から見たものである。また，①〜④は天体を観測するときの位置を表している。あとの問いに答えなさい。

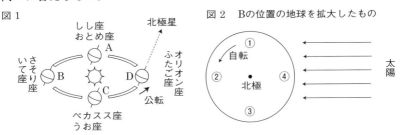

図1　　　　　　　　　図2　Bの位置の地球を拡大したもの

(1) 図1で，北半球が冬を迎えているのはA〜Dのどれか。記号で答えよ。

(2) ある日の真夜中におとめ座が南中した。このとき，地球は，A〜Dのどの位置にあるか。記号で答えよ。

(3) 図2で，観測地点が真夜中を迎えているのは，①〜④のどの位置にきたときか。番号で答えよ。

(4) 図2で，おとめ座が南中して見えるのは観測地点が①〜④のどの位置にきたときか。番号で答えよ。また，そのときの時刻を次のア〜エから1つ選び，記号で答えよ。

　　ア　日の出　　　イ　正午　　　ウ　日の入り　　　エ　真夜中

(5) 次の①〜⑤の場合，日本では，天体は東西のどの方向に移動するように見えるか。下のア〜エからそれぞれ1つずつ選び，記号で答えよ。

　　① 数時間内の北の空の星座
　　② 北極星
　　③ 毎月，同時刻に見える南の空の星座
　　④ 黄道を移動する太陽
　　⑤ 毎日，同時刻に見える月

　　ア　東から西に　　　　　　イ　西から東に
　　ウ　どちらともいえない　　エ　ほとんど移動しない

（愛媛・愛光高）

着眼

108 (4)図2の地球から（図1のB），どの向きにおとめ座が見られるのか考える。
　　　 (5)①北極星の上，下，東側（右側），西側（左側）にあるときを考える。

★★*109* ［太陽と星の動き］

　右の図は，北緯 35° の地点での天
球を示したものである。次の各問い
に答えなさい。

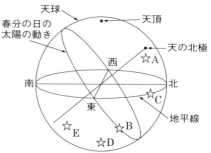

恒星A〜Eはすべて天球の手前にある

(1) 真東の地平線に午後 6 時 30 分
　　に現れた星は，何時何分頃に南中
　　するか。次のア〜カから 1 つ選び，
　　記号で答えよ。

　　ア　午後 11 時 40 分頃　　イ　午後 11 時 50 分頃　　ウ　午前 0 時頃

　　エ　午前 0 時 10 分頃　　オ　午前 0 時 20 分頃　　カ　午前 0 時 30 分頃

(2) この地点で冬至の日，太陽の南中高度は何度になるか。次のア〜カから 1
　　つ選び，記号で答えよ。

　　ア　23.4°　　イ　31.6°　　ウ　46.8°　　エ　55°　　オ　66.6°　　カ　78.4°

(3) この地点で，南中高度が 55° になる恒星は，図中の A 〜 E のどれか。次
　　のア〜オから 1 つ選び，記号で答えよ。

　　ア　A　　イ　B　　ウ　C　　エ　D　　オ　E

(4) この地点で，1 年中一度も観測できない恒星をすべて示しているのものは
　　どれか。次のア〜カから 1 つ選び，記号で答えよ。

　　ア　B，C，D，E　　イ　B，D，E　　ウ　D，E

　　エ　A　　　　　　　オ　D　　　　　　カ　E

(5) 赤道上での太陽の動きについて，正しく説明している文はどれか。次の
　　ア〜オから 1 つ選び，記号で答えよ。

　　ア　太陽の動きは夏至の日には速く，冬至の日には遅い。

　　イ　太陽はいつも真東から出て，真西に沈む。

　　ウ　太陽は春分の日と秋分の日には，天頂を通過する。

　　エ　太陽の高度が一番高くなるのは，夏至の日である。

　　オ　1 年中，太陽の南中高度は変化しないので，昼と夜の長さはいつも同じ
　　　　である。

(6) 1 年の間に天球上での太陽は，星座に対してどのように動くように見える
　　か。正しく説明している文を次のア〜オから 1 つ選び，記号で答えよ。

　　ア　1 年中動かないように見える。

　　イ　常に西から東に移動するように見える。

　ウ　常に東から西に移動するように見える。

　エ　夏は西から東に移動し，冬は東から西に移動するように見える。

　オ　夏は東から西に移動し，冬は西から東に移動するように見える。

（三重・高田高）

★★**110**　[星の動き・黄道・地平線]

　みつる君は，コンピュータを使って，四季の星座の移り変わりを調べてみることにした。日付と時刻をいろいろに設定してみると，それぞれの季節に特有の星座が現れる。次の問いに答えなさい。

難▶(1)　みつる君はまず，夏の代表的な星座のさそり座と冬の代表的な星座のオリオン座の動きを調べてみた。さそり座とオリオン座の位置と動きについて正しいのはどれか。

　　ア　さそり座は黄道上にあるが，オリオン座は黄道より北側にある。また，毎日同じ時刻に観測すると，両方ともその位置が東から西にずれていく。

　　イ　さそり座は黄道上にあるが，オリオン座は黄道より北側にある。また，毎日同じ時刻に観測すると，両方ともその位置が西から東にずれていく。

　　ウ　さそり座は黄道上にあるが，オリオン座は黄道より南側にある。また，毎日同じ時刻に観測すると，両方ともその位置が東から西にずれていく。

　　エ　さそり座は黄道上にあるが，オリオン座は黄道より南側にある。また，毎日同じ時刻に観測すると，両方ともその位置が西から東にずれていく。

難▶(2)　みつる君は，さらに北極星のまわりの星の動きも調べてみた。北斗七星とカシオペヤ座の位置と動きについて正しいのはどれか。ただし，東京で観測するものとする。

　　ア　北斗七星とカシオペヤ座は，ともに北極星を中心にして時計回りに回る。また，北斗七星もカシオペヤ座も地平線に沈むことはない。

　　イ　北斗七星とカシオペヤ座は，ともに北極星を中心にして反時計回りに回る。また，北斗七星もカシオペヤ座も地平線に沈むことはない。

　　ウ　北斗七星とカシオペヤ座は，ともに北極星を中心にして時計回りに回る。また，北斗七星の一部は地平線の下に沈むがカシオペヤ座は沈まない。

　　エ　北斗七星とカシオペヤ座は，ともに北極星を中心にして反時計回りに回る。また，北斗七星の一部は地平線の下に沈むがカシオペヤ座は沈まない。

（東京・筑波大附駒場高）

着眼
110　(1)太陽がオリオン座付近に見られるのは6月頃である。

★★ *111* ［太陽の動きと暦］

　今の日本で使われている暦は，太陽の動きをもとにしてつくられた太陽暦のひとつである。その1年の日数は365日だと思っている人が多いかもしれないが，1日と1年の長さはそれぞれ地球の自転と公転という別のものに基づいているので，きれいに割り切れるものではない。

　うるう年を4年に1度おくというのは，1年の日数を（　A　）日としていることを意味する。ただし，現在使用している暦では4年に1度はうるう年で，そのうち100年に1度はうるう年とせず，400年に1度はうるう年のままとしている。西暦2000年はその400年に1度の年であった。したがって，現在の暦（新暦）では1年を（　B　）日としている。

　一方，月の動きをもとにする暦もあり，それを太陰暦という。月が地球のまわりをまわって満ち欠けするのには29.53日かかるので，29日（小の月）と30日（大の月）をうまくつなげていくと，毎月1日がいつもほぼ新月となり，月の形が日付によってほぼ決まることになる。ただし，これをそのまま12か月で1年とすると，29.53×12＝354.36だから，1年に11日ほどたりない。そこで，これを1年に近づけるために，①ときどき1か月はさんで（うるう月という），日数を太陽暦の1年に合わせる方法が用いられていた。これを太陰太陽暦といい，日本でも明治5年までは公式に使われていた。いわゆる旧暦である。今の日本にも旧暦で行われている行事が多く存在する。たとえば七夕（旧暦の7月7日）や中秋の名月（旧暦の8月15日）などである。

　行事をどちらの暦で行うかは，場合によって異なる。②七夕は新暦の7月7日に行うことも多いだろうが，中秋の名月を新暦の8月15日に鑑賞することはほとんどない。旧暦と新暦の関係は，旧暦の7月が新暦では8月ごろで，だいたい1か月程度旧暦が遅くなる。

　七夕の伝説によると，天の川の両側に分けられた牽牛（彦星：わし座のアルタイル）と織女（織姫星：こと座のベガ）が1年に1度，7月7日に夜だけ会うのを許されているが，その日に雨が降ると天の川がはんらんして会えないということになっている。また，③旧暦の7月7日の夜は月が天の川の西側にあって，翌日は月が天の川の東側に見えるので，西側から織女が月の舟に乗って天の川を東にわたったというように見えたのではないかという説がある。

(1)　文章中の（　A　），（　B　）にあてはまる数値をそれぞれ答えよ。答えは分数ではなく，小数で書くこと。

(2)　現在の暦がそのまま使われ続けると，西暦2100年2月28日の翌日は何月何日になるか。

(3) 下線部①について，何年間に何度うるう月を入れたらいいのかは難しい問題で，解決法がいろいろある。たとえば，19 年で考えたとき，その間に何回うるう月を入れれば太陽暦と太陰太陽暦それぞれの合計日数がほぼ合うだろうか。その回数を整数で答えよ。

(4) 旧暦で行われる七夕の夜に見える月の形を右に描け。ただし，月の形を描くときは，北が上になるようにして光っている部分の形だけ描け。

(5) 七夕の行事は旧暦でやったほうがいいという意見がある。その理由を，気象現象をあげつつ 15 字以内で答えよ。

(6) 下線部②について，中秋の名月はなぜ新暦の 8 月 15 日の月としないのか。その理由として適当なものを以下のア〜エから 2 つ選び，記号で答えよ。

　ア　新暦の 8 月は暑いことが多いから。

　イ　新暦の 8 月 15 日の宵のうち(18 〜 21 時ごろ)に月が見えるとは限らないから。

　ウ　旧暦で行ってきたという習慣があるから。

　エ　新暦の 8 月 15 日の月の形が満月に近いわけではないから。

(7) 下線部③について，そのとき南を向いて見上げた天の川と星座と月の位置関係として適当なものを以下のア〜クから 1 つ選び，記号で答えよ。ただし，いて座の位置は正しいものとし，月の軌道面は地球の軌道面(黄道面)とほぼ同じであると考えてよい。

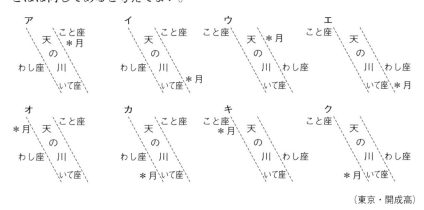

(東京・開成高)

着眼

　111 ⑴ふつう 4 年のうち 1 年だけうるう年にするが，400 年に 3 回だけうるう年になるはずの年でもうるう年にしないという点に注意する。

★★★*112* [黄道12星座]

次の文章を読み，(1)〜(3)の問いに答えなさい。

地球が太陽のまわりを1年に1回公転しているため，地球から見た「太陽の天球上の位置」は，天球上を西から東へ1年の周期で移動する。この太陽の見かけ上の通り道を黄道といい，黄道上に並んでいる12の星座を黄道12星座という。次の図1は，黄道と黄道12星座を示したものである。

図1　黄道と黄道12星座

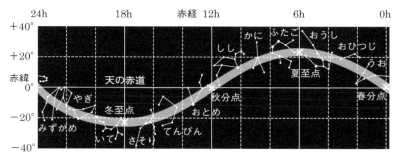

注　春分点，夏至点，秋分点，冬至点はそれぞれ春分，夏至，秋分，冬至の日の太陽の天球上の位置を表している。

天の赤道は天球上の赤道で，赤経・赤緯は天の赤道と春分点を基準にして表した経度と緯度である。

(1) 図1に示されているように，太陽の天球上の赤緯は1年を通じて変化する。たとえば，夏至点における太陽の赤緯は $+23.4°$，冬至点は $-23.4°$，春分点，秋分点では赤緯 $0°$ である。太陽の赤緯が1年を通じてこのように変化するのはなぜか。その理由を簡潔に説明せよ。

(2) 次の文章中の(①)〜(④)にあてはまる語の組み合わせとして最も適切なものを，あとの表のア〜カから1つ選び，記号で答えよ。

　北緯 $35°$ の観測点において，ある年の夏至の日の夜，満月が見られたものとして，太陽，星座，月の天球上の位置や観測点での見え方を図1をもとに考えてみる。

　夏至の日の太陽の天球上の位置は図中の夏至点であり，この観測点における夏至の日の太陽の南中高度は約(①)である。また月の天球上の位置は，この日が満月だというのだから，太陽より12時間(12h)遅れ，すなわち $180°$ 東に位置していることになり，黄道12星座のうちでは(②)付近ということができる。

　次にこの観測点における月の天球上の位置の変化を考えてみる。月は地球

のまわりを約 27 日の周期で公転している。月の公転の向きは地球や火星の公転の向きと等しく，公転面は地球や火星などの公転面とほぼ一致している

ので，地球から見た月の天球上の位置は，おおむね黄道上を（ ③ ）移動することになる。したがって，夏至の日から 3 日後，月の天球上の位置は（ ④ ）付近になると考えられる。

	①	②	③	④
ア	78°	みずがめ座	東から西へ	いて座
イ	55°	みずがめ座	西から東へ	おひつじ座
ウ	78°	いて座	東から西へ	さそり座
エ	55°	いて座	西から東へ	みずがめ座
オ	55°	みずがめ座	東から西へ	いて座
カ	78°	いて座	西から東へ	やぎ座

難▶(3) ある年の 8 月下旬，火星が地球に大接近した。図 2 は，地球と火星の公転軌道，およびこの日の位置を示したものである。

① この日，北緯 35° のある地点で火星の観測を行った。次のア〜クから，「火星の天球上の位置」，および「火星の南中時刻」として，最も適切なものを 1 つずつ選び，記号で答えよ。なお，観測を行った地点では，正午 12 時に太陽が南中するものとする。

ア おとめ座の付近
イ みずがめ座の付近
ウ ふたご座の付近
エ しし座の付近
オ 午前 2 時
カ 真夜中の 12 時
キ 午後 10 時
ク 午後 8 時

図 2

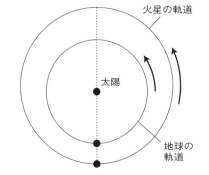

② この日から 1 年後，地球から見た「火星の天球上の位置」は，どの星座の付近だと推定されるか。次のア〜エから最も適切なものを 1 つ選び，記号で答えよ。ただし，火星の公転周期は，地球の公転周期の 1.88 倍であるとすること。

ア おとめ座の付近　　イ みずがめ座の付近
ウ ふたご座の付近　　エ しし座の付近

（千葉・東邦大付東邦高）

着眼
112 (2)③④月は，地球のまわりを 27 日周期で，西から東へ公転している。
(3)地球から見て，火星は太陽とおよそ反対側の位置にある。

3 | 太陽と月

解答 別冊 *p.59*

*113 [太陽のようす] ＜頻出

次のように，太陽の観察を6日間にわたって毎日行い，その観察をもとに
実習を行った。これについて，あとの問いに答えなさい。

【観察】 〔1〕 太陽投影板をとりつけた天体望遠
鏡を太陽に向け，直径10cmの円をかいた記録
用紙を太陽投影板に固定した。次に，太陽の像
を記録用紙にかいた円に重ね，ピントを合わせ
て黒点をスケッチした。その後，天体望遠鏡を
固定したまま観察を続け，太陽の像が動いて記
録用紙にかいた円から外れていった方向を，記
録用紙に矢印でかきこんだ。図1は，観察の結
果を記入した1日目の記録用紙である。

〔2〕 2日目から6日目まで，〔1〕と同じ方法で，
同じ時刻に，黒点と太陽の像の動きを観察し，
その結果を記録用紙に記入した。

【実習】 ある黒点Aに注目し，1日目と6日目の
それぞれの記録用紙の黒点Aの位置と形を，1
枚の透明なシートに写し取った。1日目の黒点
Aは，太陽の像の中心に位置し，その形は円形
で，直径を測定したところ5mmであった。図
2は，実習で得られた結果をまとめたものであ
る。なお，太陽の像の直径は10cmである。

図1
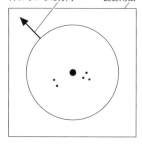
太陽の像が動いて円から　1日目の
外れていった方向　　　　記録用紙

図2
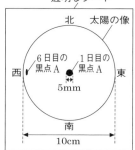
透明なシート

(1) 観察〔1〕について，次の文の　①　，　②　にあてはまる語句を書け。

下線部のようになったのは，地球が　①　しているためである。また，
図1の矢印の方向に太陽の像が動いて円から外れていったことから，この
矢印の方向が示す方位は　②　であることがわかる。

(2) 次の文中の　　　　　にあてはまる数字を書け。また，{　　}にあてはまる
ものを，ア，イから選べ。

実習で得られた結果から，黒点Aの直径は，太陽の直径を140万kmと
して計算すると，　①　万kmになる。また，黒点の温度は，太陽の表面温
度よりも②{ア　高い　　イ　低い}。

(3) 次の文の□にあてはまる理由を，「周辺部」という語句を使って書け。

　　実習から得られた結果から，太陽の形は球形であることがわかる。そのように判断できるのは，黒点Ａが□□□□□□□□□□□である。

（北海道）

*114 ［月の満ち欠け］ ◀頻出

　図1は，福岡県で，ある年の9月11日から9月19日まで，午後7時に見た月の位置と形を観察した記録である。図2は，北極側から見た地球と月の位置，太陽の光を模式的に示したものである。

図1

(1) 月は，1日のうちでは，東から西へ動いているように見える。その理由を，簡潔に書け。

(2) 図1の9月15日の午後7時に見えた月の位置として，最も適したものは，図2のア～クのどれか。1つ選び，記号で答えよ。

図2

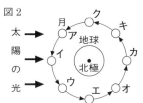

(3) 月と地球と太陽が一直線に並んだとき，月食が起こることがある。月食が起こる理由を，「影」という語句を用いて，簡潔に書け。

（福岡県）

*115 ［月と太陽］ ◀頻出

　与謝蕪村の俳句に，「菜の花や月は東に日は西に」がある。この句は神戸六甲山脈の摩耶山を訪れたときのものといわれている。六甲山脈は海の近くで，また当時は，摩耶山には見渡す限り菜の花が咲いていた。この句の季節，時刻，および見えていた月として適切な組み合わせをア～カから1つ選びなさい。

	ア	イ	ウ	エ	オ	カ
季節	春	秋	夏	春	秋	春
時刻	午後2時頃	午後6時頃	午後9時頃	午後6時頃	午後6時頃	午前0時頃
月	上弦の月（半月）	上弦の月（半月）	満月	満月	下弦の月（半月）	下弦の月（半月）

（大阪・清風南海高）

着眼
113 (3)球の表面を黒点が移動すると，中央部と周辺部で見え方が変化する。
114 何が何の影に入ると月食が起こるのか考える。
115 月と太陽が東と西のまったく反対方向に見えている点に注意すること。

★★**116** ［月面からの他の天体の見え方］

　月面から他の天体を観測したとする。観測の結果についての文 a ～ c の正誤の組み合わせとして，適当なものをあとのア～クから 1 つ選んで，記号で答えなさい。ただし，月での 1 日とは太陽が最も高い位置に見えてから次にその状態になるまでの時間のこととする。

a　地球はいつも同じ位置に見える。

b　1 日のうちに太陽以外の恒星は約 $\frac{13}{12}$ 周する。

c　太陽は黄道 12 星座を 1 日でひとまわりする。

	ア	イ	ウ	エ	オ	カ	キ	ク
a	正	正	正	正	誤	誤	誤	誤
b	正	正	誤	誤	正	正	誤	誤
c	正	誤	正	誤	正	誤	正	誤

（京都・洛南高）

★★**117** ［日食の周期］

　次の文章を読んで，以下の各問いに答えなさい。

　2009 年 7 月 22 日，日食が起こり，大きな話題となった。その日の大阪はあいにくの曇り空であったが，太陽の一部が隠れる部分日食を見たという人も多いことだろう。また，一部の地域では太陽が完全に隠れる①皆既日食が見られ，テレビや新聞などでも大きく取り上げられた。

　日食には，皆既日食，部分日食の他に，月の外側に太陽がわずかにはみ出す金環日食がある。皆既日食が見られるのは，地球から見た太陽と月の見かけ上の大きさがほとんど同じであることが関係している。下の図のように，天体の見かけ上の大きさを角度を用いて表した値を「視直径」というが，②太陽の視直径も月の視直径も約 0.5° と偶然にもほぼ同じ値なのである。

　日食が起こるのは，（ a ）がこの順番で一直線上に並んだとき，すなわち地球から見た月は（ b ）となるときだが，③（ b ）のときに必ず日食が起こるわけではない。そこで，日食が起こる日を予測するための方法として，「サロス周期」という考え方が古くから知られている。サロス周期とは，太陽と地球と月の位置関係が再び同じになるまでの日数のことであり，1 サロス周期（以下

116 b 月の 1 日は月の満ち欠けの周期に等しく，月面で同じ恒星が同じ位置に見えるまでの時間は月の公転周期に等しい。

では「1 サロス」と表記する）は 6585.3212 日（約 18 年 10 日 8 時間）である。1
サロスごとに太陽，地球，月の位置関係がほぼ同じになるため，ある日食から
1 サロス後にほぼ同じ条件の日食が起こるといえる。たとえば，2009 年 7 月
22 日に皆既日食が見られたので，それから 1 サロス後の 2027 年 8 月 2 日に
も同様の皆既日食が起こると予想されている。ところが，サロス周期の端数
0.3212 日（約 8 時間）のために，1 サロス後の皆既日食というのははじめの皆
既日食より約 8 時間遅い時刻に発生することになる。そのため，1 サロス後の
皆既日食がはじめの皆既日食と同じ場所で観測できることはなく，地球の自転
の向きを考えると，およそ 120°だけ（　c　）の地点で観測されることがわかる。
そして，理論上，はじめの皆既日食から（　d　）サロス後には，はじめの皆既日
食とほぼ同じ場所で同様の皆既日食が見られることになる。

(1)　下線部①に関して，右の写真はある年に起こった皆既日
食のときの太陽のようすを表している。このように皆既日
食のときに見られる，太陽のまわりに広がるガスの層を何
というか。

(2)　下線部②の事実を利用して，月の直径を計算で求めよ。ただし，太陽の直
径は 1392000km，地球の表面から太陽の中心までの距離は 152000000km，
地球の表面から月の中心までの距離は 380000km であるものとする。

(3)　文章中の空欄（　a　）～（　d　）に入る言葉として最も適当なものを，以下
の選択肢からそれぞれ 1 つずつ選び，記号で答えよ。

　　a：ア　太陽－月－地球　　イ　太陽－地球－月　　ウ　地球－太陽－月
　　b：ア　満月　　イ　新月　　ウ　上弦の月　　エ　下弦の月
　　c：ア　東　　イ　西
　　d：ア　2　　イ　3　　ウ　4　　エ　5

(4)　下線部③の理由として最も適当なものを，次のア～エから 1 つ選び，記
号で答えよ。

　　ア　太陽のまわりを回る地球の公転軌道が完全な円形ではなく，楕円形の軌
道を描いているから。

　　イ　地球のまわりを回る月の公転軌道が完全な円形ではなく，楕円形の軌道
を描いているから。

　　ウ　地軸（地球の自転軸）が地球の公転面に対して垂直ではなく，傾いている
から。

　　エ　月の公転面が，地球の公転面と同一平面ではなく，地球の公転面に対し
てわずかに傾いているから。

（大阪星光学院高）

★★ *118* ［月の特徴］

月に関する次の文章を読み，あとの問いに答えなさい。

月は惑星と同じように，自ら光を出さない天体で，太陽からの光を反射して光っている。そのため，地球と太陽と月の位置関係によって月は満ち欠けしている。また月は地球から見て約30日で地球のまわりを1周するが，約30日で自転も1回するため，常に同じ面を地球に向けている。そのため，地球上からは月の裏側を観察することができない。

(1) 月に関して述べた次の文のうち下線部に誤りを含むものを1つ選び，記号で答えよ。ただし，下線部以外の部分には誤りはないものとする。

  ア　クレーターが多い部分は地球から明るく観察される。そのため，この部分は月の陸とよばれる。

  イ　満月になるときには，太陽，地球，月の順にほぼ一直線上に並んでいる。

  ウ　月には大気がなく，昼と夜が約30日ずつ続くため，表面温度が昼と夜とで大きく変化する。

  エ　月面での重力は小さく，地球表面の約6分の1しかない。

  オ　日食が起こるときには，太陽，月，地球の順にほぼ一直線上に並んでいる。

(2) 月はいつも同じ面を地球に向けているが，月の自転周期が変われば裏側も地球から見えるようになる。月の自転周期が変わらずに月の裏側を見ることができるようになるためには，何が変わる必要があるか。正しいものをすべて選んだ組み合わせを下のア～オから1つ選び，記号で答えよ。

  ①　地球の自転軸　　　②　地球の自転周期　　　③　地球の公転周期

  ④　月の自転軸　　　⑤　月が地球を回る公転周期

ア　①と②　　　イ　①と③　　　ウ　②と③

エ　③と⑤　　　オ　④と⑤

（千葉・東邦大付東邦高）

★★★ *119* ［月の見え方］

次の文章を読み，(1)～(3)の問いに答えなさい。

月を1か月近く同じ場所で観察して，次の①～③のことに気がついた。

①　月の形が毎日少しずつ変化していくように見えた。

②　月の表面を双眼鏡で見ると，月が満ち欠けしてもほぼ同じ位置に同じクレーター（月面に多く見られる円形のくぼ地のこと）が見え，また暗く見える「月の海」もほぼ同じ位置に見えていた。

③ 満月の日に，地平線から上がってくる月が遠くの建物の幅とほとんど同じ
大きさに見えた。

図1は②の観測におけるスケッチの一部である。また，③の建物は観測地
点から1000mの距離だけ離れていて，建物の幅は8.72mであった。

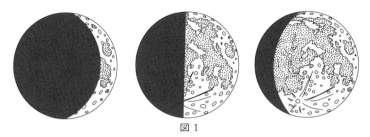

図1

(1) 図2は，観測地点と③の建物の位置関係を示したものである。図2の角
度xは何度か。最も適切なものを次のア〜オから1つ選び，記号で答えよ。
ただし，建物の幅8.72m（約$\frac{3.14}{360} \times 1000$m）は半径1000mの円の円周の一
部と見なしてよいものとする。

ア　約0.1度　　　イ　約0.5度　　　ウ　約1度
エ　約1.5度　　　オ　約2度

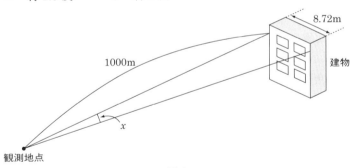

図2

(2) 満月の日に月を観測すると，月がそれ自身の大きさだけ動くのに要する
時間についてどのようなことがいえるか。最も適切なものを次のア〜オから
1つ選び，記号で答えよ。

ア　約2分かかる。　　イ　約4分かかる。　　ウ　約6分かかる。
エ　約8分かかる。　　オ　ほとんど動かないので測定できない。

(3) 月面から地球を見たとして，地球がそれ自身の大きさだけ動くのに要す
る時間についてどのようなことがいえるか。最も適切なものを(2)のア〜オ
から1つ選び，記号で答えよ。

（千葉・東邦大付東邦高）

4 太陽系と宇宙

解答 別冊 *p.60*

*120 ［金星の観測］ ◀頻出

地球から観測した金星について，正しく説明している文はどれか。次のア～オから１つ選びなさい。

ア　真夜中に観測することができる。

イ　三日月形のときは半月形のときよりも小さく見える。

ウ　欠けていないときの金星の位置は，太陽とは反対の向きにある。

エ　観測できるのは夕方の東の空か，明け方の西の空である。

オ　観測できるのは夕方の西の空か，明け方の東の空である。

（三重・高田高）

*121 ［火星の観測］ ◀頻出

地球へ大接近した火星と，大接近した金星では見え方が異なる。次のア～キのうち，大接近した火星の状態についてのみにあてはまるものをすべて選び，記号で答えなさい。

ア　夕方西の空に輝いて見える。

イ　夕方南の空に輝いて見える。

ウ　夕方東の空に輝いて見える。

エ　夕方南西の空に輝いて見える。

オ　望遠鏡でのぞくと，細い三日月に見える。

カ　望遠鏡でのぞくと，半月に見える。

キ　望遠鏡でのぞくと，円に見える。

（京都・同志社高）

*122 ［惑　星］ ◀頻出

次の文章の空欄（　①　）～（　③　）に入る適切な語句を答えなさい。

　地球型惑星の数は（　①　）あり，その密度は（　②　）型惑星より大きい。また，（　③　）星の密度は水より小さい。

（大阪教育大附高池田）

着眼

120, 121 金星は内惑星，火星は外惑星である。

122 ③太陽系には，密度が 1g/cm^3 以下の天体は１つしかない。

123 ［太陽系①］ ＜頻出

太陽のまわりを公転する天体には，惑星，小惑星，すい星などがある。以下の各問いに答えなさい。

(1) 惑星は，小惑星が多数存在する小惑星帯を境に，内側の惑星と外側の惑星ではその性質が大きく異なっている。惑星の性質に関して述べた下の文中の（ ① ）～（ ③ ）に適する語を語群から選べ。

　［文］　内側の惑星は，外側の惑星に比べて，半径と質量が（ ① ）く，密度は（ ② ）い。また，内側の惑星の表面は（ ③ ）でおおわれている。

　［語群］　ア　大き　　イ　小さ　　ウ　岩石　　エ　厚い大気　　オ　氷

(2) すい星は，惰円形を描いて太陽のまわりを公転する直径 10km ほどの小さな天体である。すい星が地球の公転軌道の内側に入ったときの正しい見え方はどれか。

　ア　日の出前や日没後に丸く大きく見える。

　イ　日の出前や日没後に尾を引いて見えることがある。

　ウ　真夜中に南中し，丸く大きく見える。

　エ　真夜中に南中し，尾を引いて見えることがある。

　オ　真昼に丸く大きく見える。

　カ　真昼に尾を引いて見えることがある。　　　　　　　　（東京・筑波大附駒場高）

124 ［金星の満ち欠けと大きさの変化］ ＜頻出

宵の明星の見かけの大きさは，どのように変化していくか。次のア～カから1つ選びなさい。ただし，図は肉眼で見た場合として描いてあり，■■の部分は影を表している。

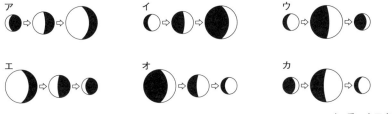

（三重・高田高）

着眼

123 (2)地球の公転軌道の内側にあるので，水星や金星と同じような位置にあるといえる。

124 宵の明星は，金星が地球に近づいてきているときに見られる。

☆**125** ［金 星］

　理科クラブに入っている健太君は，なかまと惑星の観察をすることにした。惑星の中で金星が観察しやすいということになり，彼らは，まず，授業で学んだことを復習した。

健太　「金星は地球より内側の軌道を公転周期225日で回っている。観察するなら夕方か明け方ということになるね。」

洋介　「夕方に見える金星は『宵の明星』，明け方に見える金星は『明けの明星』とよばれるんだった。」

健太　「金星を望遠鏡で見ると，月が三日月や半月になるのと同じように満ち欠けする。」

克彦　「惑星は自分から光っているんじゃないんだ。太陽の光を反射しているんだよね。月だって同じだ。」

　3人は顧問の先生から，この時期，明けの明星が見えていることを聞き，ある日の暗い早朝，天体望遠鏡で観察した。すると，三日月のような形をした金星が観察できた。次の(1)から(3)に答えなさい。観察地は東京都内（北緯36度）とする。

(1)　健太君たちが見た金星は，太陽と地球に対してどのような位置にあるときに見えたか。図1を見て話している健太君の言葉の中の　A　と　B　にあてはまる語，記号を，それぞれの語群の中から1つずつ選び，その語，記号を書け。

　　健太　「金星は　A　の空に見え，図1の　B　の位置にある。」

　　A　の語群【北，南，東，西】
　　B　の語群【ア，イ，ウ，エ】

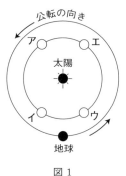

図1

(2)　観測したあと，時間がたつにつれて金星はどの向きに移動していくか。図2のア〜カから最も適当なものを1つ選び，その記号を書け。

(3)　健太君たちは，ほぼ1か月後，再び金星を天体望遠鏡で観察することにした。前回の観察と比較して，金星の大きさと形はどのように変化して見えるか。次のア〜エから最も適当なものを1つ選び，その記号を書け。

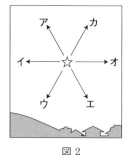

図2

ア　金星の大きさは大きくなり，形はより細い三日月の形となる。

イ　金星の大きさは大きくなり，形は半月に近い形となる。

ウ　金星の大きさは小さくなり，形はより細い三日月の形となる。

エ　金星の大きさは小さくなり，形は半月に近い形となる。 （国立高専）

★*126* ［火　星］

　地球と他の惑星との接近に関する以下の文章の空欄（　①　）〜（　⑤　）に入る最も適切な数字や語句を，あとの解答群よりそれぞれ選び，記号で答えなさい。ただし，太陽のまわりを回るすべての惑星の軌道は，同一平面上にあり，太陽を中心とする円軌道であるものとする。また，空欄の同じ番号のところには同じものが入る。

　ある年の10月に，火星が地球に大接近した。この現象は（　①　）か月ぶりのことであった。このとき，火星の近くには（　②　）の中で最も明るいアルデバランという星があった。

　火星は，一般に（　①　）か月ごとに地球に接近するわけであるが，ここで，その理由を考えてみることにしよう。

　地球は1年で太陽のまわりを1回りする。これを（　③　）というが，火星は，太陽のまわりを1回りするのに1.88年かかる。そのため，地球は1年に太陽のまわりを360°回るが，火星は，1年に太陽のまわりを $360° \times \dfrac{1}{（\text{④}）}$ しか回らない。よって地球と火星が最接近したあと，火星は1年ごとに，太陽を中心とする円の円周上を，中心角にして360°×（　⑤　）ずつ地球に対して遅れていくことになる。この遅れがちょうど360°になると，地球と火星が再び接近することになるわけであるから，最接近までの期間は（　①　）か月になる。

［解答群］

①　ア　8　　　　　イ　14　　　　ウ　20　　　　エ　26

②　ア　おうし座　イ　こと座　　ウ　わし座

③　ア　自転　　　イ　公転

④　ア　0.53　　　イ　0.88　　　ウ　1.53　　　エ　1.88　　　オ　2.53

⑤　ア　0.23　　　イ　0.47　　　ウ　0.88　　　エ　1.12　　　オ　1.88

（大阪星光学院高改）

着眼

125 (1)金星のような内惑星は，太陽に近い方角に見える。

　　　(2)動く向きも，太陽とほぼ同じ向きに動いて見える。

126 「360°×（　⑤　）」は，$360° \times 1 - 360° \times \dfrac{1}{1.88}$ を変形して求める。

☆☆ *127* ［太陽系②］

図1は太陽のまわりを回っている金星，地球，火星のようすを表している。なお，この図は地球の北極側から見たもので，その惑星も円を描いて公転しているものとする。図1に関する次の各問いに答えなさい。

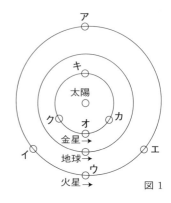

図 1

(1) 金星，地球，火星は図1のように太陽のまわりを公転している。各惑星を公転速度の大きいものから順に並べるとどうなるか。次のア～エから正しいものを1つ選び，記号で答えよ。

    ア　火星→地球→金星　　　イ　金星→地球→火星
    ウ　火星→金星→地球　　　エ　金星→火星→地球

(2) 夜明け前の東の空に明るく輝いている星はどれか。図1のア～クから1つ選び，記号で答えよ。

図2は太陽のまわりを回っている地球と地球のまわりを回っている月を，そして☆はある恒星を表している。

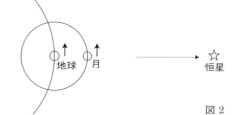

図 2

(3) 地球から見ると，太陽，月，恒星はそれぞれ日周運動をしている。太陽，月，恒星のそれぞれが南中してから再び南中するまでの時間には長短がある。この南中周期を長いものから順に並べると正しいものはどれか。次のア～カから1つ選び，記号で答えよ。

    ア　月→恒星→太陽　　　イ　太陽→恒星→月
    ウ　恒星→月→太陽　　　エ　恒星→太陽→月
    オ　月→太陽→恒星　　　カ　太陽→月→恒星

(4) 太陽，月，恒星の各南中周期のうち，地球の自転周期と等しいものはどれか。次のア～ウから正しいものを1つ選び，記号で答えよ。
    ア　太陽　　　イ　月　　　ウ　恒星

(5) 月面上のある地点から太陽を観察したとすると，太陽はどのような動き方をするか。次のア～エから正しいものを1つ選び，記号で答えよ。

ア　約1年で月のまわりを1周する。

イ　常に一定方向に見える。

ウ　約1か月で月のまわりを1周する。

エ　常に地球のそばに見える。

(福岡大附大濠高)

128 ［太陽系③］

次の問いに答えなさい。

(1)　太陽が自転していることは，おもに何の観察から確認できるか。最も適切なものを選べ。

ア　日周運動　　　　　　　　イ　日食　　　　ウ　コロナ

エ　プロミネンス(紅炎)　　　オ　黒点

(2)　天体望遠鏡で太陽面を観察する方法として最も適切なものを選べ。

ア　十分に目を細めて接眼レンズをのぞく。

イ　望遠鏡の本体は使わず，付属のファインダー(ガイド用の小望遠鏡)をのぞく。

ウ　望遠鏡がつくる太陽の像を，白い紙に投影させる。

エ　対物レンズ(太陽に向けるレンズ)の前に黒い下敷を置き，望遠鏡がつくる太陽の像を白い紙に投影させる。

(3)　地球から見て，50％以上の「満ち欠け」が観測される惑星はいくつあるか。

(4)　澄んだ夜空に見える恒星の明るさの違いは，何に関係しているか，重要なものを2つ答えよ。

(5)　次のア～オの惑星を，公転周期の短い順に並べて記号で答えよ。

ア　火星　　　イ　金星　　　ウ　地球　　　エ　天王星　　　オ　土星

(6)　次の①～③で，正しいものには○，誤っているものには×と答えよ。

①　地球の密度は木星の密度より大きい。

②　太陽は中心部もガスで構成されている。

③　太陽系が属する銀河系の中には多数の銀河が存在している。

(7)　木星は地球の公転面とほぼ同じ平面上で公転している。このことは，どのような観察結果から示すことができるか，簡単に説明せよ。

(東京・お茶の水女子大附高园)

着眼

127 (2)地球から見て，太陽より西側にあるが，太陽とそれほど離れていない天体である。

128 (3)太陽－惑星－地球を結んだ線のなす角(小さいほう)が90度以上になることがある惑星。

★★★ **129** ［太陽系④］

次の問いに答えなさい。

(1) 太陽について正しく述べたものはどれか。

  ア　太陽の直径は地球の直径の約 109 倍である。

  イ　地球から太陽までの距離は約 1500 万 km である。

  ウ　太陽の黒点の温度は約 1000℃ である。

  エ　太陽の中心部は気体の状態であるが，表面は固体の状態である。

  オ　太陽は自転していない。

(2) ある日の夕方，天体望遠鏡で金星を見ることができた。この日は，地球から見て金星が太陽から最も離れて見える日であった。

  ① 日没直後，金星が見える方角と見える形に最も近いものをそれぞれ選んで，記号で答えよ。

    ［方角］ ア　東　　　　イ　南東　　　ウ　南　　　エ　南西
    　　　　 オ　西　　　　カ　北西　　　キ　北　　　ク　北東
    ［形］　 ア　満月の形　 イ　半月の形　ウ　三日月の形

  ② 地球から見て金星は太陽から 45° のところにあるとすると，地球と金星の距離は何 km になるか。地球と太陽の距離を a〔km〕とし，a を使った式で答えよ。ただし，分数や根号（$\sqrt{}$）はそのままでよい。

(3) 日本から見た天体について正しく述べたものはどれか。

  ア　同じ星座の南中高度は夏も冬も変わらない。

  イ　宵の明星が見られた次の日に明けの明星が見られることもある。

  ウ　満月の南中高度が最も高くなるのは夏である。

  エ　日食も月食も，起こるのは満月のときに限られる。

  オ　金星が満月の形に見えるのは，地球から見て金星が太陽と反対側に位置するときである。

（長崎・青雲高）

★★ **130** ［太陽系の惑星①］

次の文章を読み，あとの問いに答えなさい。

惑星の表面温度は，次のように考えると計算できる。惑星表面 1cm² あたり受ける太陽のエネルギーは，太陽に近いほど大きくなる。この太陽エネルギー

着眼
129 (2) ①太陽から最も離れて見えることに注意する。
　　　　②地球から金星の軌道に接線を引いたとき，その接点が金星の位置である。

の一部は惑星表面で反射されてしまい，残りの太陽エネルギーで惑星表面が温められる。一方，温められた惑星は，大きい惑星ほど速く冷えていく。このことを少し難しい言葉で表現すると，惑星から宇宙空間へ放射されるエネルギーは，惑星の半径が大きいほど大きい，となる。金星，地球，火星について，大気がないものとして計算すると，表面温度はそれぞれ200℃，－80℃，－125℃となる。ところで，実際には，金星では約470℃，地球と火星についてはそれぞれ平均17℃，平均－20℃となっている。

(1) 太陽系の惑星を太陽から近い順に6つ並べたときの順番として，正しいものを下のア～オのうちから1つ選び，記号で答えよ。

　ア　火星，水星，地球，木星，金星，土星

　イ　水星，金星，地球，火星，木星，土星

　ウ　火星，水星，地球，金星，木星，土星

　エ　水星，金星，地球，火星，土星，木星

　オ　火星，金星，地球，水星，木星，土星

(2) 金星の表面には多量の二酸化炭素が存在している。二酸化炭素成分のある効果のために，金星表面の温度は計算値に比べずいぶんと高くなっている。この「ある効果」とは何か。漢字2文字で答えよ。

(3) 地球と火星の実際の表面温度に「平均」とつけたのは，ともに季節変化があるためである。惑星の季節変化の主な原因は何か。公転面と自転軸という語を用いて，できるだけ簡潔に答えよ。ただし，地球も火星も公転周期が自転周期に比べて十分に大きいものとして答えよ。

（大阪・清風南海高）

★★*131* ［太陽系の惑星②］

　地球から天体望遠鏡で観察した金星と火星についての文a～cの正誤の組み合わせとして適当なものを，あとのア～クから1つ選び，記号で答えなさい。

a　火星の表面にある土は酸化鉄を多く含むため，赤く見える。

b　金星は欠けている部分の面積が大きくなるほど，見かけの大きさは小さくなる。

c　金星は大気がないため，表面のようすがはっきりと見える。

	ア	イ	ウ	エ	オ	カ	キ	ク
a	正	正	正	正	誤	誤	誤	誤
b	正	正	誤	誤	正	正	誤	誤
c	正	誤	正	誤	正	誤	正	誤

（京都・洛南高）

☆☆*132* ［太陽系の惑星と月］

天体に関する次の問いに答えなさい。

(1) 金星探査機「あかつき」が 2010 年 5 月 21 日，主に金
星の大気を観測するために地球を出発した。地球の公転
面に沿って金星に向かう途中で仮に地球を撮影できたと
する。図 1 に示すような太陽光に照らされた地球の写真
が撮影できる最も適当な位置を，右下の図 2 のア〜カか
ら 1 つ選び，その記号を書け。なお，図 2（軌道図）は地
球の北極側から見たものである。

図 1　太陽光に照らされて輝く地球

(2) 下の図 3 は，東京において，ある日の日没直
後，西と南の空を観測したときの月と金星の位
置を模式的に示したものである。観測には天体
望遠鏡も用いた。観測の結果，その光って見え
る部分は，形が同じで，それぞれの天体のちょ
うど半分であった。次の①〜③に答えよ。

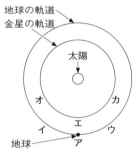

図 2　軌道図（金星の位置は示していない）

① もし，この日に月から地球を観測できたと
したら，どのように見えるか。あとのア〜オ
から地球の光っている部分の正しい形として
最も適当なものを 1 つ選び，その記号を書け。なお，図中の矢印は，お
およそ北極を表しているものとする。

図 3

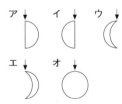

② 月について，図 3 の観測日から，約 1 週間にわたり同じ時刻に観察し
続けることができたとすると，月の光って見える部分の形と見かけの大き
さ（直径）はどのように変化するか。正しいものを次のア〜カから 1 つ選び，
その記号を書け。

　ア　形はしだいに満ちて，大きさは大きくなっていった。

　イ　形はしだいに満ちて，大きさは小さくなっていった。

　ウ　形はしだいに欠けて，大きさは大きくなっていった。

　エ　形はしだいに欠けて，大きさは小さくなっていった。

オ 形はしだいに満ちて, 大きさは変わらなかった。

カ 形はしだいに欠けて, 大きさは変わらなかった。

③ 金星について, 図3の観測から, 約1か月にわたり天体望遠鏡も用いて同じ時刻に観察し続けることができたとすると, 金星の光って見える部分の形と見かけの大きさ(直径)はどのように変化するか。正しいものを次のア〜カから1つ選び, その記号を書け。

ア 形はしだいに満ちて, 大きさは大きくなっていった。

イ 形はしだいに満ちて, 大きさは小さくなっていった。

ウ 形はしだいに欠けて, 大きさは大きくなっていった。

エ 形はしだいに欠けて, 大きさは小さくなっていった。

オ 形はしだいに満ちて, 大きさは変わらなかった。

カ 形はしだいに欠けて, 大きさは変わらなかった。 (国立高専)

☆☆**133** [太陽系と星団]

ある日の南東の方角に金星が明るく見え, その近くにおうし座のプレアデス星団(すばる)が観察された。以下の各問いに答えなさい。

(1) 1週間前の同じ時刻に観測したときと比べて, 金星とプレアデス星団の位置の変化について正しいものはどれか。

ア 金星もプレアデス星団も, 1週間前と同じところに見える。

イ 金星もプレアデス星団も, 1週間前より東の位置に見える。

ウ 金星もプレアデス星団も, 1週間前より西の位置に見える。

エ 1週間前に比べ, 金星はより東に, プレアデス星団はより西の位置に見える。

オ 1週間前に比べ, 金星はより西に, プレアデス星団はより東の位置に見える。

(2) この観測が行われた季節はどれか。また, 金星が次に通過する星座はどれか。

[季節] ア 春 イ 夏 ウ 秋 エ 冬

[星座] ア しし座 イ さそり座 ウ みずがめ座
エ おひつじ座 オ ふたご座 (東京・筑波大附駒場高)

133 (1)金星が真南に見えるのは, 金星が太陽から最も離れて見えるときである。
(2)太陽は6月ごろ黄道上のおうし座付近を通過する。

4編 実力テスト

時間 **50**分
合格点 **70**点

得点 ／100

解答 別冊 *p.65*

1 大阪のある地点で,春分,秋分,夏至,冬至の日に太陽の1日の動きを,図1のような装置を使って測定した。これについて,次の(1)~(5)の問いに答えなさい。(25点)

【測定方法】1時間ごとに,透明半球上と棒の影の先端に印をつけ,なめらかな線で結んだ。

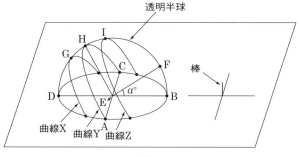

図1

(1) 透明半球で太陽の位置を測定するとき,サインペンの先端の影がA~Eのどの点に一致するようにすればよいか。最も適当な点を選び,A~Eの記号で答えよ。(5点)

(2) 棒の影の先端を結んだ曲線が図2のようになった日,透明半球の測定結果はどのようになるか。最も適当な曲線を結び,X,Y,Zの記号で答えよ。(5点)

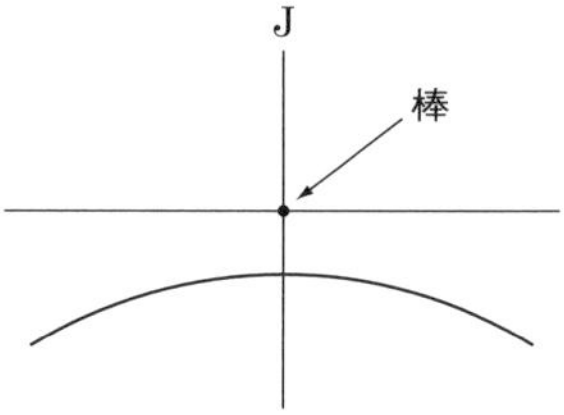

図2

(3) 図2のJは,東西南北のどの方向か。ア~エの記号で答えよ。(5点)

　ア　東　　イ　西　　ウ　北　　エ　南

(4) 曲線Xと曲線Zで,1時間ごとの印の間隔の長さを比較した。最も適当なものを選び,ア~ウの記号で答えよ。(5点)

　ア　曲線Xの点の間隔のほうが広い

　イ　曲線Zの点の間隔のほうが広い

　ウ　どちらも同じ

(5) $\angle BEF = a°$, $\angle FEH = 90°$とすると,春分の日の南中高度はどのようになるか。最も適当なものを選び,ア~オの記号で答えよ。(5点)

　ア　$a°$　　イ　$90°-a°$　　ウ　$90°+a°$　　エ　$2a°$　　オ　$90°-2a°$

（大阪・関西大第一高）

2 地球は自転しながら太陽のまわりを公転している。次の図は北半球の斜め上のほうから見たとして考えた図である。A〜Dの地球は春分の日，夏至の日，秋分の日，冬至の日のどれかにあたる。また，①〜④の方向にある星はA〜Dの地球の位置からそれぞれ太陽と反対方向に見える星である。(20点)

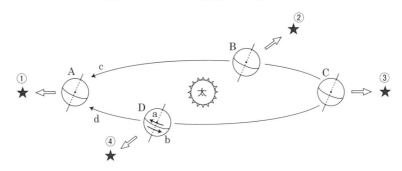

(1) 地球の自転はa・bどちらの方向か。また地球の公転はc・dどちらの方向か。自転と公転の組み合わせを，次のア〜エから1つ選べ。(5点)
　　ア　a・c　　イ　a・d　　ウ　b・c　　エ　b・d

(2) Cの地球の位置はいずれの日か。次のア〜エから1つ選べ。(5点)
　　ア　春分の日　　イ　夏至の日　　ウ　秋分の日　　エ　冬至の日

(3) 高知(北緯33°)から見て最も南中高度の大きい星は図中の①〜④の星のどれか。適当なものを1つ選べ。(5点)

(4) Aの地球の位置で，日の出ごろに南中する星は図中の①〜④の星のどれか。適当なものを1つ選べ。(5点)

(高知・土佐高)

3 北緯35度の地点から北の空を観察したとき，北極星の高度およびその周囲の天体の日周運動は，北極星を中心にどのようになるか。次のア〜カから1つ選び，記号で答えなさい。(5点)

ア　北極星は高度35度を保ち，周囲の天体は時計回りに回る。
イ　北極星は高度35度を保ち，周囲の天体は反時計回りに回る。
ウ　北極星は高度55度を保ち，周囲の天体は時計回りに回る。
エ　北極星は高度55度を保ち，周囲の天体は反時計回りに回る。
オ　北極星は高度66.6度を保ち，周囲の天体は時計回りに回る。
カ　北極星は高度66.6度を保ち，周囲の天体は反時計回りに回る。

(三重・高田高)

4 日本で星や月などの天体を観測した。これについて，次の問いに答えなさい。(18点)

(1) カメラを三脚に固定し，一定時間シャッターをあけた状態で，天頂付近の星の動きを撮影した。このときの星の写り方の特徴を，最もよく表しているものはどれか。次から選び，記号で答えよ。＋印は天頂を示す。(6点)

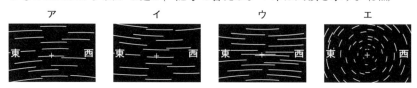

ア　　　　　　　イ　　　　　　　ウ　　　　　　　エ

(2) 下の2つの図は，ある年，しし座付近に見られた天体(図中の×印)の位置を示しており，図2は図1の20日後のようすを表している。このある天体は何か。ただし，×印は天体の位置のみを記し，大きさや形は示していない。(6点)

ア　恒星
イ　太陽
ウ　惑星
エ　月

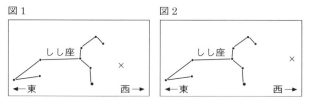

(3) 図3の写真は，ある日の真夜中ごろ，南の空に観測された月のようすを表している。この写真のような月が観測されるのは，太陽，地球，月の位置関係がどのようなときか。ただし，破線(⋯⋯)は地球の公転軌道を，点線(⋯⋯)は月の公転軌道を示す。(6点)

図3

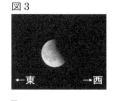

ア　　　　　　　イ　　　　　　　ウ　　　　　　　エ

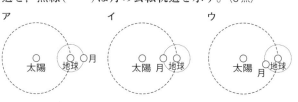

(東京学芸大附高)

5 　右の図1は，地球・惑星・太陽の位置関係を示している。図中のA～Dは火星で，E～Hは金星である。また，図中の矢印は，地球の自転および公転の方向を示している。以下の問いに答えなさい。(32点)

図1

(1) 地球から金星と火星を観測するとき，真夜中における惑星の見え方として，最も適当なものを次のア～エから1つ選び，記号で答えよ。(6点)

　ア　金星は見ることができるが，火星は見ることができない。

　イ　金星も火星も見ることができる。

　ウ　火星は見ることができるが，金星は見ることができない。

　エ　金星も火星も見ることができない。

(2) 金星が明け方，東の空に見え，最も長時間観測できるのは，図1のどの位置にあるときか。図中の記号で答えよ。(6点)

(3) 火星が夕方，南中するのは，図1のどの位置にあるときか。図中の記号で答えよ。(6点)

(4) 地球から惑星を長時間観測すると，下の図2のように惑星は星々の間を西から東へ動くが，ときどき，東から西へあともどりするように見えることがある。それでは，火星があともどりするように見えるのは，図1のどの位置付近にあるときか。図1の記号で答えよ。(7点)

図2

(5) 右の図3のように，ある日，太陽・地球・火星の順に，一直線上に並んでいた。この日から1か月後，地球は約30°，火星は約15°動いたとする。図のa′，b′は1か月後の地球と火星の位置を示している。

　再び太陽・地球・火星の順に，一直線上に並ぶのは何か月後か。(7点)

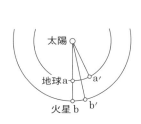

図3

（福岡大附大濠高）

1 エネルギーと科学技術の発展

解答 別冊 *p.67*

134 ［エネルギーの変換①］ **＜頻出**

図のように，ガスバーナーでフラスコの水を加熱し，発生した水蒸気を羽根車に当てると回転し，物体は引き上げられた。

(1) 図で，ガスがもっていた化学エネルギーは，いろいろなエネルギーに変換されている。物体が引き上げられ静止したとき，何エネルギーに変換されたか。

(2) 一般に，エネルギーの変換を考えるとき，その種類は変わっても，エネルギーの総和はつねに一定に保たれている。このことを何というか。

(兵庫県)

135 ［熱の伝わり方］ **＜頻出**

熱の伝わり方には伝導，対流，放射の３通りがある。次の①〜④で，伝導に関係するものにはア，対流に関係するものにはイ，放射に関係するものにはウと答えなさい。

① 暖房は，天井付近より床付近に設置したほうが部屋全体があたたまる。

② フライパンのとっ手は，木やプラスチックでできているものが多い。

③ ストーブの前にいると，ストーブに向いた面があたたかくなる。

④ 日かげより，日なたのほうがあたたかく感じる。

136 ［いろいろな発電方法］ **＜頻出**

次の問いに答えなさい。

(1) 右の図は，火力発電における，石油から始まるエネルギーの移り変わりを模式的に表したものである。図のA〜Cに入る言葉を答えよ。

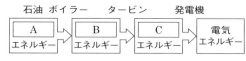

着眼

135 伝導は熱が物体の中を直接伝わり，対流は水や空気が熱を伝え，放射は光や赤外線を受けたものに熱が伝わる。

(2) 工場やビルなどで，自家発電によって電気エネルギーを得て，そのとき発生する排熱を給湯や暖房に利用するシステムを何というか。

(3) バイオマス発電に利用されている間伐材や稲わらなどの植物繊維，家畜の糞尿が，遠い将来まで利用できる資源であると考えられるのはなぜか。その理由を簡単に書け。

(三重県改)

137 [エネルギーの変換と損失] ◀頻出

次の問いに答えなさい。

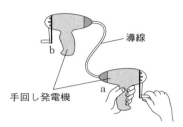

導線

手回し発電機

(1) 2つの同じ手回し発電機a，bを右図のように導線でつなぎ，aのハンドルを手で回すと，bのハンドルが回った。このことに関する次の文の ①，② に入る適切な語句を書け。

　aのハンドルを手で回すと， ① エネルギーが電気エネルギーに変わる。そのとき生じた電流がbに流れると，bの発電機は ② としてはたらくので，bのハンドルが回転する。

(2) (1)の実験で手回し発電機a，bのハンドルの回る速さを比べると，aのハンドルを回す速さより，bのハンドルを回す速さが遅かった。これはなぜか。

(兵庫県)

138 [放射線の性質]

次のア～オの放射線について，あとの問いに答えなさい。

ア　α線　　イ　β線　　ウ　γ線　　エ　X線　　オ　中性子線

(1) 放射線には，原子をイオンにする性質がある。放射線のこのような性質を何というか。

(2) 金属に対する透過性が最も大きい放射線をア～オから1つ選べ。

(3) 紙に対する透過性が最も小さい放射線をア～オから1つ選べ。

(4) 電磁波の一種である放射線をア～オから2つ選べ。

(5) 放射線が人体に与える影響を何という単位で表すか。また，その記号を書け。

着眼

136 (3)バイオマスのようなエネルギーを再生可能エネルギーという。

137 (1)②は発電機と逆に，電気エネルギーを①のエネルギーに変えるものである。

138 (5)放射能の大きさはベクレル(記号Bq)で表す。

★**139** ［プラスチック］ <頻出

プラスチックの特徴について，次の問いに答えなさい。

(1) 一般的なプラスチックの特徴として適当なものを，次からすべて選び，
　　記号で答えよ。

　　ア　電流を通しにくい。　　　イ　さびやすい。　　　　ウ　有機物である。

　　エ　くさりやすい。　　　　　オ　加工しやすい。　　　カ　衝撃に弱い。

(2) 右の図は，あるプラスチックでできた製品につけられてい
　　るリサイクルマークである。何というプラスチックか。次か
　　ら1つ選び，記号で答えよ。

　　ア　ポリエチレン　　　　　イ　ポリ塩化ビニル

　　ウ　ポリスチレン　　　　　エ　ポリエチレンテレフタラート

(3) (2)のプラスチックの特徴を，次からすべて選び，記号で答えよ。

　　ア　水より密度が大きい。　　　イ　水より密度が小さい。

　　ウ　圧力に強い。　　　　　　　エ　圧力に弱い。

　　オ　燃えやすい。　　　　　　　カ　燃えにくい。

★★**140** ［再生可能エネルギー］

　現在，大気中の二酸化炭素濃度は年々上昇する傾向にある。近年では，その
上昇を抑制し，将来にわたって利用できる再生可能なエネルギー資源が注目さ
れている。再生可能なエネルギー資源の1つとして木材やバイオエタノール
などのバイオマスがある。炭素を含む物質の流れを，図1は木材をストーブ
で燃焼させるようすについて，図2はトウモロコシなどを原料としたバイオ
エタノールを燃料の一部として利用するようすについて示したものである。

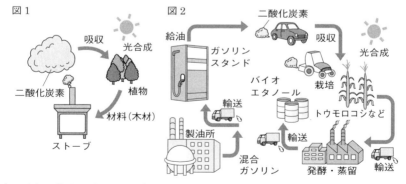

(1) 再生可能なエネルギー資源を，次からすべて選び，記号で答えよ。

　　ア　燃料電池　　イ　石炭　　ウ　地熱　　エ　風力　　オ　天然ガス

(2) バイオマスの利用で大気中の二酸化炭素濃度の上昇を抑制できる理由を まとめた。次の文章の[＿＿＿]にあてはまる適切な言葉を，図1の中の語句を 使って簡潔に書け。

　　バイオマスは，植物が空気中の二酸化炭素をとり入れてつくった有機物が もとになっている。そして，バイオマスを燃やしたときに出る二酸化炭素の 量は，[＿＿＿]する二酸化炭素の量とほぼつり合うと考えられているので，大 気中の二酸化炭素濃度の上昇を抑制できる。

(3) バイオマスを利用しても，図2の場合では大気中の二酸化炭素濃度の上 昇を抑制しにくい。その理由を図2から読み取れることをもとに，簡潔に 説明せよ。

(長野県)

★★*141* ［科学技術］

　私たちの日常生活や社会は，様々な科学技術によって支えられている。

(1) 様々な科学技術の基礎として，理科で学習した内容が利用されている。 理科で学んだどのような内容が，どのような科学技術に用いられているか， 具体的な例を1つ上げて30字以内で説明せよ。

(2) 環境や資源を保全しつつ，現在の暮らしを永続させるような社会のこと を持続可能な社会という。持続可能な社会をつくるためには，どのような科 学技術が必要とされるか。具体的な例を2つ答えよ。

(大阪教育大附高池田)

★★*142* ［放射線］

　放射線や放射性物質について述べた文として誤っているものを，次から1つ 選び，記号で答えなさい。

ア　放射線には自然放射線と人工放射線がある。

イ　放射線を受けることを被曝といい，被曝には内部被曝と外部被曝がある。

ウ　放射性物質から離れると放射線は弱くなるが，さえぎるものがあっても放 射線は弱くならない。

エ　人体や物質が受けた放射線のエネルギーの大きさを表す単位を，グレイ(記 号 Gy)という。

着眼

141 (2)資源の減少を抑制したり，環境破壊を抑制する実例を考える。

★*143* ［エネルギーと発熱量］

次の文を読み，以下の問いに答えなさい。

図のような「ジュールの実験装置」とよばれる
装置を利用し実験した。この装置は，おもりが
落下して羽根車が回ると水がかき混ぜられ，水
温が上昇する仕組みになっている。

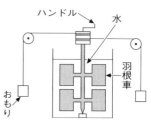

装置のおもりの質量は2個とも等しく，ハ
ンドルを回転させると両側のおもりが同時に持
ち上がり，手を離すと羽根車を回転させながら落下する。また，巻き上げる際，
羽根車は回転しない仕組みになっている。

(1) おもり1個の質量は3.0kgであった。このおもりの重さは何Nか。ただし，
100gの物体にはたらく重力を1Nとする。

(2) 次にハンドルを回転させ，おもり2個を60秒かけて1.0m持ち上げた。
このときの仕事率はいくらか。単位を付けて答えよ。

続いて，ハンドルから手を離し，落下させた。おもりを1.0m持ち上げて落
下させるという操作を100回繰り返したところ，水温は2.38℃上昇し，20℃
になった。ただし，おもりが落下するときのエネルギーは，すべて水の温度上
昇に使われたものとする。

(3) このとき，重力がした仕事はいくらか。単位を付けて答えよ。

(4) おもりを落下させた結果，水温が上昇した。このとき，エネルギーはど
のように変化したか。（　①　）～（　③　）に適する語句を入れよ。
（　①　）エネルギー ⟶ （　②　）エネルギー ⟶ （　③　）エネルギー

(5) おもり2個を1.0m持ち上げる際に，ハンドルを6.0m回転させた。ハン
ドルに加えた力は何Nか。

(6) 水1gを1℃上昇させるのに必要なエネルギーは4.2Jである。以上の実
験結果より，容器に何gの水が入っていたと考えられるか。小数第1位を
四捨五入し，整数で答えよ。

(7) 3.0kgのおもり2個のついたジュールの実験装置に，水の代わりにある液
体600gを入れて，おもりを1.0m持ち上げて落下させるという操作を40
回繰り返したところ，この液体の温度は1.90℃上昇した。この液体1gを1℃
上昇させるのに必要なエネルギーは何Jか。小数第2位を四捨五入し，小
数第1位まで答えよ。

（愛知・滝高）

☆☆**144** ［エネルギーの変換②］

エネルギーには，位置エネルギー，運動エネルギー，電気エネルギー，熱エネルギー，光(放射)エネルギー，化学エネルギーなど，いろいろな種類があり，相互に変換することができる。たとえば，①熱エネルギーを運動エネルギーに変換したり，②化学エネルギーを運動エネルギーに変換したりすることができる。これらの変換では，与えられたエネルギーのうちどれだけの割合を目的のエネルギーに変換できるかが問題になる。③エネルギーは総量としては決して減少しないが，④与えられたエネルギーのうちの一部は目的とするエネルギーとは別の種類のエネルギーに変わってしまうことが多い。

(1) 下線部①について，熱エネルギーを運動エネルギーに変換する方法の一例を簡潔に述べよ。ただし，途中で別の種類のエネルギーを経由せずに，直接変換する方法を答えよ。(図の使用可)

(2) 下線部②について，化学エネルギーを運動エネルギーに変換する方法の一例を簡潔に述べよ。ただし，変換の途中で，熱エネルギーを除く別の種類のエネルギーを経由してもよい。(図の使用可)

(3) 下線部③について，この事実(法則)は何といわれるか。

(4) 下線部④について，「化学エネルギーを運動エネルギーに変換する」場合，(2)で各自が答えた方法の中で，与えられたエネルギーが別の種類のどんなエネルギーに変わってしまうか。一例をあげ，その原因とともに記せ。

(答えの例：衝突によって音のエネルギーに変わる。)

🔴(5) 電車のモーターは電気エネルギーを運動エネルギーに変換している。いま，質量100トンの電車が，次の(A)，(B)のように走行した。それぞれの場合について，電車のモーターに何Aの電流が流れるかを計算し，小数点以下を四捨五入して整数で答えよ。

(A) 静止している状態から，水平の線路上で120秒間に100km/hの速さまで加速した場合。この間，モーターに流れる電流は一定であったとする。

(B) 一定の速さで高低差20mの坂道を120秒間でのぼった場合。この間，モーターに流れる電流は一定であったとする。

ただし，電車のモーターにかかる電圧を1500Vとし，かりに，電気エネルギーから運動エネルギーへの変換効率を90パーセントと考えて計算する。また，必要に応じて，次の式を用いること。

・質量 m〔kg〕の物体を高さ h〔m〕持ち上げたときの位置エネルギーの増加＝$10mh$〔J〕

・質量 m〔kg〕の物体が v〔m/s〕の速さで動くときの運動エネルギー＝$\dfrac{1}{2}mv^2$〔J〕

(兵庫・灘高)

2 | 生物どうしのつながり

解答 別冊 *p.71*

*145 ［生産者・消費者・分解者］ ＜頻出

次の文中の下線部①～③の正誤をそれぞれ判断し，正しければ○，誤っていれば×と答えなさい。

さまざまな自然界のつながりの中で，生産者の例としては①ケイソウやイネを，消費者の例としてはトノサマガエルやモグラを，分解者の例としては②カニムシや③ダンゴムシをあげることができる。　　　　　　　（東京・お茶の水女子大附高改）

*146 ［植物・菌類］ ＜頻出

植物や菌類について正しく述べたものを次から選び，記号で答えなさい。

ア　植物は，光合成はするが呼吸はしない。

イ　植物は，光合成も呼吸もする。

ウ　菌類は，光合成はするが呼吸はしない。

エ　菌類は，呼吸も光合成もしない。

オ　菌類は，呼吸も光合成もする。　　　　　　　　　　　　（長崎・青雲高）

*147 ［生物どうしのつながり①］ ＜頻出

自然界に見られる食う・食われるの関係について以下の問いに答えなさい。

自然界では，動物や植物は①食う・食われるの関係によりつながれている。食う・食われるの関係の最底辺に属するのは光合成により栄養をつくり出す植物などの（　②　）である。他の動物は（　②　）を捕食して，そこから生きるためのエネルギーを受け取るため，（　③　）とよばれる。また，土壌中には生物の死がいや排せつ物などを分解して無機物にする（　④　）とよばれる生物が存在する。

(1)　下線部①について，このようなつながりを何というか。漢字4文字で書け。

(2)　文中の（　②　）～（　④　）に適当な語句を入れよ。

(3)　文中の（　④　）にあてはまる生物を，次のア～オからすべて選び，記号で答えよ。

ア　ハサミムシ　　　イ　ダンゴムシ　　　ウ　シイタケ

エ　ミミズ　　　　　オ　ムカデ　　　　　　　　　　　（愛媛・愛光高改）

148 ［生物どうしのつながり②］ ◁頻出

自然界における生物どうしのつながりと物質の流れについて，あとの(1)～(4)の問いに答えなさい。

図1は，大気中に存在する気体XとYをもとにした物質の流れを示したものである。ただし，図中には矢印が1つ欠けている。

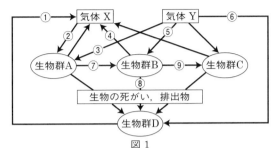

図1

(1) 図中の欠けている矢印は，図中のどことどこを結ぶものか，始点と終点にあたる生物群または気体の記号(A～D，X，Y)をそれぞれ答えよ。

(2) 図中の①～⑨の矢印のうち，有機物の流れを示しているものはどれか。すべて選び，番号で答えよ。

図2は森林の土中における生物どうしのつながりについて，その一部を示したものである。

(3) このような生物どうしのつながりを何というか。漢字4文字で答えよ。

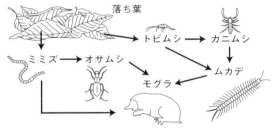

図2

(4) 次の文中の( )にあてはまることばを答えよ。

土の中では，図2のように，生物の( )を出発点としたつながりが見られる。

（東京・筑波大附高<u>改</u>）

---

*149 ［生物の数量関係］ ◀頻出

　1900年代の初め，アメリカのアリゾナ州のある草原には，約4000頭のシカと多数のピューマなどの肉食獣が生きていた。1907年から，シカを保護してふやす目的で，ピューマなどの肉食獣の狩りを始めた。図1は，1905年からのシカの数の変化を表したものである。図2は，この地域の食物連鎖全体の数量関係を模式的に表したものである。あとの(1)～(3)に答えなさい。

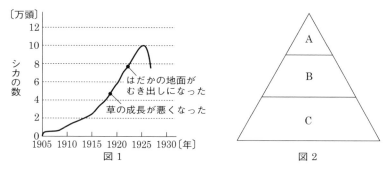

図1　　　　　　　　　　図2

(1)　シカは，図2のA，B，Cのうちのどこに入るか。記号で答えよ。

(2)　図1のように，1925年頃からシカの数は急激に減った。次の◻の中は，ピューマなどの肉食獣の狩りを始めてから，シカが急激に減るまでの過程を表している。空欄①から③にあてはまる文を，下のア～カのなかからそれぞれ1つずつ選び，その記号を書け。ただし，同じ記号を2度以上使ってはいけない。

ア　シカが食べられることが減った。　**イ**　シカが食べられることがふえた。
ウ　草が減った。　　　　　　　　　　**エ**　草がふえた。
オ　シカがふえた。　　　　　　　　　**カ**　シカが減った。

(3)　図1から，草の成長を健全に保ったまま，シカの生息できる最大数はどのくらいと考えられるか。次のアからオのなかから最も適当なものを選び，その記号を書け。
ア　2万頭　　**イ**　4万頭　　**ウ**　6万頭　　**エ**　8万頭　　**オ**　10万頭

（国立高専）

着眼
149 (3)草の成長を健全に保っているときのシカの最大数を図1から読みとる。

★★*150* ［炭素の循環と生物どうしのつながり］

右図は，一般的な生態系における炭素の循環と生物どうしのつながりなどを模式的に示したものである。たとえば，①の矢印は大気から(A)に炭素が移動したことを示している。

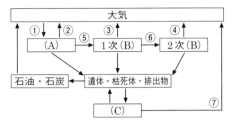

(1) 生態系における役割から，図の(A)～(C)に適する語をそれぞれ選べ。

ア 分解者　　　イ 分離者　　　ウ 生産者

エ 合成者　　　オ 消費者　　　カ 消化者

(2) (C)に属する生物を下から2つ選べ。

ア クロモ　　　　イ アオカビ　　　ウ ケイソウ

エ ランソウ　　　オ アオミドロ　　カ ボルボックス

キ ナットウキン　ク オオカナダモ　ケ スギゴケ

コ ゼンマイ

(3) ①の矢印による炭素の移動は，生物の何というはたらきによるものか。

(4) (3)の材料となる物質を化学式で2つ答えよ。

(5) 炭素が有機物(タンパク質・脂肪・炭水化物)として移動している矢印を②～⑦からすべて選べ。

(6) 図の生態系において，(A)から2次(B)に至る連続した捕食(食う)・被食(食われる)の関係を何というか。

(7) 図の生態系において，捕食・被食の関係の見られる(A)，1次(B)，2次(B)の数の大小関係を正しく表したものを選べ。

ア (A)＞1次(B)＞2次(B)　　　イ (A)＞2次(B)＞1次(B)

ウ 1次(B)＞(A)＞2次(B)　　　エ 1次(B)＞2次(B)＞(A)

オ 2次(B)＞(A)＞1次(B)　　　カ 2次(B)＞1次(B)＞(A)

(8) 図の生態系において，a.1次(B)の数が急に増加した場合，または，b.1次(B)の数が急に減少した場合，被食者である(A)と捕食者である2次(B)の数の関係は，その直後にどうなるか。下線部a, bについて，正しいものをそれぞれ選べ。

ア (A)は増加，2次(B)は増加　　　イ (A)は増加，2次(B)は減少

ウ (A)は減少，2次(B)は増加　　　エ (A)は減少，2次(B)は減少

（鹿児島・ラ・サール高）

★★*151* ［土の中の微生物のはたらき］

　a土の中にも多くの生物が生活しており，食物連鎖が見られる。生物の死がいや動物の排出物などの有機物を養分としてとり入れ，呼吸によって二酸化炭素や水などの無機物に分解するのは，ミミズやダニなどの動物やb（　A　）類，（　B　）類などの微生物で，これらの生物は分解者とよばれる。

(1)　文章中の空欄（　A　），（　B　）に適する語句を答えよ(順不同可)。

(2)　下線部 a について，次のA〜Cにあてはまる動物の例を，下のア〜エからそれぞれ選び，記号で答えよ。

　　　　落ち葉 —→ （　A　） —→ （　B　） —→ （　C　）

　　ア　ムカデ　　　イ　カマキリ　　　ウ　カニムシ　　　エ　トビムシ

(3)　下線部 b について，土の中の微生物のはたらきを調べるために次の実験を行った。あとの①，②の問いに答えよ。

【実験】

　1.　デンプンを入れた寒天培地をペトリ皿につくる。

　2.　下の図のように，林から取ってきたそのままの土(A)と焼いた土(B)をそれぞれ別の培地の中央に少量入れ，ふたをする。

　　　　　A　そのままの土　　　　　　　B　焼いた土

　3.　2〜3日後，A，Bのペトリ皿の土を除きそれぞれ全体にヨウ素液を加える。

①　A，Bのヨウ素液による反応はどのようになったか。下のア〜エから1つずつ選び，記号で答えよ。なお，ぬりつぶしたところが青紫になった部分である。

②　そのままの土(A)について，①のような実験結果になった理由を簡単に説明せよ。

　　　　　　　　　　　　　　　　　　　　　　　　　　　　　（高知学芸高改）

着眼

151 (3)分解者である微生物がデンプンを分解していなければデンプンが残っているのでヨウ素反応が見られ，微生物がデンプンを分解してデンプンがなくなっていればヨウ素反応は見られない。

★★★**152** ［土の中の小動物］

森の土を，右図のような装置に入れてしばらく置いたところ，A～Dの土壌生物が採集された。

(1) この装置は，土壌生物のどのような性質を使って採集する道具か。次から1つ選び，記号で答えよ。

ア　光を好む

イ　エタノールを好む

ウ　光を嫌う

エ　エタノールを嫌う

オ　熱を好む

(2) A～Dの動物のうち，肉食性の動物を1つ選び，記号で答えよ。

(3) A～Dの動物のうち，体が最も小さい動物を1つ選び，記号で答えよ。

(4) 森の土の中には細菌が生息しており，土壌生物のふんや落ち葉の破片を分解していることが知られている。この細菌に関する次の文のうち，正しいものをすべて選び，記号で答えよ。

ア　細菌が土壌生物のふんや落ち葉の破片を分解するとき，光と水を利用する。

イ　細菌が土壌生物のふんや落ち葉の破片を分解したとき，ふつう二酸化炭素ができる。

ウ　細菌が土壌生物のふんや落ち葉の破片を分解しつくすと，細菌の生息環境はよくなる。

エ　森林において土の中の細菌と同じようなはたらきをしているものはカビ類のみであり，コケ類やキノコ類は細菌とは異なるはたらきをしている。

オ　細菌が土壌生物のふんや落ち葉の破片を分解する速度は，夏のほうが冬よりも速い。

(5) 「森の中には，デンプンを分解する能力をもつ微生物が生息している。」ということを確認するにはどのような実験をすればよいか。適当な材料や器具を用いて，実験の方法を答えよ。

(6) (5)の実験をした場合，どのような結果が予想されるか。

（兵庫・甲陽学院高）

★★★153 [炭素の循環と個体数のつり合い]

図1は自然界における炭素の循環のようすを示したもので，矢印 a～k は有機物や無機物に含まれる炭素の流れを示したものである。以下の各問いに答えなさい。

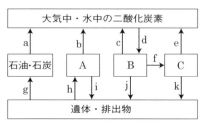

図1

(1) 図1のA，Bにあてはまる生物を，次のア～クからすべて選べ。

　ア　アオミドロ　　イ　アオカビ　　ウ　シイタケ　　エ　マツ
　オ　ミジンコ　　カ　カエル　　キ　バッタ　　ク　コウボキン

(2) 生産者が無機物から有機物を合成するはたらきによる炭素の流れを a～k から1つ選べ。また，そのはたらきを何とよんでいるか。

(3) 分解者が有機物を無機物に分解するはたらきによる炭素の流れを a～k から1つ選べ。また，そのはたらきで分解者は何を得ているか。

(4) 自然界では，生物の数量は，ふつう食物連鎖の中でほぼ一定に保たれており，ある生物が一時的にふえることがあっても，やがて一定の数量にもどる。
　いま，捕食者Pと被食者Qの個体数が図2のような変動をくり返していた。図2の時間 t_1 から時間 t_2 までのPとQの個体数の変化を，図3の座標(Pの個体数，Qの個体数)の点の移動として表すとどうなるか。時間 t_1 のときの座標(10, 55)を起点として時間 t_2 までの変化を曲線で表せ。

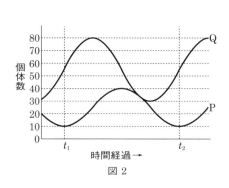

図2

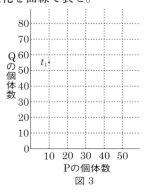

図3

（福岡・久留米大附設高）

着眼
153 (1)～(3)Aは遺体・排出物を取り入れ(h)，Bは二酸化炭素を取り入れている(d)。
(4)PやQがきりのいいときの座標を点として打ち，なめらかな曲線で結ぶ。

★★★*154* ［生物濃縮］

　ある海に毒性のある農薬Aが流れ込んだ。海水で十分に薄まり濃度が低いので，環境に影響はないと思われていた。ところが，しばらくして魚や海鳥が死に，体内から海水よりもずっと高濃度の農薬Aが検出された。この原因を究明した結果，"生物濃縮"という現象が判明した。

　(a)生物どうしには食べる食べられるという関係のつながりがある。海におけるこの関係の一部を模式的に取り出すと下図のようになる。図中以外のものは食べないと仮定する。

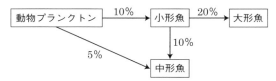

　図中の数字は，たとえば体重50gの小形魚の場合，500gの動物プランクトンを食べたことにより，その10％の50gの体重になったことを示している。一方，農薬Aは生物の体内に蓄積しやすい物質で，ここではかりに，食物に含まれている農薬Aが，食べた生物の体内にすべて蓄積するとして考える。今，動物プランクトンに0.04ppm（質量について，100万分の1の割合を示す単位）の濃度の農薬Aが含まれていたとする。小形魚が食べた動物プランクトン中の農薬Aが，小形魚の中にすべて蓄積するので，食べた動物プランクトンと小形魚の質量比10：1から考えて，小形魚には10倍の0.4ppmの濃度で農薬Aが含まれることになる。同じことが図の中のどの生物どうしにもいえるので，(b)たとえば大形魚には農薬Aが（　　　）ppmの濃度で含まれることになる。このようにして，生物体内の物質濃度が上がっていくことを"生物濃縮"という。

⑴　下線部(a)のようなつながりを何というか，用語を答えよ。

⑵　小形魚に含まれる農薬Aの濃度が0.4ppmということは，小形魚が1000kgあった場合，含まれる農薬Aは何gか。

⑶　下線部(b)の文章中の（　　　）にあてはまる数値を答えよ。

⑷　大形魚の体重が1kg増加するために必要な動物プランクトンは何kgか。

●⑸　中形魚は，動物プランクトンと小形魚を質量比2：1の割合で食べるものとする。中形魚の体重が1kg増加した場合，直接および間接的に食べた動物プランクトンは，全部で何kgか。

⑹　ヒトが，大形魚を90g食べたとき，同じ質量の農薬Aを食べることになるのは，中形魚を何g食べた場合か，これまでの問いをもとに答えよ。

（東京・お茶の水女子大附高）

3 自然と人間

解答 別冊 p.75

*155 [環境問題①] < 頻出

次の問いに答えなさい。

(1) 近年，地球の温暖化が注目されるようになったが，温暖化の主な要因を次のア～コから2つ選べ。

ア　石油や石炭の消費量の増加　　イ　分解者の呼吸量の増加

ウ　生産者の呼吸量の増加　　　　エ　生産者の光合成量の増加

オ　消費者の呼吸量の増加　　　　カ　石油や石炭の消費量の減少

キ　分解者の呼吸量の減少　　　　ク　生産者の呼吸量の減少

ケ　生産者の光合成量の減少　　　コ　消費者の呼吸量の減少

(2) 地球温暖化の原因となっている大気中の二酸化炭素によるはたらきを何とよんでいるか。

(3) 人間が科学技術によってつくり出した炭素を含む物質で，分解者が分解できないため自然界を循環できず，処理に困っている物質がある。そのような物質の例を1つあげよ。

(福岡・久留米大附設高改)

*156 [水質調査] < 頻出

ある川では，わき水が流れ出る源流域，岩が目立つ流れの速い上流域，流れのゆるやかなところに小石や砂が堆積している中流域，さらに川底に泥や砂が堆積する下流域がある。この河川の水質や環境を知るために，河川の(A)～(D)(順不同)の各地点で生活する生物を調べ，その生物を各地点別に次に示した。

(A) ミズムシ，ヒル

(B) サワガニ，ウズムシ(プラナリア)，ヒラタカゲロウの幼虫

(C) カワニナ，トビケラの幼虫，ゲンジボタルの幼虫

(D) イトミミズ，ユスリカの幼虫，アメリカザリガニ

(1) 水の存在するところで生活する生物のうち，昆虫ではないものを次から選べ。

ア　トンボ　　　　イ　ウズムシ(プラナリア)　　ウ　カゲロウ

エ　ユスリカ　　　オ　アメンボ　　　　　　　　カ　アブ

(2) 河川で生活する生物をもとに，この河川で，最もきれいな水が流れる源流域だと考えられる地点と，最も汚れた水が流れる下流域だと考えられる地点を，(A)〜(D)からそれぞれ選べ。

(3) 河川の(A)〜(D)の各地点で生活する生物は，水質や環境を知るための手がかりとなる生物である。これらの生物を一般的に何というか。

(4) 河川の地点(D)で生活するイトミミズやユスリカの幼虫は，ある重要なはたらきをする赤色のタンパク質をもっている。ヒトにおいて，これと同じはたらきをする赤色の色素をもつタンパク質は何か。

(5) 河川の地点(D)で生活するイトミミズやユスリカの幼虫が赤色のタンパク質を多量にもつことは，どのような環境への適応の結果と考えられるか。15字以内で答えよ。ただし，句読点は書かない。 (鹿児島・ラ・サール高)

★*157* [環境問題②] ◁頻出

近年，大気中の二酸化炭素の濃度が急激に増加している。日本付近での過去3年間の二酸化炭素の濃度変化を，季節に注意して，右の図に描き入れなさい。○から描き始め，●で終わること。 (東京・筑波大附高)

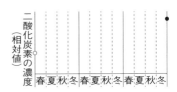

★*158* [自然災害]

気象災害やその対応策について説明した次の文のうち，誤っているものを1つ選び，記号で答えなさい。

ア 台風は太平洋高気圧のへりに沿うように動くため，秋に日本を直撃することが多い。

イ 台風や大規模な低気圧の接近に伴い，高潮が生じ，海水面が上昇するため，災害になることがある。

ウ 大陸で水分を十分に含んだ季節風が，日本海をわたり，日本の山脈にぶつかるため，上昇気流が発生して雪雲をつくり，日本海側に大雪をもたらす。

エ 過去の災害の履歴などを調べて，これらの災害の危険性についてわかりやすく示した地図をハザードマップという。 (東京学芸大附高)

着眼
155 (1)ここ200年ほどの間に二酸化炭素が急増した要因である。
(3)有機物の1つである。
156 (5)地点(D)には養分が多いので，プランクトンなどが大量発生することがある。

★★ *159* [環境問題③]

次の文を読み，下の(1)〜(3)の問いに答えなさい。

地球は，海洋と大気におおわれている。雲が生じたり，降水などの気象現象が起こるのは，地表からおおよそ（　①　）の高度までの範囲である。雨の中には，大気中に存在する（　②　）が溶け込んでいるため，雨は本来弱酸性である。しかし近年は，化石燃料を大量消費することにより生じる酸性雨の問題が，世界的に注目されるようになった。近年の酸性雨の主たる原因物質は，化石燃料を燃やすことにより生じる（　③　）酸化物や（　④　）酸化物である。これらの原因物質は，大都市やその周辺で生じることになるが，<u>酸性雨が降る地域は，大都市やその周辺に限らず，広い範囲に認められる。</u>

(1)　空欄（　①　）に入る適切な数値を，次のア〜エから1つ選び，記号で答えよ。

ア　1km　　　イ　10km　　　ウ　100km　　　エ　1000km

(2)　空欄（　②　）〜（　④　）に入る適切な語を記せ。

(3)　下線部に述べられているように，広い範囲に酸性雨が降る理由について，簡潔に説明せよ。

（東京・筑波大附高）

★★ *160* [外来生物]

本来の生息地で生活している生物を［　(ア)　］生物というのに対して，本来の生息地から異なる場所に人為的に持ち込まれて繁殖・定着した生物を外来生物という。外来生物の中で，地域の生態系・ヒトの生命・農林水産業などへ深刻な影響を及ぼす可能性のあるものを特定外来生物という。特定外来生物が引き起こす問題には，次のようなものがある。

・同じ食物，生活環境をめぐって競争し，［　(ア)　］生物をやぶり，［　(ア)　］生物からそれらを奪う。

・［　(ア)　］生物と外来生物が近縁の種である場合，種間で［　(イ)　］が起こり，雑種が多くなる。

・寄生虫，病原菌などを持ち込み，［　(ア)　］生物にそれらが感染する。

・［　(ア)　］生物を被食者として捕食する。

(1)　上の文の［　(ア)　］，［　(イ)　］に最も適する語句を答えよ。

着眼

159 (2)(3)酸性雨の原因物質は気体である。

(2) 日本から外国に持ち出されて，その国（外国）で外来生物となったものを2つ選び，記号で答えよ。

ア　アマミノクロウサギ　　　イ　アリゲーターガー

ウ　オオクチバス　　　　　　エ　オガサワラシジミ

オ　グリーンアノール　　　　カ　コイ

キ　セイタカアワダチソウ　　ク　ヒアリ

ケ　ボタンウキクサ　　　　　コ　マングース

サ　ワカメ

(3) 日本を生息地とする　(ア)　生物のヤンバルクイナにとって，天敵となっている外来生物を(2)の選択肢より選び，記号で答えよ。

（鹿児島・ラ・サール高）

★**161**　[環境問題④]

　窒素は空気中ではほとんど反応しない。しかし，自動車のエンジンのような高温の場所では，窒素は燃焼して一酸化窒素を生じる。自動車の排出ガスに含まれる一酸化窒素は，空気中で二酸化窒素になり，水に溶けると硝酸に変化する。硝酸は強い酸性であるため　①　の原因の1つと考えらえている。また，排出ガスに含まれる②粒子状物質も問題となるが，現在では，これらの有害物質を除去する技術も確立している。二酸化炭素は，石油や，石油を原料とするプラスチックなどの炭素を含んだ物質の燃焼により生じる。大気中の二酸化炭素濃度は，右図のように，1年のあいだにも周期的に変動しながら，少しずつ増加している。二酸化炭素は，水蒸気とともに③温室効果が大きいため，二酸化炭素の増加は地球規模の気候変動の原因の1つとも考えられている。

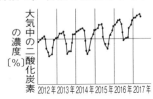

大気中の二酸化炭素の濃度〔%〕
2012年 2013年 2014年 2015年 2016年 2017年

(1) 文中の空欄　①　にあてはまる言葉は何か。漢字で答えよ。

(2) 下線部②について，このような粒子状物質は一般に何と表記されるか。その言葉をアルファベットの略語で答えよ。

(3) 地表面での二酸化炭素の濃度が最も高いのは何月ごろか。最も適当なものを，次から1つ選び，記号で答えよ。

ア　1月ごろ　　　イ　4月ごろ　　　ウ　8月ごろ　　　エ　10月ごろ

(4) 下線部③は，地表から発するある種の電磁波（電波や光）を吸収・放出する性質が，二酸化炭素や水蒸気では強いためである。この電磁波の名前を漢字で答えよ。

（奈良・東大寺学園高）

★★**162** ［二酸化炭素濃度の変化］

次の各問いに答えなさい。

(1) 図1は与那国島で 1997 年から 2010 年までに大気中の二酸化炭素濃度を観測し，その結果をグラフにしたものである。グラフのように二酸化炭素濃度が年々増加している主な原因は何か。次のア〜カから2つ選べ。

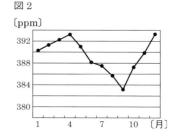

図1
〔ppm〕

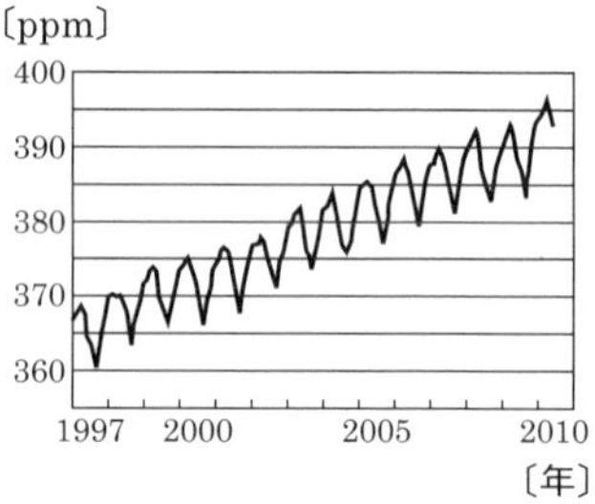

※図中の ppm は濃度を表す単位（100 万分の1）である

ア　化石燃料の大量使用

イ　オゾン層の破壊

ウ　生物多様性の低下　　エ　外来種の繁殖

オ　森林の減少　　　　　カ　食物連鎖の破壊

(2) また，図2は，2009 年の1月から12月までの変化をよりくわしくグラフにしたものである。このように二酸化炭素濃度が毎年季節により増減をくり返す主な理由は何か。次のア〜カから1つ選べ。

図2
〔ppm〕

ア　動物の呼吸が，夏期に増加し冬季に減少するから。

イ　動物の呼吸が，冬季に増加し夏期に減少するから。

ウ　植物の呼吸が，夏期に増加し冬季に減少するから。

エ　植物の呼吸が，冬季に増加し夏期に減少するから。

オ　植物の光合成が，夏期に増加し冬季に減少するから。

カ　植物の光合成が，冬季に増加し夏期に減少するから。

(三重・高田高)

★★★**163** ［里山と環境保護］

里山とその周辺環境に関する以下の問いに答えなさい。字数制限のある問いでは，句読点などは字数に数えない。

(1) 里山と周辺環境に生息している生物をA〜Iにあげてある。また，里山と周辺環境をあとのア〜クの区画に分けた。生物A〜Iがより多く生息している区画をア〜ケからそれぞれ1つずつ選べ。ただし，重複はない。

生物：A　コイ・フナ・ゲンゴロウ

　　　B　その地域に本来生育するはずの樹木

　　　C　ザリガニ・カブトエビ・ドジョウ・カエル

D　アゲハチョウ・アブラムシ　　E　アユ・ヨシノボリ・ホタル

F　ヤモリ・ツバメ　　　　　　　G　カブトムシ・オオムラサキ

H　バッタ・カマキリ　　　　　　I　イノシシ・ツキノワグマ

区画：ア　人の手が入っていない山

　　イ　手入れした雑木林(針葉樹林ではない)　　　**ウ**　鎮守の森(寺社林)

　　エ　牧草地　　**オ**　田　　**カ**　畑　　**キ**　人家　　**ク**　ため池　　**ケ**　川

🔴▶(2)　切り出した丸太にシイタケの菌を打ち込んで育てる場合，収穫に2〜3年かかる。その間，菌を生育させるのに最も適切な環境を1か所，(1)の区画ア〜ケから選べ。

🔴▶(3)　近年本州で問題となっている「ナラ枯れ」は，在来種のカシノナガキクイムシが侵入する際にカビの仲間が木に入り込み，菌糸を伸ばしてコナラ・シイ・アラカシなどを立ち枯れさせたものである。この現象は昔から知られていたが，主に山奥で見られ，里山ではあまり見られなかった。またこのキクイムシが侵入する木の幹はかなり太いものに限られるのも特徴である。これまで里山で目立たなかったナラ枯れが近年目立つようになったのはなぜか，理由を下の文章を完成させる形で記入せよ。

　　　かつての雑木林は(　　　　　　　　　　　　)ので木の幹は細かったが，

　　近年は(　　　　　　　　　　　　　)ので木の幹が太くなってしまったため。

(4)　環境省指定の特定外来生物は，「在来種を駆逐するおそれがある」ため，駆除の対象となっている。次の外来種が駆除の対象となる具体的な理由を(　　　)にそれぞれ5字以内で答えよ。

　　①　タイワンザル・チュウゴクオオサンショウウオ

　　　在来種(　　　　　)するおそれがある

　　②　ブラックバス・ブルーギル

　　　在来種(　　　　　)するおそれがある

🔴▶(5)　兵庫県豊岡市では絶滅危惧種コウノトリの繁殖に力を入れている。そのためコウノトリの"えさ場"である田んぼの確保とコウノトリの"えさ"である水生動物の生息数維持が最重要課題となっている。そのため農業活動の中で農家が行っている工夫を2つ，それぞれ10字以内で答えよ。

🔴▶(6)　2010年開催された第10回生物多様性条約・締約国会議(国際地球生き物会議)では，医薬品のもとになる遺伝的資源の利用についての国際ルール「名古屋議定書」とともに，外来種の駆除や在来生物の生息地の保全および在来生物の生息数の回復などを目指した世界目標を採択した。この世界目標は会議の開催地の地名を入れて，何と名づけられたか答えよ。

(兵庫・灘高)

★★*164* ［環境問題⑤］

地球環境問題に関する次の文章を読み，あとの問いに答えなさい。

現在，私たちの生活を豊かにしているものの1つとして石油があげられる。石油からはガソリンや灯油などの燃料がつくられ，また，プラスチックや医薬品などの原料にもなっている。今や私たちの生活にはなくてはならない物であるが，石油の使用により近年さまざまな問題が生じている。

石油中には硫黄が含まれているので，石油から得られた燃料を燃やすと硫黄酸化物(SO_x)が発生する。また，エンジンなどで燃料を燃やすときには空気に含まれる酸素を消費するが，そのとき同時に空気に含まれる窒素までが一部酸化され，窒素酸化物(NO_x)が発生する。この硫黄酸化物や窒素酸化物が雨に溶けると強い酸性の雨となって降り，これが酸性雨とよばれている。たとえば，窒素酸化物の1つである二酸化窒素 NO_2 と水 H_2O との反応は，以下の化学反応式で表される。

$$［\quad a\quad ］NO_2 + ［\quad b\quad ］H_2O \longrightarrow NO + ［\quad c\quad ］HNO_3$$

（HNO_3：硝酸…非常に強い酸）

酸性雨による被害は年々ふえている。

また，石油・石炭などの化石燃料を燃やすことによって発生する二酸化炭素は地球温暖化を引き起こすと考えられている。これは，二酸化炭素が（　①　）ために起こる現象である。これによる地球の平均気温の上昇を食い止めなければ，さまざまな被害や問題が生じる。

現在私たちは，自分たちの生活を便利にするために多くの電力を使用している。現在では石油・石炭・天然ガスによる火力発電によって多くの電力をつくり出している(日本では全発電量の約50％)が，上に述べたような環境問題を考えると，火力発電は地球環境に対して非常に大きな悪影響をおよぼす。

したがって，私たちが使う燃料や電力を少しずつ減らしていくことが地球環境を改善していく最も有効な手段であるといえる。

(1)　文中の化学反応式の係数 $a\sim c$ を決定せよ(NO の係数は1である)。なお，1も省略せずに答えること。

(2)　空欄（　①　）に最も適する文章を以下のア〜エから1つ選び，記号で答えよ。

　ア　大気圏上層のオゾンを分解し，より多くの太陽光線が地球に照射される

　イ　地球から宇宙に逃げる熱を吸収し，再び地表に熱を放出する

　ウ　光合成によって植物に吸収される際に，多量の熱を放出する

　エ　自然界で炭素と酸素に分解する際に，多量の熱を放出する

(3) 酸性雨について，もしも硫黄酸化物や窒素酸化物が空気中に存在しないとすれば，雨水はどんな性質を示すか。以下のア～ウから1つ選び，記号で答えよ。

　ア　酸性

　イ　中性

　ウ　アルカリ性

(4) 酸性雨の被害として最も考えにくいものを以下のア～オから1つ選び，記号で答えよ。

　ア　大理石でつくられた彫刻やコンクリート建造物からカルシウム成分が流出し，つららのようなものができ上がる。

　イ　淡水湖に住む水生生物が減少する。

　ウ　地中の粘土アルミニウム成分が流出し，植物の根の成長に悪影響をおよぼす。

　エ　大気中の雲が強い酸性を示し，太陽光線中の紫外線が地表まで到達しやすくなり，皮膚がんや白内障などの病気を起こしやすくなる。

　オ　植物の葉の中に含まれる光合成色素が変質し，葉が黄変して光合成ができなくなるため，植物が立ち枯れる。

(5) 大気中の二酸化炭素は，化石燃料の燃焼や動植物の呼吸などによって空気中に放出されているが，同時に植物の光合成のように吸収される現象も起こり，化合物としての形は変えつつも自然界を循環している。以下では，ある循環を説明している。空欄（　②　）にあてはまる最も適した語句を答えよ。

　大気中の二酸化炭素は，地球上に大量に存在する海水に多く溶け込む。その一部が生物によって吸収され，やがて貝やサンゴの死がいなどになり，長い年月を経て炭酸塩として海底に堆積する。これらは（　②　）の沈み込みとともに地球深部へ引き込まれるため，結果的に大気中の二酸化炭素濃度を低下させたことになる。しかし，地中深く引き込まれた炭酸塩の一部は熱と圧力によって分解されて二酸化炭素となり，火山ガスとなって再び大気圏に放出される。

（北海道・函館ラ・サール高）

着眼

164 (1)反応の前後で原子の種類や数は変化しない。

　　　(2)これを温室効果という。

　　　(3)通常の空気中の成分を考える。

　　　(4)ア～オのなかに，他の環境問題が入っている。

5編 実力テスト

時間 **50**分
合格点 **70**点

得点 ／100

解答 別冊 *p.78*

1 エネルギーの移り変わりについて，次の問いに答えなさい。(25点)

(1) 図1のように，手回し
発電機に豆電球をつなぎ，
手回し発電機のハンドルを
回したところ，豆電球は
光った。図2は，このと
きのエネルギーの移り変わ
りを表したものである。空欄A〜Dにあてはまるものを，次のア〜オから
1つずつ選び，記号で答えよ。ただし，同じものを何回選んでもよい。(各5点)

図1

手回し発電機

図2
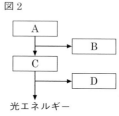
光エネルギー

ア 位置エネルギー
イ 運動エネルギー
ウ 電気エネルギー
エ 光エネルギー
オ 熱エネルギー

(2) 図3のように豆電球とかん電
池とスイッチをつないだ回路を用
意する。この回路を，図4のよう
に，透明なポリエチレンの袋に入
れて口をしっかりしばり，上皿て
んびんの左側の皿におく。右側の皿には分銅をのせつり合わせる。この後，
スイッチを入れて豆電球を光らせ，30分間放置する。このとき，上皿てん
びんはどうなるか。次のア〜カから，正しいものを1つ選び，記号で答えよ。
(5点)

図3

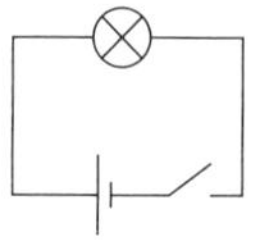

図4
中に図3の回路を入れる

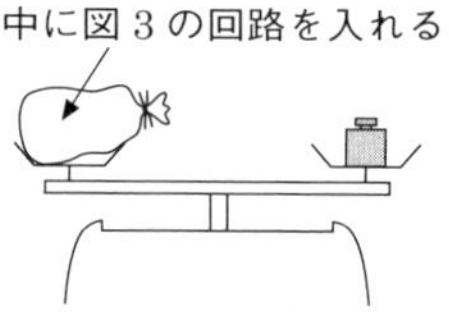

ア 電池が消耗するので，左側が上がる。
イ 光エネルギーが外部にもれるので，左側が下がる。
ウ 電流が流れて発熱するので，左側が下がる。
エ エネルギーを消耗すると温室効果ガスが発生するので，左側が下がる。
オ 物質の出入りがないので，つり合ったままである。
カ エネルギー保存の法則が成り立つので，つり合ったままである。

(東京・筑波大附高)

2 現在の日本では石油，石炭，天然ガス，水力，原子力などを利用して電気エネルギーを得ている。2011年の3月に起きた大地震では，福島県にある原子力発電所も被害を受け，夏の首都圏の電力不足が心配された。エネルギーと環境について，次の問いに答えなさい。(12点)

(1) 2011年の夏は，エアコンの設定温度を1〜2℃上げることが広く呼びかけられていた。エアコンを使うと，環境にどのような影響が出るか。最も適するものを選べ。(4点)

　ア　屋外が猛暑でも室内の温度を下げられ，環境に悪影響はあたえない。

　イ　窓を開放しておけば，屋外の温度も下げることができ，効率的である。

　ウ　大規模にいえば地球全体の温度を下げることができ，温暖化対策になる。

　エ　エアコンで室内の温度を下げると，室外の温度が上がる問題がある。

　オ　ときどき外気をとり入れて室温を1〜2℃上げることで環境対策になる。

(2) 火力発電，水力発電，原子力発電などのしくみや問題点について述べた次の文から，誤っているものを選べ。(4点)

　ア　火力発電は化石燃料が確保されている間は，安定な電力供給が可能で，利用価値は高いが，燃焼による二酸化炭素の発生などの問題がある。

　イ　水力発電はダムにたまった水の位置エネルギーを電気エネルギーに変えるので廃棄物の心配は少ないが，ダム建設などで自然環境の破壊を起こす。

　ウ　原子力発電は発電量が大きく，二酸化炭素の発生などの問題はないが，事故が起きた場合の放射性物質の放出や，放射性廃棄物の処理などに問題をかかえている。

　エ　季節風や台風などの強い風は，風力発電に最も適しており，この風を利用した大型の風力発電装置の設置は，日本でも急速に進んでいる。

　オ　燃料電池は水の電気分解とは逆に，水素と酸素を反応させて水と電気エネルギーを取り出す装置である。

(3) 化学反応について述べた次の文から，誤っているものを選べ。(4点)

　ア　水素の燃焼を化学反応式で示すと，$2H_2 + O_2 \longrightarrow 2H_2O$ となる。

　イ　水素だけを入れた容器にマッチで点火すると大爆発を起こし危険である。

　ウ　発熱反応では，反応物質のエネルギーが発生物質のエネルギーより高い。

　エ　エネルギーを放出する化学反応とエネルギーを吸収する化学反応がある。

　オ　水の電気分解という化学反応は，エネルギーを吸収する化学反応である。

(東京学芸大附高函)

3 環境問題とエネルギーについて，次の問いに答えなさい。(27点)

(1) 空気中のすすや塵<ruby>塵<rt>ちり</rt></ruby>には，化石燃料の燃焼によって排出されているものもある。化石燃料を燃焼したときに発生し，雨や雪を酸性にする気体は何か。次のア～エから1つ選び，記号を書け。(5点)

　ア　酸素

　イ　水素

　ウ　二酸化硫黄

　エ　水蒸気

(2) 次の文を読み，①～④の各問いに答えよ。

　　化石燃料の利用がもたらす影響を防ぐために，さまざまな技術が開発された。その結果，以前に比べると，空気中に排出される大気汚染物質の量は著しく減少した。さらに，地球の環境に影響が少ないエネルギー源も研究・開発されており，くり返し利用できる(a)再生可能エネルギーに注目が集まっている。また，(b)燃料電池は，(c)水素と酸素が化学変化を起こして水ができるときのエネルギーを電気エネルギーに変換する装置であり，自動車などの新しい動力源として利用が期待されている。

　① 下線部(a)，またはそのエネルギー源として最も適当なものを，次のア～エから1つ選び，記号を書け。(5点)

　　ア　天然ガス

　　イ　地熱

　　ウ　鉄鉱石

　　エ　ウラン

　② 薪<ruby>薪<rt>まき</rt></ruby>や動物のふんなどもエネルギー源として利用できる。このように，エネルギー源として利用できる生物体のことを何というか。(5点)

　③ 下線部(b)について，1Wの電力を得るのに，1秒間あたり0.2cm³の水素が必要な燃料電池がある。エアコン(消費電力850W)とテレビ(消費電力150W)を同時に1時間使用するためには，水素は何リットル必要か。ただし，燃料電池で得られる電気エネルギーはすべてエアコンとテレビの電力として消費されるものとする。(5点)

　④ 下線部(c)のように，燃料電池には水素が必要である。再生可能エネルギーである太陽の光エネルギーを使って水素を発生させる方法を書け。ただし，「[　　　]に太陽の光をあて，」を書き出しとし，[　　　]には適当な語を入れ，答を完成させよ。(7点)

(佐賀県)

4 4種類のクマ，ホッキョクグマ(体長約2.7m)，
ヒグマ(体長約2.1m)，ツキノワグマ(体長約
1.7m)，マレーグマ(体長約1.2m)について，図のよ
うに底面の半径r，高さ$8r$の円柱を横に倒したモデ

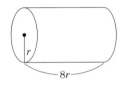

ルで考える。ホッキョクグマは北極圏に生息し，マレーグマは主に東南アジア
に生息する。(36点)

(1) ヒグマが住んでいてツキノワグマが住んでいない地域として，最も適当
なものを次から1つ選び，記号で答えよ。(4点)

　ア　九州　　　イ　近畿

　ウ　関東　　　エ　東北

　オ　北海道

(2) ホニュウ類に限らず多くの生物で，個体数が減り，絶滅の可能性が高い
生物は絶滅[　　]種に指定されている。

　[　　]に適する語を答えよ(ひらがなで答えてもよい)。(4点)

(3) 図の円柱において，表面積÷体積をrを用いて表せ。(4点)

(4) 4種類のクマが住んでいる場所と体の大きさの関係を考える。この4種類
のクマに限定すると，寒い土地に生育するクマほど体が大きく，暑い土地に
生育するクマほど体が小さいが，これにはそれぞれに利点があるからと考え
られる。この利点を説明した下の文章の[　　]に適する語句・短文を，語群
から選び，記号で答えよ。ただし，③，⑤では，{　　}内から適語を選べ。
(各4点)

　　体表面積が大きいほど[　①　]は大きくなり，体表面積が小さいほど[　①　]
は小さくなるが，ここでQ＝体表面積÷体積とすると，体積の大小は
[　①　]と無関係と仮定して，Qの値の大小は[　②　]の[　①　]の大小に置き換
えて考えられる。

　　体が大きいほど，Qの値が③{小さ，大き}くなるので，[　④　]寒い土地に
おいて生きる上では有利となる。逆に体が小さいほど，Qの値が⑤{小さ，
大き}くなるので，[　⑥　]暑い土地において生きる上で有利となる。

　語群：ア　全体で

　　　　イ　放熱量

　　　　ウ　単位体積あたり

　　　　エ　放熱しやすい

　　　　オ　放熱しにくい

□ 執筆協力　西村賢治
□ 編集協力　㈱ファイン・プランニング　出口明憲　矢守那海子
□ 図版作成　㈱ファイン・プランニング　小倉デザイン事務所　甲斐美奈子
□ 写真提供　NASA

シグマベスト
最高水準問題集 特進
中3理科

本書の内容を無断で複写（コピー）・複製・転載することを禁じます。また、私的使用であっても、第三者に依頼して電子的に複製すること（スキャンやデジタル化等）は、著作権法上、認められていません。

編　者	文英堂編集部
発行者	益井英郎
印刷所	図書印刷株式会社
発行所	株式会社文英堂

〒601-8121　京都市南区上鳥羽大物町28
〒162-0832　東京都新宿区岩戸町17
（代表）03-3269-4231

特進

最高　水準問題集

中3理科

解答と解説

文英堂

1編 化学変化とイオン

1 酸・アルカリとイオン

▶1

エ

解説 ①水に溶かしたときにイオンに分かれる物質を電解質という。

④ 25g の食塩を水に溶かして 125g の水溶液にしたときの濃度は，$\dfrac{25}{125} \times 100 = 20$〔％〕である。

▶2

(1)ウ

(2)(水に溶けると)イオンを生じる物質。
(水に溶けると)電離する物質。など

解説 (1)においがなく，アルカリ性で，固体が溶けた水溶液なので，うすい水酸化ナトリウム水溶液である。また，B はアの食塩水，C はイのうすい塩酸，D はオのうすいアンモニア水，E はエのエタノール水溶液である。

(2)食塩(塩化ナトリウム)，塩化水素，水酸化ナトリウム，アンモニアなどのように，水に溶けるとイオンを生じる電解質の水溶液であれば，電圧を加えると電流が流れる。アンモニアの場合は特殊で，水に溶けると水と反応し，アンモニウムイオンと水酸化物イオンを生じる。

$$NH_3 + H_2O \longrightarrow NH_4^+ + OH^-$$

電解質と非電解質・電離 最重要
①電解質…水に溶けたときにイオンを生じ，その水溶液が電流を流す物質。
例：塩化ナトリウム，塩化水素，塩化銅，水酸化ナトリウム，アンモニアなど
②非電解質…水に溶けてもイオンを生じず，その水溶液が電流を流さない物質。
例：砂糖，エタノールなど
③電離…電解質である物質が水に溶けて，イオンに分かれること。

▶3

(1)$H_2SO_4 + Ba(OH)_2 \longrightarrow BaSO_4 + 2H_2O$

(2)**2340mg**　(3)ア

(4)① **234**　② **585**　③ **30**

解説 (1)希硫酸と水酸化バリウム水溶液の中和では，水と硫酸バリウムという塩ができる。

(2)$10 : 50 = 468 : x$　$x = 2340$〔mg〕

(3)炭酸カルシウム($CaCO_3$)は水に溶けにくい白色の固体なので白色沈殿となる。他はすべて水に溶ける物質である。

(4)X 20mL と Y 10mL が過不足なく中和して 468mg の沈殿が生じることをもとにする。

① G では，X 10mL と Y 5mL が反応するので(X 25mL は反応しない)，X 10mL が反応したときに生じる沈殿の質量を z〔mg〕とすると，
$$20 : 10 = 468 : z \quad z = 234\,\text{〔mg〕}$$

② H では，X 25mL と Y 12.5mL が反応するので(Y 2.5mL は反応しない)，X 25mL が反応したときに生じる沈殿の質量を z〔mg〕とすると，
$$20 : 25 = 468 : z \quad z = 585\,\text{〔mg〕}$$

③ 702mg の沈殿が生じるときに反応した X の体積を z〔mL〕とすると，
$$20 : z = 468 : 702 \quad z = 30\,\text{〔mL〕}$$

I では，X 30mL と Y 15mL が反応して(Y 5mL は反応しない) 702mg の沈殿が生じたと考えられる。

▶4

(1)**水酸化物イオン**　(2)オ

(3)エ　(4)**実験Ⅲ**

解説 (1)BTB 溶液が青色になるのはアルカリ性の水溶液である。アルカリの性質を示すイオンは水酸化物イオン(OH^-)である。

(2)BTB 溶液を加えた液が緑色になったということは，加えた気体が水に溶けて酸の性質を示す水素イオンが生じ，中和が進んで中性になったと考えられる。中和が起こると熱を放出するため，温度が上昇する。物質全体がもつエネルギーは，放出した熱の分だけ減少する。

(3)水に溶けると水素イオンが生じ，その水溶液
が酸性を示す気体なので，二酸化硫黄（亜硫酸
ガス）など硫黄の酸化物や，二酸化炭素など炭
素の酸化物が考えられる。このうち酸性雨の原
因物質となるのは，硫黄の酸化物だけである。
(4)マグネシウムは酸性水溶液に溶けて水素を発
生させるが，アルカリ性水溶液には溶けない。

▶**5**

(1)**A：C＝32：15** (2)**80cm³** (3)**4.5%**

解説 (1)同体積の B を中和させるのに必要
な A と C の体積比を求めると，

A：B：C　　　A：B：C
10：16　　⇨　 5：8
　　12：16　　　　 3：4
　　　　　　　 ───────
　　　　　　　 15：24：32

同体積の B を中和するのに必要な A と C の体
積比は 15：32 なので，同体積あたりに含まれ
る H⁺ の数の比は，A：C＝32：15 である。
(2)A の水溶液 25cm³ と中和する B の水溶液の
体積を x〔cm³〕とすると，
　　 5：8＝25：x　x＝40〔cm³〕
B の水溶液 60cm³ と中和する C の水溶液の体
積を y〔cm³〕とすると，
　　 3：4＝60：y　y＝80〔cm³〕
(3)同体積の C を中和させるのに必要な B と D
の体積比を求めると，

B：C：D　　　B：C：D
12：16　　⇨　 3：4
　　12：15　　　　 4：5
　　　　　　　 ───────────
　　　　　　　 12：16：20 ＝ 3：4：5

同体積の C を中和するのに必要な B と D の体
積比は 3：5 なので，同体積あたりに含まれる
OH⁻ の数の比は，B：D＝5：3 である。各水
溶液の密度はすべて 1.0g/cm³ なので，これは，
濃度の比に等しい。B の水酸化ナトリウム水溶
液の濃度を z〔%〕とすると，
　　 z：2.7＝5：3　z＝4.5〔%〕
このような方法で求めると，答えは割り切れる。

▶**6**

(1)**HCl ＋ NaOH ⟶ NaCl ＋ H₂O**
(2)**2：3** (3)**7：3** (4)**NaCl**

解説 (1)塩酸と水酸化ナトリウム水溶液が中
和すると水と塩化ナトリウムという塩ができる。
(2)過不足なく中和するときの体積比が，塩酸：
水酸化ナトリウム水溶液＝15：10＝3：2 なので，
同体積あたりに含まれる，水素イオンの数：水
酸化物イオンの数＝2：3 である。
(3)水酸化ナトリウム水溶液 10mL 中のナトリ
ウムイオンの数は，塩酸 15mL 中の水素イオ
ンの数と等しい。また，塩酸 35mL 中に含ま
れる水素イオンが反応せずに残っているので，
水素イオンの数：ナトリウムイオンの数＝
35：15＝7：3 である。
(4)水酸化ナトリウム水溶液 20mL は塩酸が
30mL 以上あればすべて中和し，塩酸と塩化ナ
トリウム水溶液の混合物となる。この水溶液が
蒸発したときに固体として残るのは，中和によ
ってできた塩である塩化ナトリウムだけである。

▶**7**

(1)**3：1** (2)**2℃**

解説 (1)温度が最高になったとき，過不足な
く中和していると考えられる。その比は，
HCl：NaOH＝25：75＝1：3 である。した
がって同じ体積あたりに含まれる水素イオンと
水酸化物イオンの数の比は，H⁺：OH⁻＝3：1
である。
(2)1：1 の割合で混ぜているので塩酸 50cm³ と
水酸化ナトリウム水溶液 50cm³ を混ぜたとき
と温度変化は同じである（発熱量が 3 倍になる
が，溶液の量も 3 倍になる）。グラフから，そ
のときの温度上昇は 2℃ とわかる。

▶**8**

(1)**2HCl＋Ba(OH)₂ ⟶ BaCl₂＋2H₂O**
(2)**塩** (3)**BaSO₄** (4)①**イ** ②**エ** ③**ア**

解説 (1)反応の前後で，原子の種類と数が変化しないことと，イオンが結びついて原子になるときは電気的に中性になるように結びつくことに注意する。

(2)酸が電離してできた陰イオンとアルカリが電離してできた陽イオンが結びついてできた物質を塩という。

(3)硫酸と水酸化バリウムの水溶液を混ぜ合わせると，水に溶けない白い固体である硫酸バリウム（$BaSO_4$）という塩ができるため，白色沈殿が生じる。これを化学反応式で表すと，

$$H_2SO_4 + Ba(OH)_2 \longrightarrow BaSO_4 + 2HCl$$

(4)①水溶液 C に溶けている水酸化ナトリウム 1 個が電離すると水酸化物イオン 1 個が生じ，水溶液 A に溶けている塩化水素 1 個が電離すると水素イオン 1 個が生じるので，水溶液 C と水溶液 A は 1：1 で中和する。よって，水溶液 A 10cm³ を加えたときに過不足なく中和して，イオンの数が最も少なくなり，電流が最も弱くなるが，このときできる塩である塩化ナトリウムが電解質であるため，完全に中和したときも電流が流れ，0 にはならないのでイのようなグラフとなる。

②水溶液 D に溶けている水酸化バリウム 1 個が電離すると水酸化物イオン 2 個が生じるので，水溶液 D と水溶液 A は 1：2 で中和する。よって，水溶液 A 20cm³ を加えたときに過不足なく中和して，イオンの数が最も少なくなり，電流が最も弱くなるが，このときできる塩である塩化バリウムが電解質であるため，完全に中和したときも電流が流れ，0 にならないのでエのようなグラフとなる。

③水溶液 B に溶けている硫酸 1 個が電離すると水素イオン 2 個が生じるので，水溶液 D と水溶液 B は 2：2 ＝ 1：1 で中和する。よって，水溶液 B 10cm³ を加えたときに過不足なく中和して，このときできる塩が硫酸バリウムという水に溶けにくい物質であるため，液中のイオンの数が 0 になり，電流が流れなくなる。したがって，アのようなグラフとなる。

▶**9**
(1)塩
(2)エ
(3)右図

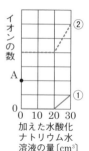

解説 (1)酸の陰イオンとアルカリの陽イオンが結びついてできた化合物を塩という。

(2)硫酸イオンは酸の陰イオンで，ナトリウムイオンはアルカリの陽イオンである。

(3)①完全に中和するまでは，加えた水酸化ナトリウム水溶液の中の水酸化物イオンは水素イオンと結びついて水になるので増えないが，20cm³ 加えて完全に中和したあとは，反応する水素イオンがなくなるので，水酸化ナトリウム水溶液を加えるにつれて増加する。その割合は，中和するにつれて減少する水素イオンの割合と同じなので（はじめにあった水素イオンの数は，はじめにあった塩化物イオンの数と同じ），10cm³ 加えるにつれて 1 目盛りずつ増加する。

②完全に中和するまでは，中和によって減少した水素イオンの分だけ加えられたナトリウムイオンが増加するので，イオンの総数は変化しない。完全に中和したあとは，水酸化物イオンとナトリウムイオンが増加するので，10cm³ 加えるにつれて 2 目盛りずつ増加する。

塩の性質 最重要

中和によって，酸が電離してできた陰イオンとアルカリが電離してできた陽イオンが結びついてできた物質を塩という。塩には，水に溶けやすい物質と溶けにくい物質があるが，水に溶けにくい塩より水に溶けやすい塩のほうが多いので，水に溶けにくい塩を覚えておくとよい。水に溶けにくい塩には炭酸カルシウムや硫酸バリウムなどがあり，これらの塩ができると，白色沈殿を生じる。

▶*10*

(1)ビーカー…**E**　イオン…**Na⁺**

(2)**エ**　(3)**青色**

〔解説〕(1)A～Cの間は，中和によって減少する水素イオンの数と同じ数のナトリウムイオンが増加するので，イオンの総数は変化しない。Cの後は，中和が起こらないので，加えた分だけナトリウムイオンと水酸化物イオンが増加していく。また，Cのとき，ナトリウムイオンと塩化物イオンが同数あり，この後，水酸化ナトリウム水溶液を加えるにつれてナトリウムイオンと水酸化物イオンは同じ数ずつ増えていくので，ナトリウムイオンの数が最も多くなる。

(2)●⁺は水素イオン，△⁻は塩化物イオン，○⁺はナトリウムイオン，▲⁻は水酸化物イオンである。ビーカーDでは水素イオン●⁺はすべてなくなっていて水分子□が3個ができている。また，反応できなかった水酸化物イオン▲⁻1個（5cm³分）が残っている。さらに，中和によってできる塩化ナトリウムが電解質であるため，はじめにあった塩化物イオン△⁻は3個のまま残っていて，加えた水酸化ナトリウム水溶液20cm³の中のナトリウムイオン○⁺は4個ある。

(3)はじめの実験で，加える水酸化ナトリウム水溶液の体積をBの2倍のDにしたときと同じ結果になる。

▶*11*

(1)**右図**

(2)**22.4cm³**

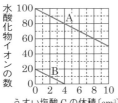

縦軸：水酸化物イオンの数（100, 80, 60, 40, 20）

横軸：うすい塩酸Cの体積〔cm³〕（0 2 4 6 8 10）

A, B

〔解説〕(1)水酸化ナトリウム水溶液A10cm³とうすい塩酸C20cm³が過不足なく中和しているので，条件よりはじめの水溶液A10cm³に含まれている水酸化物イオンの数は100で，うすい塩酸Cを20cm³加えたときに0になるのだから，うすい塩酸C10cm³を

加えたときに残っている水酸化物イオンの数は50である。次に，うすい塩酸C10cm³と過不足なく中和する水溶液Aは5cm³で，うすい塩酸C10cm³と過不足なく中和する水溶液Bは25cm³なので，水溶液Bの濃度は水溶液Aの濃度の5分の1である。よって，水溶液B10cm³に含まれる水酸化物イオンの数は，100÷5＝20である。これが，うすい塩酸Cを加えることによって中和して減少していく。このとき，水酸化物イオンの数の変化は加える水素イオンの数によって決まるので，はじめのイオンの数が20で，水溶液Aのグラフと平行なグラフとなる。

(2)水溶液A10cm³と過不足なく中和するうすい塩酸Cの体積は20cm³である。水溶液B6cm³と過不足なく中和するうすい塩酸Cの体積を x〔cm³〕とすると，

$$25 : 6 = 10 : x \quad x = 2.4 \,〔cm³〕$$

したがって，はじめに加えてしまったうすい塩酸Cの体積は，20＋2.4＝22.4〔cm³〕

▶*12*

(1)**5cm³**

(2)$\dfrac{3a}{4}$

(3)**右図**

(4)**2b－a**

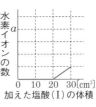

縦軸：水素イオンの数（a）

横軸：加えた塩酸（Ⅰ）の体積（0 10 20 30〔cm³〕）

〔解説〕(1)うすい水酸化ナトリウム水溶液10cm³と塩酸（Ⅰ）20cm³が過不足なく中和しているので，さらに加えた塩酸（Ⅰ）10cm³と過不足なく中和する水酸化ナトリウム水溶液の体積は5cm³である。

(2)a はうすい水酸化ナトリウム水溶液10cm³中に含まれていた水酸化物イオンとナトリウムイオンの数の合計数である。このとき，水酸化物イオンとナトリウムイオンの数は同数なので，どちらの数も $\dfrac{a}{2}$ である。よって，塩酸（Ⅰ）20cm³に含まれている塩化物イオンの数も $\dfrac{a}{2}$ な

ので，塩酸（Ⅰ）30cm³ に含まれている塩化物イオンの数は，

$$\frac{a}{2} \times \frac{30}{20} = \frac{3a}{4}$$

(3)塩酸（Ⅰ）20cm³ を加えるまでは，中和によって水素イオンは水になるためまったく増加しない。その後は，塩酸（Ⅰ）に含まれる水素イオンの分だけ増加する。塩酸（Ⅰ）10cm³ に含まれている水素イオンの数を求めると，

$$\frac{a}{2} \times \frac{10}{20} = \frac{a}{4}$$

これが，塩酸（Ⅰ）30cm³ を加えた水溶液に含まれる水素イオンの数である。

(4)塩酸（Ⅰ）の 2 倍の濃度なので，塩酸（Ⅱ）を 10cm³ と過不足なく中和すると考えられる。このとき存在するイオンの総数は a である。残りの塩酸（Ⅱ）10cm³ に含まれるイオンの総数は，塩酸（Ⅰ）10cm³ に含まれるイオンの総数の 2 倍なので，$2(b-a)$ と表すことができる。したがって，求める値は，

$$a + 2(b-a) = 2b - a$$

これは，$2a$ に等しいが，a と b を必ず用いて表せとあるので，$2a$ は正解とはならない。

▶**13**

(1)A…水素　B…電離　C…アルカリ
D…塩　E…中和　F…塩化水素
(2)ア
(3)$Ba(OH)_2 + H_2SO_4$
$\longrightarrow BaSO_4 + 2H_2O$
(4)右図　①〔個〕

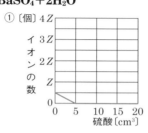

(5)右図

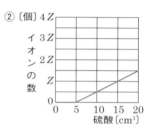

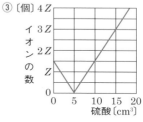

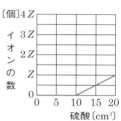

解説　(1)A：酸性の水溶液とマグネシウムが反応すると水素が発生する。

B：酸が水に溶けると電離して水素イオンが生じる。

C：アルカリが水に溶けると電離して水酸化物イオンが生じる。

D，E：酸とアルカリが反応して互いの性質を打ち消し合うことを中和といい，このとき，水と塩（酸の陰イオンとアルカリの陽イオンが結びついてできたもの）ができる。

F：塩酸の溶質は塩化水素である。

(2)酸性の水溶液に BTB 溶液を加えると黄色になる。また，アルカリ性の水溶液は赤色のリトマス紙を青色に変える。

(3)うすい水酸化バリウムと希硫酸の中和では，水と硫酸バリウムという水に溶けない白色の固体である塩ができるため，白色沈殿が生じる。

(4)①水酸化バリウム $Ba(OH)_2$ が水に溶けると Ba^{2+} と $2OH^-$ に電離するので，水酸化バリウム水溶液の中のバリウムイオンと水酸化物イオンの数の比は $1:2$ である。また，希硫酸 X $10cm^3$ に硫酸イオンが Z 個含まれるので，希硫酸 X $5cm^3$ に含まれる硫酸イオンの数は $\frac{1}{2}Z$ 個，水素イオンの数は Z 個である。うすい水酸化バリウム水溶液 $10cm^3$ と希硫酸 X $5cm^3$ が過不足なく中和しているので，うすい水酸化バリウム水溶液 $10cm^3$ に含まれる水酸化物イオンは Z 個，バリウムイオンは $\frac{1}{2}Z$ 個である。したがって，①のバリウムイオンのはじめの数は $\frac{1}{2}Z$ 個で，硫酸を $5cm^3$ 加えたときにすべて硫酸イオンと結びついて硫酸バリウムという水に溶けない（イオンとして存在できない）塩となるため，0 個となる。

②硫酸イオンは，希硫酸 X を $5cm^3$ 加えるまではバリウムイオンと結びついて硫酸バリウムとなるため 0 のまま増加しないが，その後は，希硫酸 X $10cm^3$ を加えるたびに Z 個ずつ増加する。

③はじめはうすい水酸化バリウム水溶液 $10cm^3$ 中に水酸化物イオン Z 個とバリウムイオン $\frac{1}{2}Z$ 個が含まれていたので，イオンの総数は $\frac{3}{2}Z$ 個であったが，希硫酸 X を $5cm^3$ 加えて過不足なく中和したときにイオンはすべてなくなる。その後，希硫酸 X $10cm^3$ を加えるたびに硫酸イオンが Z 個ずつ，水素イオンが $2Z$ 個ずつ増加するので，イオンの総数は $3Z$ 個ずつ増加する。

(5)硫酸分子 Z 個が電離すると硫酸イオン Z 個と水素イオン $2Z$ 個ができる。また，塩化水素分子 Z 個が電離すると塩化物イオン Z 個と水素イオン Z 個ができる。よって，希硫酸 X $10cm^3$ に含まれる水素分子の数は $2Z$ 個，塩酸 Y $10cm^3$ に含まれる水素分子の数は Z 個である。したがって，塩酸 Y $10cm^3$ を加えたときに過不足なく中和するので，ここまで水素イオンは増加しない。また，このあとは，$10cm^3$ 加えるごとに Z 個ずつ水素イオンが増加する。

▶ *14*

(1)化学反応式… $2HCl \longrightarrow H_2 + Cl_2$
生成した物質の化学式… H_2O

(2)化学反応式…
$$HCl + NaOH \longrightarrow NaCl + H_2O$$
ビーカーの記号… **b**

(3) **c**　(4) **0.25 倍**　(5) **ア**

（**解説**）(1)塩酸を電気分解すると，陰極から水素が発生し，陽極から塩素が発生する。陰極から発生した水素に酸素を加えて点火すると，水素と酸素が反応して水ができる。

(2)うすい塩酸とうすい水酸化ナトリウム水溶液が中和すると，水と塩化ナトリウムという塩ができる。A $100cm^3$ と過不足なく反応する B の体積を $x[cm^3]$ とすると，
$$100:x = 2:1 \quad x = 50[cm^3]$$

(3)このときできる塩である塩化ナトリウムは電解質なので，水を蒸発させなければ塩化物イオンはそのまま溶液中に存在している。よって，全体の体積が 2 倍になれば，同体積中の塩化物イオンの個数が 0.5 倍になるので，(2)のビーカーに入っていた A と同体積の $100cm^3$ の B を加えればよい。

(4)加えた B $100cm^3$ の中の半分の水酸化物イオンが中和してなくなっているので，水酸化物イオンの数が 0.5 倍になり，溶液全体の体積は 2 倍（$200cm^3$）になっている。したがって，同体積あたりに含まれる水酸化物イオンの数は，
$$0.5 \div 2 = 0.25[倍]$$
になっている。

(5) a では塩化水素と塩化ナトリウムが溶けていて，b では塩化ナトリウムだけが溶けていて，c では，塩化ナトリウムと水酸化ナトリウムが溶けているが，どれに電圧を加えても陰極からは水素が発生する。

▶**15**

(1) $BaSO_4$ (2) $20cm^3$

(3) 無色から赤色に変わった。

(4) ① $r=2p+q$ ② $r=2p+q-2s$

(5) 右図

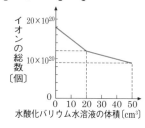

イオンの総数〔個〕 / 水酸化バリウム水溶液の体積〔cm³〕

解説 (1) 硫酸イオンとバリウムイオンが結びついてできた硫酸バリウムである。

(2) 硫酸バリウム 0.02g できるとき水酸化バリウム水溶液 $5cm^3$ が反応しているので，硫酸バリウム 0.08g ができるときに必要な水酸化バリウム水溶液の体積を x〔cm^3〕とすると，

$$0.02 : 0.08 = 5 : x \quad x = 20 〔cm^3〕$$

(3) フェノールフタレイン溶液を加えているので，水溶液がアルカリ性になると赤色になる。

(4) ① 硫酸分子 1 個が電離すると，2 個の水素イオンと 1 個の硫酸イオンができるので，硫酸分子が電離して生じた硫酸イオンの数を p 個とすると，硫酸分子が電離して生じた水素イオンの数は $2p$ 個となる。次に，塩化水素分子 1 個が電離すると，1 個の水素イオンと 1 個の塩化物イオンができるので，塩化水素分子が電離して生じた塩化物イオンの数を q 個とすると，塩化水素分子が電離して生じた水素イオンの数も q 個となる。したがって，混合物 A に含まれる水素イオンの個数 r は，$(2p+q)$〔個〕である。

② 水酸化バリウム分子 1 個が電離すると，2 個の水酸化物イオンと 1 個のバリウムイオンができるので，水酸化バリウムが電離して生じたバリウムイオンの数を s 個とすると，水酸化バリウムが電離して生じた水酸化物イオンの数は $2s$ 個となる。混合水溶液の中の水素イオン $2s$ 個は水酸化物イオン $2s$ 個と結びついて水分子 $2s$ 個になるので，水素イオンの数は①で求めた $(2p+q)$〔個〕より $2s$ 個だけ減少している。

(5) 水酸化バリウム水溶液 $10cm^3$ 中には，バリウムイオン 10^{20} 個と水酸化物イオン $2×10^{20}$ 個が含まれている。水酸化バリウム水溶液 $20cm^3$ と反応した硫酸には，バリウムイオンと反応した硫酸イオンが $2×10^{20}$ 個含まれているので，硫酸に由来する水素イオンは $2×10^{20}×2=4×10^{20}$〔個〕含まれている。水酸化バリウムを $50cm^3$ 加えたとき中性になったので，はじめの混合水溶液 A に含まれていた水素イオンの数は $2×10^{20}×\dfrac{50}{10}=10×10^{20}$〔個〕。よって，塩酸由来の水素イオンは $10×10^{20}-4×10^{20}=6×10^{20}$〔個〕で，水溶液中の塩化物イオンの数も $6×10^{20}$ 個。よって，はじめの混合水溶液 A に含まれていたイオンの総数は，$(2+10+6)×10^{20}=18×10^{20}$〔個〕である。この状態から水酸化バリウム水溶液 $20cm^3$ を加えると，バリウムイオンが $2×10^{20}$ 個と水酸化物イオンが $4×10^{20}$ 個加えられたことになる。加えられた水酸化物イオン $4×10^{20}$ 個は混合水溶液内にあった水素イオン $4×10^{20}$ 個と結びついて水になり，バリウムイオン $2×10^{20}$ 個は混合水溶液内にあった硫酸イオン $2×10^{20}$ 個と結びついて硫酸バリウムの沈殿となるため，総数は $(4+2)×10^{20}=6×10^{20}$〔個〕だけ減少する。さらに水酸化バリウム水溶液 $30cm^3$ を加えると，バリウムイオンが $3×10^{20}$ 個と水酸化物イオンが $6×10^{20}$ 個加えられたことになる。加えられた水酸化物イオン $6×10^{20}$ 個は混合水溶液内にあった水素イオン $6×10^{20}$ 個と結びついて水になるが，このときできる塩である塩化バリウムは電解質であり，加えられたバリウムイオンはイオンのまま存在するため，加えられたバリウムイオン $3×10^{20}$ 個分だけイオンの数が増加する。減少する水素イオン $6×10^{20}$ 個と差し引くと，イオンの総数はさらに $30cm^3$ の水酸化バリウム水溶液を加えることによって $3×10^{20}$ 個だけ減少する。

▶ *16*

(1) A…$Al_2(SO_4)_3$　B…$CuSO_4$
C…Na_2CO_3　D…$Ca(HCO_3)_2$
E…$BaCl_2$　F…$Ca(OH)_2$
G…$(NH_4)_2SO_4$

(2) $Ba^{2+}+SO_4^{2-} \longrightarrow BaSO_4$

(3) 気体…CO_2　沈殿…$CaCO_3$

(4) $CaCO_3+2HCl \longrightarrow$
$\qquad CaCl_2+H_2O+CO_2$

(5) $Ca(HCO_3)_2 \longrightarrow CaCO_3+H_2O+CO_2$

(6) $NH_3+HCl \longrightarrow NH_4Cl$

解説　(1)Bは青色の水溶液なので銅イオンを含む硫酸銅の水溶液である。EはBの硫酸銅と反応して硫酸バリウムの白色の沈殿を生じる塩化バリウムである。また，実験①の段階で，AとGの水溶液も硫酸イオンを含む水溶液であることがわかるので，硫酸アルミニウムと硫酸アンモニウムのいずれかである。B，E以外は，(2)〜(6)を解きながら求めていこう。各物質の化学式を覚えていないときは，物質名からその物質をつくったときに結びついたイオンを推定し，問題文の中の表の化学式を参考にして，電気的に中性になるように，各イオンが結びつく数の比を考えて化学式を求めるとよい。このとき，陽イオンをつくっていた原子や原子団が化学式の先に書かれ，陰イオンをつくっていた原子や原子団がそのあとに書かれることが多い。

(2)実験①でできた白色沈殿である硫酸バリウム（$BaSO_4$）は，塩化バリウムが電離してできたバリウムイオン（Ba^{2+}）と硫酸銅や硫酸アルミニウム，硫酸アンモニウムが電離してできた硫酸イオン（SO_4^{2-}）が結びついてできたものである。

(3)問題中の7つの化合物の水溶液に気体を通して白色の沈殿が生じるのは，水酸化カルシウムの水溶液（石灰水）に二酸化炭素を通して水に溶けない白色の固体である炭酸カルシウムができるときである。よって，実験②で発生した気体は二酸化炭素（CO_2）で，生じた沈殿は炭酸カ

ルシウム（$CaCO_3$）であり，Fは水酸化カルシウムであることがわかる。また，CとDは塩酸を加えると二酸化炭素が発生する炭酸ナトリウムか炭酸水素カルシウムのいずれかの水溶液であることもわかる。

(4)炭酸ナトリウムや炭酸水素カルシウムの水溶液に水酸化カルシウムを加えると，水に溶けない白い固体である炭酸カルシウムができるので，白色沈殿（炭酸カルシウム）が生じる。炭酸カルシウムに塩酸を加えると，塩化カルシウムと水と二酸化炭素に変化する。塩化カルシウムは電解質なので，炭酸カルシウムの沈殿が溶ける。

(5)炭酸ナトリウムの水溶液と炭酸水素カルシウムの水溶液で，加熱すると気体を発生しながら白色の沈殿が生じるのは炭酸水素カルシウムである。よって，Dが炭酸水素カルシウムなのでCは炭酸ナトリウムである。炭酸水素カルシウムの水溶液を加熱すると，炭酸水素カルシウムが水と二酸化炭素と炭酸カルシウムに分解される。炭酸カルシウムは水に溶けない白色の固体なので白色沈殿が生じる。

(6)硫酸アルミニウムと硫酸アンモニウムの水溶液で，水酸化カルシウムの水溶液を加えたときに刺激臭のある気体が発生するのは硫酸アンモニウムで，このとき発生する気体はアンモニアである。よって，Gは硫酸アンモニウムの水溶液，Aは硫酸アルミニウムの水溶液である。実験⑤で発生したアンモニアに濃塩酸を反応させると塩化アンモニウムが発生し，白煙に見える。

2 電気分解・電池とイオン

▶**17**

(1)ア　(2)**H⁺**

解説　塩酸は酸性である。酸性を示すイオンは水素イオン(H^+)である。水素イオンは陽イオンなので陰極に引かれて移動し，陰極側にあるＡの青色リトマス紙を赤色に変える。

▶**18**

(1)ア，ウ

(2)**外部から逆向きの電流を流し，電池のもつ電圧をもとにもどすこと。**

解説　使うと電圧が低下し，もとにもどらない電池を一次電池といい，マンガン電池やアルカリ電池などは一次電池である。これに対して，外部から逆向きの電流を流すと電圧が回復し，くり返し使うことができる電池を二次電池といい，鉛蓄電池や携帯電話・ノートパソコンなどに使われている電池は二次電池である。また，外部から放電とは逆向きの電流を流して電圧を回復させる操作を充電という。

▶**19**

(1)ア

(2)イ

(3)イ

解説　(1)炭素棒Ａは電源装置の－端子につながれているので陰極である。よって，陽イオンである銅イオン(Cu^{2+})が引き寄せられ，電極Ａから電子を受け取って，銅原子となる。炭素棒Ｂは陽極なので，陰イオンである塩化物イオン(Cl^-)が引き寄せられ，電極Ｂに電子を放出して塩素原子となり，これが2個結びついて塩素分子となって，気体として出ていく。
(2)塩化銅水溶液の青色は，銅イオンの色である。したがって，銅イオンが減少するにつれて，塩化銅水溶液の青色がうすくなっていく。

(3)電解質の水溶液には電流が流れるが，固体の食塩や塩化銅のように電解質自体には電流は流れない。また，砂糖とエタノールは非電解質である。精製水は純粋な水であり，イオンが存在しないため，電流が流れない。

▶**20**

(1)電池(化学電池)

(2)エ

解説　(1)物質の化学変化を用いて電気エネルギーを取り出す装置を電池(化学電池)という。
(2)亜鉛と銅では，亜鉛のほうがイオンになりやすい。亜鉛が陽イオンになって溶け出すときに亜鉛板に電子を残してくる。この電子が導線中を銅板へ向かって移動することにより電流が流れる。このように，電解質の水溶液に異なる種類の金属を入れると電池となる。このとき，金属が溶けるときには陽イオンになるので，水溶液に溶け出した金属のほうが－極となる。

> **電池(化学電池)** 最重要
> ①電池になる条件
> ・電解質の水溶液を使わなければならない。
> ・異なる種類の金属を使わなければならない。1種類の金属と炭素棒との組み合わせでも，電池になることがある。
> ②＋極と－極…イオンになりやすいほうの金属が水溶液に溶け出して，その金属板が－極となり，イオンになりにくいほうの金属板が＋極となる。電子は－極となった金属板から，導線を通って，＋極となった金属板へ移動する。炭素棒を使う電池の場合，金属が水溶液に溶け出して陽イオンになるので，金属が－極になる。
> 例：銅と亜鉛では，亜鉛のほうがイオンになりやすいため，亜鉛板が－極となり，銅板が＋極となる。

トップコーチ

●イオン化傾向

陽イオンになりやすいかどうかを表したものをイオン化傾向といい，イオン化傾向が大きいものほど陽イオンになりやすい（金属と水素は陽イオンになる）。

①主な金属と水素のイオン化傾向…イオン化傾向の大きいものから順に並べると，次のようになる（化学式）。

$$K > Ca > Na > Mg > Al > Zn > Fe > Ni$$
$$> Sn > Pb > H > Cu > Hg > Ag > Pt > Au$$

②主な金属と水素のイオン化傾向の覚え方…次のような語呂合わせで覚えるとよい。

「貸そうかな，まああてにするな，ひどすぎる借金」

「貸そう（カリウム：K）か（カルシウム：Ca）な（ナトリウム：Na），ま（マグネシウム：Mg）あ（アルミニウム：Al）あ（亜鉛：Zn）て（鉄：Fe）に（ニッケル：Ni）する（スズ：Sn）な（鉛：Pb），ひ（水素：H）ど（銅：Cu）す（水銀：Hg）ぎる（銀：Ag）借（白金：Pt）金（金：Au）

▶**21**

(1)青色　(2)ウ　(3)エ

解説　(1)銅イオンを含むので青色に見える。

(2)陰イオンである塩化物イオン（Cl^-）が引き寄せられ，陽極へ電子を放出して塩素原子となり，これが2個結びついて塩素分子となって，気体として発生する。

(3)陽イオンである銅イオン（Cu^{2+}）が引き寄せられ，陰極から電子を受け取って銅原子となり，陰極に付着する。

▶**22**

(1)陽極

(2)電気を流しやすくするため。

(3)$2H_2 + O_2 \longrightarrow 2H_2O$

(4)ウ

解説　(1)水の電気分解を化学反応式で示すと，$2H_2O \longrightarrow 2H_2 + O_2$ となる。同温同圧のもとでの気体の体積は，気体の種類に関係なく分子数に比例する。よって，水を電気分解すると，水素と酸素が2：1の割合で発生する。また，水素のもとになるのは陽イオン，酸素のもとになるのは陰イオンなので，水素は陰極側，酸素は陽極側に生じる。A極は，生じた気体が少ないほうなので，酸素が発生した陽極側である。

(2)純粋な水は電気が流れにくいので，水酸化ナトリウムなどの電解質を少し溶かして，電気を流しやすくしなければならない。

(3)水を分解してできた酸素と水素が再び反応するときに生じるエネルギーが，電気エネルギーに変換されてモーターに電流が流れるため，プロペラが回転する。このようなしくみを燃料電池という。

(4)電解質の水溶液（電気を通す水溶液）に異なる種類の金属板を入れて導線（銅線）でつなぐと，導線に電流を流そうとする電圧が生じる。このような装置を化学電池（電池）といい，燃料電池は化学電池の一種である。希塩酸や食塩水は電解質の水溶液である（電気を通す）が，エタノールは非電解質で砂糖水は非電解質の水溶液である（電気を通さない）。

▶**23**

(1)ダニエル電池　(2)銅板　(3)⑦

(4)亜鉛板…表面から溶けて細くなっていく。
　　銅板…表面に銅が付着する。

(5)イ　(6)エ　(7)Zn^{2+}　(8)SO_4^{2-}

(9)安定した電圧を長時間得ることができる。

解説　(1)ダニエル電池はイギリスの化学者ダニエルが発明した電池で，当初はセロハンのかわりに素焼きの筒を使っていた。

(2)LED（発光ダイオード）の＋端子からは電流が流れ込むが，－端子からは電流が流れ込むことはできない。よって，＋端子につないでいる銅板が＋極である。

(3)電流は＋極から出て－極へ流れ込むが，電子は－極から＋極へ移動する。

(4)〜(6)亜鉛板では，亜鉛が亜鉛板に電子2個を残して2価の陽イオンとなって溶けていく。このとき亜鉛板に残した電子は，導線を通って銅板へ移動していく（図1の⑦の向き）。銅板では，水溶液中の2価の陽イオンである銅イオンが，銅板から電子2個を受け取り，銅となって付着する。(5)と(6)の反応を1つにまとめると，

$$Zn + Cu^{2+} \longrightarrow Zn^{2+} + Cu$$

となるため，ふつうは硫酸亜鉛水溶液に亜鉛板を入れても溶けないが，このような装置をつくると硫酸亜鉛水溶液に亜鉛板が溶けていくのである。

(7)(8)反応が進むと－極側では陽イオン(Zn^{2+})が増え続け，＋極側では陽イオン(Cu^{2+})が減り続けて陰イオン(SO_4^{2-})ばかりになる。このような電気的なかたよりを防ぐため，－極側のZn^{2+}が＋極側へ移動し，＋極側のSO_4^{2-}が－極側へ移動する。

(9)塩酸に亜鉛板と銅板を入れた電池は，電圧がすぐに低下してしまい，安定しない。ダニエル電池はこの欠点を改良し，長時間安定した電圧（1.1V）を保つことができる。

▶*24*

(1) Cu^{2+}，Cl^-

(2)青色

(3)銅イオン

(4)陰極

(5)気体の塩素が発生した。

(6)ウ

(7) $m = 0.02It$

(8) 0.6g

(9) 0.0g

解説 (1)塩化銅$CuCl_2$が水に溶けると電離し，銅イオンCu^{2+}と塩化物イオンCl^-に分かれる。

(2)(3)塩化銅水溶液は青色をしているが，これは銅イオンCu^{2+}の色である。

(4)付着した金属は銅Cuであり，銅イオンCu^{2+}が電極で電子を受け取ってできる。銅イオンは陽イオンなので，陰極で電子を受け取る。

(5)陽極では，塩化物イオンCl^-が電子を失って中性の塩素原子になり，さらに2個集まって分子をつくり気体の塩素が発生する。

(6)どの電流のときでも，電流を流した時間と，金属の質量のグラフは，0を通る直線になっている。よって，金属の質量と電流を流す時間は，比例するといえる。また，実験を始めて50分の時点で，電流の大きさと金属の質量とを比較すると，次のようになっている。

電流の大きさ	金属の質量
0.1A	0.1g
0.2A	0.2g
0.3A	0.3g
0.4A	0.4g

よって，金属の質量と電流の大きさは，比例するといえる。

(7)(6)より，m，I，tは次の関係で表せる。

$$m = kIt \cdots\cdots ① （ただし k は比例定数）$$

よって，これを変形した$k = \dfrac{m}{It}$に，グラフの読みやすい点の値を代入すればよい。たとえば，$I = 0.4〔A〕$，$t = 50〔分〕$のとき$m = 0.4〔g〕$なので，$k = \dfrac{0.4}{0.4 \times 50} = 0.02$。これを①式に代入する。

(8)(7)で求めた式に代入すると，

$$m = 0.02It = 0.02 \times 0.5 \times 60 = 0.6〔g〕$$

(9)砂糖は非電解質であり，砂糖水にイオンは含まれていない。そのため，電圧をかけても電流は流れず，砂糖が析出することもない。

▶*25*

(1)電解質

(2)陽極…$2Cl^- \longrightarrow Cl_2 + 2e^-$

陰極…$Cu^{2+} + 2e^- \longrightarrow Cu$

(3)**0.12mm**　(4)**25%**

解説 (1)電解質は水に溶けるとイオンに分かれるので，電解質が溶けた水溶液は電気を通す。

(2)塩化銅 $CuCl_2$ は，次のように電離している。

$$CuCl_2 \longrightarrow Cu^{2+} + 2Cl^-$$

このうち，Cl^- は陽極で電子を1個失って中性の塩素原子 Cl となり，さらに塩素原子が2個集まって塩素分子 Cl_2 をつくる。また，Cu^{2+} は陰極で電子を2個受け取り銅原子 Cu となる。

(3)問題文中の単位が統一されていないので注意して計算すると，析出した銅の体積は，

$$体積〔cm^3〕= \frac{質量〔g〕}{密度〔g/cm^3〕} = \frac{0.108}{9.0} = 0.012$$

板の面積が $1cm^2$ なので，板の厚さは平均で $0.012cm = 0.12mm$ 増加したとわかる。

(4)陰極が水溶液中にあたえる電子の数と，陽極が水溶液から受け取る電子の数は同じ。そのため，1個の銅イオンが銅原子に変化するとき，2個の塩化物イオンが塩素原子に変化するので，銅原子 $1mg$ が生じるとき，塩素原子は $0.6 \times 2 = 1.2mg$ 生じることになる。ここで，生じる塩素原子の質量を x〔mg〕とおくと，

$$108 : x = 1 : 1.2 \qquad x = 129.6〔mg〕$$

よって，捕捉された割合 $= \dfrac{32.4}{129.6} \times 100 = 25〔\%〕$

▶*26*

(1)**ア**　(2)**イ**　(3)**エ**　(4)**ア**　(5)**オ**

解説 (1)〜(3)水酸化ナトリウムはアルカリなので，電離すると水酸化物イオン（OH^-）を生じる。水酸化物イオンは陰イオンなので陽極側に移動し，Aのフェノールフタレイン溶液をつけたろ紙を赤色にする。

(4)Cの緑色の BTB 溶液をつけたろ紙が青色になる。

(5)アルカリの水溶液であれば同じ結果となる。

▶*27*

(1)$NaCl \longrightarrow Na^+ + Cl^-$

(2)$2Cl^- \longrightarrow Cl_2 + 2e^-$

(3)A…塩素　B…10

(4)**ウ**

(5)Y…OH^-　Z…Na^+

(6)水酸化ナトリウム

解説 (1)塩化ナトリウムが水に溶けると，ナトリウムイオンと塩化物イオンに電離する。

(2)(3)塩化ナトリウムを電気分解すると，陽極では塩化物イオンが電子を放出して塩素原子となり，これが2個結びついて塩素分子となって，気体として発生する。また，ナトリウムイオンは水素イオンよりイオンになりやすい（イオン化傾向が大きい）ため，陰極ではナトリウムは生じず，水が電子を受け取って水素原子と水酸化物イオンとなり，水素原子が2個結びついて水素分子となって，気体として発生する。次に，陽極で塩素分子1個ができるときに電子2個を放出し，陰極で水素分子1個ができるときに電子2個を受け取っているので，陽極で塩素分子1個ができるとき，陰極で水素分子1個ができる。したがって，陰極で水素が $10cm^3$ 発生したとき，陽極で塩素が $10cm^3$ 発生する。

(4)塩素は水に溶けやすいので，集められた塩素の体積は発生した塩素の体積よりかなり小さい。

(5)物質Yは膜を通れないイオンなので陰イオンである。陰極では，水が電子を受け取って水素と水酸化物イオンになるので，物質Yは陰イオンである水酸化物イオンである。物質Zは，塩化ナトリウムが電離してできた陽イオンが陰極に引き寄せられたものなので，ナトリウムイオンである。

(6)陰極付近には水酸化物イオンとナトリウムイオンが多数あるので，水を蒸発させるとこれらが結びついた水酸化ナトリウムが得られる（水酸化ナトリウムは電解質であるため，水溶液中では水酸化物イオンとナトリウムイオンに電離している）。

▶**28**

(1)ウ (2)オ (3)カ (4)イ (5)キ

解説 (1)①銅と亜鉛では，亜鉛のほうがイオン化傾向(解答と解説 p.11 参照)が大きい(陽イオンになりやすい)ので，亜鉛が亜鉛板に電子を残して亜鉛イオン(陽イオン)となって溶けていき，亜鉛板に残された電子が銅板へ移動する。電子は−極から＋極へ移動するので，亜鉛板が−極，銅板が＋極となっている。⇨正

②硫酸が電離してできた水素イオンが，亜鉛板から銅板へ移動してきた電子を銅板から受けとり，水素原子となる。これが２つ結びついて水素分子となるので，銅板の表面から水素が発生する。⇨誤

③亜鉛原子は，2 個の電子を放出して，2 価の陽イオンである亜鉛イオンとなる。⇨正

$$Zn \longrightarrow Zn^{2+} + 2e^- \quad (e^-\cdots 電子)$$

④亜鉛板と銅板の表面積を広くすると，亜鉛が亜鉛イオンになる数がふえるので，放出する電子の数もふえ，流れる電流が大きくなる。⇨正

(2)電池(化学電池)をつくるとき，電極は異なる金属どうしか金属と炭素棒(備長炭でもよい)の組み合わせでなければならない。また，水溶液は，電解質の水溶液でなければならない。

①砂糖は電解質ではない。⇨×

②条件を満たしている。⇨○

③電極が同じ種類の金属どうしである。⇨×

④レモン果汁は電解質の水溶液なので，条件を満たしている(酸性の水溶液とアルカリ性の水溶液は，すべて電解質の水溶液である)。⇨○

(3)①電子の移動する向きは，−極から＋極の向きである。⇨誤

②電池は，化学エネルギーを電気エネルギーに変換する装置である。電気エネルギーを運動エネルギーに変換するのは，モーターなどである。⇨誤

③リチウムイオン電池などのように，充電してくり返し使うことができる電池を二次電池という。⇨正

④水素と酸素が反応するときに生じるエネルギーを電気エネルギーとしてとり出す装置を燃料電池という。⇨正

(4)文章中に，鉄よりも亜鉛のほうが電子を放出して陽イオンになりやすいとあるので，電子が残される亜鉛板が−極，亜鉛板から電子が移動してくる鉄板が＋極となる。

(5)イオン化傾向が大きいほうの金属が−極となる。(4)より，鉄より亜鉛のほうがイオン化傾向が大きい(Zn ＞ Fe)。

電池 1：マグネシウムがイオンとなって溶け出しているので，マグネシウム板が−極となっている。よって，亜鉛よりマグネシウムのほうが，イオン化傾向が大きい(Mg ＞ Zn)。

電池 2：発光ダイオードの＋極側に銅板を，−極側にマグネシウム板をつなぐと発光ダイオードが点灯したことから，銅板が＋極，マグネシウム板が−極となっている。よって，銅よりマグネシウムのほうが，イオン化傾向が大きい(Mg ＞ Cu)。

電池 3：銅板から検流計の−端子側に電流が流れ込んだということは，銅板→検流計→鉄板の順に電流が流れたことを示すので，銅板が＋極，鉄板が−極となっている。よって，銅より鉄のほうが，イオン化傾向が大きい(Fe ＞ Cu)。

以上より，これらの金属のイオン化傾向の大きさは，Mg ＞ Zn ＞ Fe ＞ Cu となる。

解答と解説 p.11 に示された金属のイオン化傾向を覚えておくとよい。

1編 実力テスト

1

(1)①原子核　②電子　③電離
④電解質　⑤銅　⑥塩素

(2) $CuCl_2 \longrightarrow Cu+Cl_2$

解説 (1)①②原子が＋の電気を帯びた原子核とそのまわりを回っている－の電気を帯びた電子からできている。原子核は，＋の電気を帯びた陽子と電気をもたない中性子からできている。
③④物質が水に溶けるときにイオンに分かれることを電離といい，水に溶けたときに電離する物質を電解質という。これに対して，砂糖などのように，水に溶けてもイオンに分かれない物質を非電解質という。
⑤⑥塩化銅($CuCl_2$)が水に溶けると銅イオン(Cu^{2+})と塩化物イオン(Cl^-)に電離する。塩化銅水溶液に電圧を加えると陽イオンである銅イオンは陰極に引かれて，陰極から電子を受け取って銅原子となり，陰極に付着する。陰イオンである塩化物イオンは陽極に引かれて，陽極に電子を放出して塩素原子となり，これが2個結びついて塩素分子となって気体として発生する。

2

(1) I …イ　II …オ　III …エ
(2)銅イオンが減少していくから。
(3) Zn^{2+}
(4)亜鉛板… $Zn \longrightarrow Zn^{2+}+2e^-$
銅板… $2H^++2e^- \longrightarrow H_2$
(5) a　(6)ア

解説 (1)(2) I ：水素を発生させながら，亜鉛板が硫酸に溶けていく。
II ：銅板はふつうの硫酸には溶けない（高温で高濃度の硫酸であれば銅は溶けるが，発生する気体は水素や酸素ではない）。
III ：銅より亜鉛のほうがイオンになりやすいの

で亜鉛は塩化銅水溶液中の銅イオンに電子を渡して亜鉛イオンとなって水溶液中に溶け出していく。電子を受け取った銅イオンは銅原子となり亜鉛板に付着していく。塩化銅水溶液の青色は銅イオンの色なので，銅イオンが減少していくことによって青色がうすくなっていく。
(3)(4)亜鉛板：亜鉛が電子を失い，亜鉛イオン(Zn^{2+})となって，溶け出していく。
銅板：硫酸の中の水素イオン(H^+)が銅板から電子を受け取って水素原子となり，これが2個結びついて水素分子となって，気体として発生する。
(5)亜鉛がイオンになるときに亜鉛板に残してきた電子がbの向きに移動して銅板に達する。電流の向きは電子が移動する向きと逆なのでaの向きである。
(6)マグネシウムは亜鉛よりイオンになりやすい（イオン化傾向が大きい）ので，同じ時間あたりに移動する電子の量も多くなる。

3

(1) **10cm³**
(2) **20cm³**

解説 (1)2倍の濃度の塩酸10cm³に含まれる塩化水素の量は，もとの濃度の塩酸20cm³に含まれる塩化水素の量に等しい。したがって，これを中和させるのに必要な水酸化ナトリウム水溶液の体積を x〔cm³〕とすると，

$$40:20=20:x \quad x=10〔cm³〕$$

(2)実験1，2で使った塩酸30cm³は，マグネシウム0.3gと過不足なく反応する。(2)の塩酸30cm³は，マグネシウム1.2gと過不足なく反応する。よって，この塩酸10cm³は，マグネシウム0.4gと過不足なく反応する。これは，実験1，2で使った塩酸40cm³に相当する。したがって，実験1と同様に，この塩酸を中性にするためには，実験1で使用した水酸化ナトリウム水溶液を20cm³加えればよい。

4

(1) a…水酸化カルシウム　b…塩化水素
(2) 水道水の中に塩化物イオンが含まれていること。
(3) 二酸化マンガン　(4) ア，エ
(5) 実験名…炎色反応　結果…d では黄色の炎，e では赤紫色の炎が見られる。
(6) ① $HCl+NaOH \longrightarrow NaCl+H_2O$
② $Na^+>OH^->Cl^-$
③ 色…青色　中和…b が 20mL 必要。

解説　(2) 硝酸銀水溶液を塩化物イオンを含む水溶液に入れると，水に溶けにくい固体である塩化銀（$AgCl$）の白色沈殿が生じる。

(3) 過酸化水素水に二酸化マンガンを入れると，過酸化水素が水と酸素に分解されるため，酸素が発生する。

(4) ア：b の塩酸は酸性で，d の塩化ナトリウム水溶液は中性なので，フェノールフタレイン溶液を入れてもどちらも反応しない。⇨×
イ：b は黄色になり，d は緑色になる。⇨○
ウ：b は何も残らないが，d は白色の固体（塩化ナトリウム）が残る。⇨○
エ：どちらも塩素を含んでいるので，どちらも白色沈殿が生じるため区別できない。⇨×
オ：b では水素が発生するが，d では反応しない。⇨○

(5) 各水溶液に浸したろ紙を蒸発皿に取り，燃料用アルコール（アルコールランプの燃料など）を使って火をつけると，水溶液の中に含まれている金属によって，異なる色の炎が見られる。これを炎色反応という。ナトリウムを含んでいる場合は黄色の炎，カリウムを含んでいる場合は赤紫色の炎が見られる。

(6) ① 塩酸と水酸化ナトリウム水溶液の中和では，塩化ナトリウムという塩と水ができる。
② f10mL をすべて中和するには b15mL が必要である。よって，f10mL の中の水酸化物イオンの数とナトリウムイオンの数をそれぞれ 3

とすると，b5mL の中の水素イオンと塩化物イオンの数はそれぞれ 1 となる。このことから，f10mL と b5mL を混ぜると塩化ナトリウムは電解質なので塩化物イオンの数は 1，ナトリウムイオンの数は 3 のままであるが，水素イオン 1 と水酸化物イオン 1 が結びついて水になるため，水素イオンの数は 0，水酸化物イオンの数は 2（3−1＝2）である。
③ グラフより，f10mL を中和させるのに必要な b の体積は 15mL なので，f20mL を中和させるのに必要な b の体積は 30mL である。よって，b10mL では b が足りないので反応できなかった f（水酸化ナトリウム水溶液）があまるため，アルカリ性となる。BTB 溶液はアルカリ性で青色になる（酸性で黄色，中性で緑色）。また，f20mL を中和させるのに必要な b の体積は 30mL なので，さらに加えなければならない b の体積は，

$$30-10=20 \text{〔mL〕}$$

トップコーチ

●炎色反応

いろいろな金属を含む塩の水溶液にろ紙を浸して蒸発皿に入れ，燃料用アルコール（アルコールランプの燃料など）を使って火をつけると，含まれている金属特有の炎の色を示す。これを炎色反応という。下の表は，各金属が炎色反応で示す色をまとめたものである。

金　属　名		炎色
リ　チ　ウ　ム	(Li)	赤　色
バ　リ　ウ　ム	(Ba)	緑　色
ナ　ト　リ　ウ　ム	(Na)	黄　色
ストロンチウム	(Sr)	深紅色
カ　リ　ウ　ム	(K)	赤紫色
カ　ル　シ　ウ　ム	(Ca)	赤橙色
銅	(Cu)	青緑色
ル　ビ　ジ　ウ　ム	(Rb)	深紅色
ガ　リ　ウ　ム	(Ga)	青　色

5

(1)エ
(2)ア
(3)ア
(4)イ

解説 (1)完全に中和する前なので，まだ水酸化物イオン（OH⁻）が残っているが，加えた塩酸の中の水素イオン（H⁺）はすべて水酸化物イオンと結びついて水となるため存在していない。また，この中和によってできる塩である塩化ナトリウムは電解質なので，塩化物イオン（Cl⁻）やナトリウムイオン（Na⁺）は存在している。

(2)中和点以上に塩酸を加えているので酸性になっている。BTB 溶液は酸性で黄色を示す（中性で緑色，アルカリ性で青色）。

(3)塩酸と水酸化ナトリウム水溶液の中和によってできる塩である塩化ナトリウムは水に溶けるので沈殿は生じない。また，塩化ナトリウムは電解質であるため，水素イオンと水酸化物イオンが過不足なく反応してなくなっても，水溶液中に塩化物イオンやナトリウムイオンなどが存在するため，電流は 0 にならない。さらに，塩化ナトリウムの水溶液は中性であるため，リトマス紙につけても色の変化は見られない。

(4)グラフ①のときは，中和点に達する前なので，まだ反応していない水酸化物イオンが残っているためアルカリ性を示す。アルカリ性の水溶液にフェノールフタレイン溶液を加えると赤色（ピンク色）になる。

2編 生命の連続性

1 生物の成長とふえ方

29

(1)ア (2)イ

解説 (1)分裂中の細胞の中央に仕切りのようなものが見られる細胞があるので，植物細胞である。また，細胞分裂が盛んに行われているのは，成長している部分（根の先端や形成層付近など）である。

(2)②分裂前の細胞→⑥核がこわれ，染色体が見えてきた細胞→④染色体が中央に並んだ細胞→⑤染色体が両極に分かれている細胞→①染色体が分かれたあと，中央に仕切りができはじめた細胞→③分かれた染色体がそれぞれ核になり，2 個の小さな細胞になった。このあと，これらの細胞が再びもとの大きさまで成長し，その一部はまた細胞分裂を行う。

> **植物の細胞分裂**
> 中央に仕切り（細胞板といい，のちに細胞壁となる）が現れて 2 つに分かれる。
>
> **動物の細胞分裂**
> 中央付近が外側からくびれてきて，ちぎれるように 2 つに分かれる。

30

(1)①ウ ②D ③D
(2)①c ②染色体

解説 (1)植物の根の先端付近（図 1 の D のあたり）では細胞分裂が盛んに行われており，分裂した細胞が成長することによって根をのばしていく。よって，D のあたりが細胞分裂の観察に最も適していて，分裂したばかりの小さい細胞がたくさんあり，C ～ D 間が最も成長するのである。D のような盛んに細胞分裂を行って

いる部分を成長点という。

(2)1 a：分裂前の準備をしている細胞。このとき染色体が複製され，同じものが2本ずつできる。→2 f：核がこわれて染色体が現れてくる。→3 d：染色体が中央に並ぶ。→4 c：2本の染色体がさけるように分かれて，それぞれが両端に移動する。→5 b：分かれた染色体がそれぞれ集まって新しい核をつくりはじめる。→6 e：新しい2個の核がほぼできあがる。この後仕切りができて，新しい2個の細胞ができる。

▶**31**

(1)①ウ→ア→キ→オ→エ

②記号…オ　説明…動物細胞には細胞壁がないから。

(2)(c)

(3)細胞どうしを離れやすくする。

解説　(1)①イは，分裂期ではないので（間期に起こる），分裂過程からはずして答える。カは動物細胞の分裂期の過程に起こることである。②細胞の中央にできる仕切りを細胞板といい，のちに細胞壁となるものである。動物細胞には細胞壁はないので，このような仕切りはできずに，カのように中央部が外側から内側にくびれて，ちぎれるように2つの細胞に分裂する。

(2)(c)の付近には小さな細胞がぎっしりつまっているように見える。この小さな細胞は分裂したばかりの細胞で，この付近で細胞分裂が盛んに行われていることがわかる。この部分は成長点とよばれ，この部分で盛んに細胞分裂を行って根をのばしているのである。

(3)細胞どうしが重なったままだと顕微鏡で観察しにくいので，塩酸処理をして細胞どうしを離れやすくしたあと，柄つき針で観察物をさいてプレパラートをつくり，ろ紙をかぶせてカバーガラスをずらさないように垂直に軽くおしつぶし，細胞の層が1層になるようにする。

▶**32**

(1)エ　(2)エ

解説　(1)卵や精子などの生殖細胞ができるときには，体細胞分裂のときとは違い，染色体の数が半分になる細胞分裂が行われる。そのため，卵や精子の染色体の数は体細胞の染色体の数の半分になる。このような細胞分裂を減数分裂という。減数分裂によってできた生殖細胞が受精することによって，もとの体細胞と同じ数の染色体をもつ受精卵ができる。

(2)生殖細胞以外の細胞は体細胞分裂によってできるので，親の体細胞と同じ数の染色体をもつ。

減数分裂
卵や精子などの生殖細胞をつくるときに行われる特別な細胞分裂。体細胞の核の中には大きさと形が同じ染色体が2本ずつ対になって入っており，減数分裂時にはそれらの染色体が対になったまま中央に並んで，1本ずつ両極に分かれるので，染色体の数が体細胞の半分になる。こうしてできた生殖細胞は受精することによってもとの体細胞と同じ数の染色体をもつ受精卵をつくる。このとき，子は，両親の染色体のそれぞれ半分ずつを引きつぐことになる。

▶**33**

エ

解説　花粉管の中の精細胞の核と胚珠の中の卵細胞の核が合体して受精卵をつくる。受精卵は細胞分裂をくり返して胚になり，胚珠は種子に，子房は果実になる。

▶**34**

オ

解説　減数分裂が行われるのは，生殖細胞をつくるときだけである。カエルの精巣では，雄

の生殖細胞である精子がつくられる。雌の生殖
細胞である卵は卵巣でつくられる。

▶**35**

(1)ウ　(2)ウ

解説　(1)減数分裂は生殖細胞をつくるときに
起こる。受精卵のもつ染色体の数が親の体細胞
がもつ染色体の数と同じになるように，生殖細
胞のもつ染色体の数が体細胞の半分になるよう
に減数分裂が起こる。

(2)ア：被子植物の雄の生殖細胞は，精子ではな
く精細胞である。

イ：受精前，生殖細胞をつくるときに減数分裂
は起こる。

▶**36**

①茎　②無性生殖(栄養生殖)　③種子

解説　ジャガイモはナス科の植物で，ナスの
花に似た白い花を咲かせる。日本の気候では，
花は咲いても実はできにくい。しかし，地下の
茎の部分に栄養分をたくわえてイモをつくる。
このイモのくぼみから芽や根が出て，子孫を残
していくことができる。このように，雌雄に関
係なく子孫を残していくことを無性生殖といい，
イモやむかごなどの栄養分をたくわえたものを
つくり，そこから芽や根を出して子孫を残して
いくことを，無性生殖のなかでも特に栄養生殖
という。無性生殖には，このほか分裂(単細胞
生物のおもな生殖方法)，出芽，胞子生殖など
がある。また，ジャガイモも受粉を行うことが
できれば，ジャガイモの花からジャガイモの種
子ができる。よって，ジャガイモは種子植物で
ある。

> **無性生殖** **最重要**
> 雌雄に関係なく，なかまをふやす生殖のし
> かたのこと。
> ①栄養生殖…植物の根・茎・葉などの栄養
> 器官の一部から新しい個体ができてなか
> まをふやす生殖のしかた。

> (例)ジャガイモなどのイモ，オニユリな
> どのむかご，セイロンベンケイソウの葉，
> オランダイチゴの走出枝(ほふく茎)など。
> 人工的なものとしては，さし木など。
> ②分裂…体が2つに分かれて，同じ形質の
> 2個体をつくる生殖のしかた。
> (例)大部分の単細胞生物(アメーバ，ミ
> ドリムシなど)，イソギンチャク
> ③出芽…母体となる生物の体の一部から芽
> が出て，それが大きくなって分かれ，な
> かまをふやす生殖のしかた。
> (例)コウボ菌(単細胞生物)，ヒドラ，サ
> ンゴ
> ④胞子生殖…胞子という性をもたない生殖
> 細胞をつくり，これが発芽してなかまを
> ふやす生殖のしかた。
> (例)シダ植物，コケ植物，藻類

▶**37**

(1)無性生殖(栄養生殖)　(2)ア，カ

解説　(1)雌雄に関係しないふえ方なので，無
性生殖である。また，この場合，葉から新しい
個体がつくられているので栄養生殖である。

(2)ア〜エ：無性生殖では，子は親とまったく同
じ遺伝子を受けつぐので，親とまったく同じ形
質をもつ。よって，花も咲くし，親と同じ大き
さまで成長もする。

オ，カ：子の染色体数は，親の葉の染色体数と
等しいが，親の花粉の精細胞のもつ染色体数の
2倍になっている。これは，精細胞のような生
殖細胞は，減数分裂によって染色体の数が半分
になるためである。

▶**38**

(1)A…有性生殖　B…無性生殖
(2)卵，精子，卵細
胞，精細胞など
(3)減数分裂
(4)右図

(5)キ→オ→イ→カ→ウ→ク→エ→ア

(6)A…イ　B…ウ　C…キ　D…セ
E…ス

解説　(1)雌雄に関係する生殖方法を有性生殖，雌雄に関係しない生殖方法を無性生殖という。

(2)動物の雌の生殖細胞は卵，動物の雄の生殖細胞は精子，植物の雌の生殖細胞は卵細胞，植物の雄の生殖細胞は精細胞である。

(3)生殖細胞をつくるときには，染色体の数を体細胞の半分にする減数分裂が起こる。

(4)下図参照

卵　　　　　精子　　　　　受精卵

(5)キが受精卵である。これが細胞分裂により2つに割れ（オ），4つ（イ），8つ（カ）と割れていき，細胞の数がふえていく。このとき，分裂した細胞は大きくならないので全体の大きさはほとんど変わらず，分裂するごとに1個の細胞は小さくなっていき，やがて見えないほど小さくなってしまう。このような細胞分裂を卵割といい，このような状態のときのすがたを胚という。自分でえさをとりはじめるまで胚とよばれ，このように成長することを発生という。発生するにつれて，各細胞はそれぞれのはたらきをする細胞になっていく。

> **卵　割**
> 卵割では，卵割によってできた細胞（割球）がもとの大きさの細胞にまで成長しないうちに次つぎと分裂が起こる。このため，割球の数はふえるが，胚全体の大きさはほとんど変化しない。

(6)A：物質Xを与えると変態が起こりはじめ，尾が短くなるが，蒸留水で育てると尾が短くならないということなので，自然に成長すれば変態は起こらないといえる。

B：物質Xを与えた(a)には変態が起こっているので，物質Xは変態を促進させるはたらきがあるといえる。

C～E：メダカの実験から，動物性のカツオ節を餌としたメダカの腸は，植物性のアオノリを餌としたメダカの腸より短くなっている。このことから，アフリカツメガエルでも，変態が起こっている(a)では，草食から肉食に変わる準備として腸が短くなったと考えられる。

▶**39**

(1)①柱頭　②胚珠　③精細胞
④卵細胞　⑤胚

(2)ウ

解説　(1)花粉がめしべの先の柱頭に受粉すると，花粉管は胚珠に向かって伸びていく。花粉管が胚珠に達すると，花粉管の中を通ってきた精細胞の核と胚珠の中の卵細胞の核が受精して受精卵となり，これが細胞分裂をくり返して胚となる。

(2)砂糖を与えていないAでも，20分後ぐらいまでは花粉管は成長している。これは花粉に含まれる栄養分を使ったと考えられるので，ウは正しい。花粉管の伸びる速度は一定ではないのでアは誤りである。また，Bが，AやCよりも花粉管が成長していることから，与える栄養分は多くても少なくてもいけないということがわかるので，イ，エ，オは誤りである。

▶**40**

(1)イ

(2)ウ

(3)右図

(4)⑤

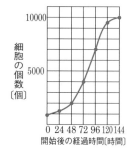

解説 (1)それぞれの 24 時間で，細胞の数が何倍になったかを比較する。

ア：2000÷1200≒1.67

イ：4000÷2000＝2

ウ：7000÷4000≒1.75

エ：9500÷7000≒1.36

オ：10000÷9500≒1.05

(2) 48 時間後〜 72 時間後の 24 時間で細胞数が 2 倍になったということは，24 時間でもとの細胞 1 個あたり 1 回分裂したということになる。

(3)各点をグラフに打ち，なめらかな曲線で結ぶ。

(4)分裂の順に並べると，③→④→⑤→①→②→⑥の順となる。

細胞分裂のようす 〔最重要〕

①核に変化がはじまる。

②核の中に細い糸のような染色体が現れる。

③染色体は太く短くなって中央に並び，縦に 2 つに割れる。

④割れた染色体が，それぞれ両極に引かれて分かれていく。

⑤分かれた染色体は細い糸のかたまりのようになり，まん中に仕切りができはじめる（植物細胞）。

⑥細い糸のかたまりが，それぞれ新しい核となり，2 個の新しい細胞ができる。

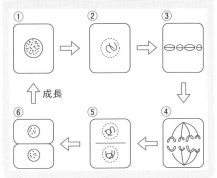

▶ **41**

(1)ア→ウ→エ→イ→オ

(2)減数分裂

(3)ア，エ，オ

(4)① AB 間…エ　B 付近…ア

BC 間…イ　EF 間…ウ

② C…⑦　D…②

解説 (1)ア：分裂前⇨ウ：核の中に染色体が見えはじめ，染色体が複製されている⇨エ：核が壊れて，複製されて数が 2 倍になった染色体が中央に並ぶ⇨イ：複製された染色体が分かれて両極に移動する⇨オ：分かれた染色体が新たな核をつくり，2 個の細胞ができはじめる。

(2)生殖細胞がつくられるときは染色体が複製されないまま対になっていた遺伝子が 2 つに分かれるので，染色体の数が通常の体細胞の染色体の数の半分になる。このような特別な細胞分裂を減数分裂という。

(3)ア：分裂したばかりの細胞は小さいが，核の大きさは分裂前の細胞とほとんど変わらないので，核のしめる割合が大きい。⇨○

イ：液胞は，古い細胞ほどよく見られ，大きく発達している。⇨×

ウ：表皮の細胞など，植物細胞でも葉緑体を含んでいない細胞はたくさんある。⇨×

エ：形成層で盛んに細胞分裂を行うことによって茎を太くしている。⇨○

オ：茎は重力と反対向きに，根は重力と同じ向きに伸びようとする性質がある。⇨○

カ：やくの中で細胞分裂が行われて花粉がつくられている。花粉の中の精細胞をつくるときは減数分裂が行われている。⇨×

キ：古い細胞ほど，細胞壁は厚い。⇨×

(4)① AB 間はまったく伸びていないので，この部分は根冠で，B の付近で細胞分裂が盛んに行われていると考えられる。BC 間は 6 時間後まで伸びつづけているので，分裂した細胞が成長している途中であると考えられる。EF 間はまったく伸びていないので，十分成長してしまっ

たあとの細胞があると考えられる。

②6時間後のCの位置は先端から2.0mm以内の領域なので，まだ細胞の伸長が起こると考えられる。よって，⑥の位置より少し伸びた⑦の位置となる。6時間後のDの位置は先端から2.0mmより上の位置なので，もう細胞の伸長は起こらず，同じ②の位置のままである。

▶*42*

(1)①ク　②イ　③コ　④ス
⑤キ　⑥シ　⑦カ

(2)③ア　④ウ　⑤エ

(3)①花粉管　②精細胞
③卵細胞　④珠皮　⑤子房

(4)②と③

(5)遺伝的な変化が小さいから。

解説　(1)①②雌雄に関係しない生殖方法を無性生殖，雌雄に関係した生殖方法を有性生殖という。
③④無性生殖には出芽や栄養生殖のほかに単細胞生物の分裂や，胞子生殖も含まれる。
⑤有性生殖には，雌雄の生殖細胞の形に違いが見られず(大きさに違いがある場合はある)，その生殖細胞どうしが合体する接合と(アオミドロなど)，卵と精子のように形の異なる雌雄の生殖細胞どうしが合体する受精がある。受精も接合の一種である。
⑥⑦有性生殖では接合や受精が行われないと繁殖できないので，無性生殖よりも繁殖の能率は低いといえるが，さまざまな形質をもった子をつくりだすので，環境が大きく変化しても，その環境に適した形質の子が繁殖するため，絶滅しにくい。
(2)ア：ヒドラや酵母は，体の一部に突起ができて大小に分かれる出芽でふえる。
イ：ケイソウやアメーバは，ほぼ同じ大きさの2個体に分かれる分裂でふえる。

ウ：サトイモは球茎(食用にする部分)に栄養分をためてふえる。また，ユリはむかごという栄養分をたくわえたものをつくり，それが土の上に落ちると芽や根を出す。
エ：メスがつくった卵とオスがつくった精子が受精して受精卵ができる。
オ：カビやキノコは胞子や菌糸でふえる無性生殖である。
(3)花粉から伸びた①の花粉管の中を②の精細胞が通って移動し，花粉管が胚珠に達すると，1つの精細胞の核と③の卵細胞の核が受精して受精卵をつくる。
(4)受精卵は，細胞分裂をくり返して，図2の胚になる。
(5)同じ個体の精細胞と卵細胞では，もっている遺伝子が同じなので，遺伝子的な変化が起こる部分が少ない(ある形質において，優性の遺伝子をA，劣性の遺伝子をaとした場合，親のもつ遺伝子の組み合わせがAaで，雌雄の精細胞のもつ遺伝子がどちらもAであった場合，またはどちらもaであった場合のみ，子の遺伝子の組み合わせが親とは異なるAAやaaとなる)。有性生殖では親とは異なる遺伝子の組み合わせをもち，親とは異なる形質が現れることもあるという点が，環境変化への適合につながるので，植物によっては，できるだけ異なる個体との受粉を目指すため，花粉が自分の柱頭についても花粉管を伸ばさないものが多くある。

▶*43*

(1)ア…核　イ…受精卵　ウ…胚

(2)A…柱頭　C…子房

(3)F

(4)①ウ　②ア

(5)①ア　②イ　③エ　④イ

解説　(1)受精が行われると，子房が果実に，胚珠が種子に，受精卵が種子の中の胚になる。

(2)めしべの先端の部分（花粉がつく部分）を柱頭といい，めしべのもとのふくらんだ部分を子房という。

(3)柱頭から子房の一番下の部分までがめしべである。

(4)①花粉を A の柱頭につけることによって，花粉管が伸びるかどうかを調べているのは，ウである。

②A を取りさっためしべに花粉をつけても花粉から花粉管が伸びないことを確認すればよいのだから，アを比べればよい。

(5)花粉管が途中で分岐することはなく，1 個の胚珠に対して 1 本の花粉管が伸び，1 個の精細胞の核と 1 個の卵細胞の核が受精する。

トップコーチ

●被子植物の重複受精

花粉管の中には，精細胞が 2 個あるが，卵細胞と受精するのはこのうちの 1 個だけで，残りの 1 個は，胚珠の中にある中央細胞という別の細胞と受精する。このような受精のしかたを重複受精といい，被子植物にだけ見られる受精のしかたである。受精した中央細胞は胚乳となり，その中に栄養分がたくわえられ，種子が発芽するときに使われる。

---

2 | 遺伝の規則性と生物の進化

▶**44**

(1)イ　(2)オ　(3)オ

(4)純系：純系でないもの＝ 1：2

(5)①染色体

②DNA（デオキシリボ核酸）

解説 (1)対立形質をもつ純系どうしを交配させたとき，子に現れる形質が顕性（優性）の形質である。したがって，ここでは種子の形について「丸い」という形質が顕性の形質で，「しわ」が潜性（劣性）の形質である。

(2)丸い種子の花粉を使っているので，精細胞は丸い種子の純系からのものである。よって，卵細胞はしわのある種子の卵細胞を使っている。しわにする遺伝子は r で，しわのある種子はこれを対にもつ（rr）。卵細胞などの生殖細胞は減数分裂によって対になっていた遺伝子が分かれて片方だけになっているので，卵細胞は r だけをもつ。

(3)丸い種子の純系の遺伝子の組み合わせは RR，しわのある種子の純系の遺伝子の組み合わせは rr なので，子の遺伝子の組み合わせはすべて Rr となる。よって，子を育てて自家受粉させると，右の表のように，孫の遺伝子の組み合わせは，RR：Rr：rr ＝ 1：2：1 と な る。RR と Rr の形質は丸い種子，

	R	r
R	RR	Rr
r	Rr	rr

rr の形質はしわのある種子となるため，丸い種子：しわのある種子＝ 3：1 となる。

(4)(3)の解説より，RR：Rr ＝ 1：2 である。

(5)デオキシリボ核酸の英語名は，<u>d</u>eoxyribo<u>n</u>ucleic <u>a</u>cid といい，一般にこの下線部の部分をとって DNA とよばれている。

DNA（デオキシリボ核酸） 最重要

染色体は，DNA（デオキシリボ核酸）という物質とタンパク質によってできている。

このDNAが遺伝子の本体である。DNAは、その構成単位であるヌクレオチドが鎖状につながり、2本のヌクレオチドの鎖が塩基どうしで結合した二重らせん構造になっている。DNAの塩基の配列を調べることによって、2種類の細胞が同一人物のものであるかどうか、血縁関係があるかどうかなどの確率を調べることができるので、さまざまなことに利用されている。DNAは、すべての生物の染色体などに含まれており、染色体によって親から子に伝えられている。そして、DNAの情報をもとに子の体が形づくられるのである。

チョウはハチュウ類から鳥類に進化していく過程の動物であると考えられている。図のAは魚類から進化した両生類、Cは両生類から進化したハチュウ類で、DはCのハチュウ類から進化した鳥類である。また、BもCのハチュウ類と同様にAの両生類から進化したなかまで、ハチュウ類よりおくれて出現したホニュウ類であると考えられる（ハチュウ類は約3億年前に出現し、ホニュウ類は約2億年前に出現した）。
(2)ウ：魚類、Aの両生類、Cのハチュウ類は変温動物で、Dの鳥類とBのホニュウ類は恒温動物なので、変温動物から恒温動物へ進化してきたことになる。

▶**45**

(1)①発生　②胚
(2)イ　(3)エ

解説　(2)子がすべて灰色になっているので、灰色の形質が顕性の形質、白色の形質が潜性の形質である。また、生殖細胞をつくるときは対になっている遺伝子が2つに分かれる減数分裂を行うので、白色の純系の生殖細胞はaを1つだけもつ。

(3)子の遺伝子の組み合わせはAaなので、その子どうしを交配させると、遺伝子の組み合わせは、右の表のように、AA：Aa：aa＝1：2：1となる。AAとAaの形

	A	a
A	AA	Aa
a	Aa	aa

質は灰色、aaの形質は白色なので、灰色：白色＝3：1となる。したがって、うまれた1197匹のうち、灰色のカエルのおよその数は、

$$1197 \times \frac{3}{3+1} = 897.75〔匹〕$$

▶**46**

(1)エ　(2)ウ

解説　(1)シソチョウの骨格や歯、つばさの先の爪などはハチュウ類の特徴で、つばさや羽毛があることは鳥類の特徴である。よって、シソ

▶**47**

(1)胞子　(2)A植物…イ　B植物…エ

解説　(1)種子をつくらない植物（シダ植物とコケ植物）は、胞子をつくってふえる。
(2)A植物は維管束をもたず、胞子でふえる植物なので、イのゼニゴケなどのコケ植物である。B植物は維管束をもっていて、胞子でふえる植物なので、エのゼンマイなどのシダ植物である。

▶**48**

相同器官

解説　シーラカンス以外の魚類を除く、セキツイ動物の前あしにあたる部分（鳥類では翼）は、骨格のつくりがよく似ているので、同じつくりから進化したものであると考えられる。このような器官を相同器官という。

▶**49**

（現在見られるこの5つのグループは、）共通の祖先から進化したと考えられる。

解説　発生初期の胚のつくりは、どれもよく似ていて、魚類以外のものにも、えらや尾が見られる。このことは、どのなかまも共通の祖先から進化してきたことを示している。

▶*50*

(1)①種　②減数分裂

(2)**23 本**　(3)**15 本**

(4)①**ウ**　②**ア**　③**ウ**

解説　(1)①種とは，分類学上の基本的単位で，形態・生態などのいろいろな特徴の共通性や分布域，相互に生殖が可能であることや遺伝子組成などによって，他種と区別できるものである。よって，同種の生物は，染色体の数や形が同じである。

②精子や卵などの生殖細胞をつくるときは，染色体の数が体細胞の半分になる減数分裂という特別な細胞分裂が起こる。

(2)体細胞の半分になるので，$46 \div 2 = 23$〔本〕

(3)体細胞の染色体の数が 10 本である生物の生殖細胞がもつ染色体の数は 5 本である。1 個の卵と 2 個の精子が合体するので，

$$5 + 5 \times 2 = 15 \text{〔本〕}$$

(4)①両親にはともに「白い目」という形質が現れていないことから，「白い目」という形質は潜性の形質であることがわかる。潜性の形質が現れるためには，2 本の相同染色体に含まれる遺伝子がどちらも潜性でなければならないので，両親から 1 個ずつ「白い目」という形質を現す遺伝子を受けついでいることになる。

A…赤い目を現す遺伝子(顕性の形質を現す)

a…白い目を現す遺伝子(潜性の形質を現す)

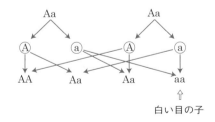

②半分は父親から，半分は母親から遺伝子を受けつぐ。

③1 種の生物において，その形質の種類は無数にある。たとえば，形質の種類が 10 項目とし，

それぞれに 2 種類ずつの形質があるとすると，子に現れる 10 項目の形質の組み合わせは 2^{10}＝1024〔通り〕となる。実際には，ヒトなどでは形質の項目数は 10 よりはるかに大きいので，同じ両親から生まれた子であっても，すべての子がまったく同じ形質を示すことは，まず考えられない。

▶*51*

(1)１，　２，　③

(2)**ア…A　エ…a　キ…Aa**

(3)**33%**

解説　(1)丸い種子をつくる遺伝子を A，しわのある種子をつくる遺伝子を a とすると，X の株は丸い種子をつくる純系の株なので，どの花も，遺伝子の組み合わせは AA となっていて，Y の株はしわのある種子をつくる純系の株なので，どの花も，遺伝子の組み合わせは aa となっている。①と②は，どちらも「AA×AA」となるため，子の遺伝子の組み合わせも AA となり，すべて丸い種子となる。③は「AA×aa」となるため，子の遺伝子の組み合わせは Aa となり，すべて丸い種子となる。④は「aa×aa」となるため，子の遺伝子の組み合わせも aa となり，すべてしわのある種子となる。

(2)遺伝子の組み合わせが Aa であるものどうしをかけ合わせるので，分離の法則より，A の遺伝子をもつ生殖細胞(卵細胞または精細胞)と a の遺伝子をもつ生殖細胞が 1：1 の割合でつくられ，それらをかけ合わせることになる。**ク**が aa なので，下の表のようになる。

		卵細胞の遺伝子	
		A	a
精細胞の遺伝子	A	AA	Aa
	a	Aa	aa

(3)上の表より，丸い種子をつくる AA と Aa の遺伝子の組み合わせが，AA：Aa＝1：2 の割合で得られる。したがって，

$$\frac{1}{1+2} \times 100 = 33.3\cdots = 約 33〔\%〕$$

▶52

(1)エ

(2)①森林（または森林の中の湿地）

②草原

(3)ダーウィン

解説 (1)両生類は魚類から進化したもの，ハチュウ類とホニュウ類は両生類から進化したもの，鳥類はハチュウ類から進化したものである。

(2)図1より，ウマの前あしの指の数は，4本から3本，3本から1本と進化してきている。また，図2と表より，4本の指をもつマレーバクは森林や森林の中の湿地で生活していて，3本の指をもつインドサイは森林に近い草原で生活していて，指の数が1本のグラントシマウマは草原で生活していると考えられる。よって，指の数が4本から3本，1本と進化してきたウマは，生活場所が森林から草原へ変化していったと考えられる。

(3)ガラパゴス諸島のフィンチがそれぞれの島によってくちばしの形や大きさが異なることや，ゾウガメの甲羅の形が異なることは，それぞれの食べているえさやえさがある場所の違いによって進化したことなど，さまざまな動物の特徴から，進化のいろいろな考え方を，ダーウィンは『種の起源』のなかにまとめ，「進化論」を説いた。

▶53

(1)ア…無セキツイ　イ…節足
ウ…昆虫　エ…肺　オ…固い殻
A…魚　B…両生　C…ハチュウ　D…鳥
E…ホニュウ

(2)シーラカンス

(3)始祖鳥（シソチョウ）

(4)カモノハシ，ハリモグラなど

解説 (1)無セキツイ動物のなかで，体やあしに節がある動物を節足動物といい，その中の昆虫類は80万種以上が発見されていて，未発見のものも入れると100万種を超えるといわれている。また，セキツイ動物で初めに現れたのは魚類で，魚類から成体になったときに肺で呼吸できる両生類に進化したことにより，生活場所が水中から陸上に進出した。次に，両生類から乾燥に耐えられるように体がうろこでおおわれたハチュウ類に進化し，卵も柔らかい殻があるため陸上で産卵できるようになった。さらにハチュウ類から進化した鳥類の卵は固い殻をもち，より陸上の乾燥に耐えられるつくりとなった。ホニュウ類はハチュウ類とは別に両生類から進化して出現し，ハチュウ類がおとろえたあと栄え，現在に至っている。

(2)大昔の地層から発見された化石からほとんど進化していないシーラカンスという魚類の生息が確認され，生きている化石とよばれている。

(3)始祖鳥は，羽毛がある，つばさがあるという鳥類の特徴と，歯がある，つばさの先に爪のある指がある，骨のある尾をもつなどのハチュウ類の特徴もあるので，ハチュウ類から鳥類が進化していく途中の生物ではないかと考えられている。

(4)カモノハシやハリモグラ（ハリモグラはオーストラリア以外にニューギニアでも生息）は，体毛があり，うんだ子に母乳を与えて育てるのでホニュウ類に分類されている。しかし，卵をうむ卵生の動物であるなど，ホニュウ類にはない特徴ももっている。

▶54

①形質　②遺伝　③遺伝子
④DNA　⑤エ　⑥10　⑦自家受粉
⑧柱頭　⑨胚珠　⑩胚　⑪果実
⑫3:1　⑬5:3　⑭ア　⑮イ

解説 ④DNAとは，正式名をデオキシリボ核酸(<u>d</u>eoxyribo<u>n</u>ucleic <u>a</u>cid)という。

⑤カタバミはカタバミ科，タンポポはキク科，ハコベはナデシコ科，レンゲソウはマメ科，アブラナはアブラナ科の植物である。また，エンドウはマメ科の植物である。

⑦同じ花，もしくは同じ株の花の中で受粉が行われることを自家受粉という。エンドウは，ふつう同じ花の中で自家受粉を行う。

⑫⑬はじめに生じた「黄色のさや・丸い種子」で，黄色のさやははじめに行った人工受粉に関係なく親（めしべをつくるほうの親）の遺伝子によって現れた形質である。この問題の場合，さやの色は雌親がもつ遺伝子組で決まり，種子の形はかけ合わせでできた遺伝子組で決まることに注意が必要である。また，種子がすべて丸い種子であったということから，種子の形の形質は丸い形が顕性，しわのある形が潜性であることがわかる。よって，純系の丸い種子の遺伝子組をAAとし，純系のしわのある種子の遺伝子組をaaとすると，子の遺伝子組は次の図のようにすべてAaとなる（「丸い種子A」の遺伝子組）。

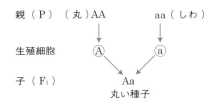

この「丸い種子A」を育てたときに生じたさやがすべて緑色になったということから，さやの色の形質は，緑色が顕性で黄色が潜性であるとわかる。よって，純系の緑色のさやの遺伝子組をBB，純系の黄色のさやの遺伝子組をbbとすると，子の遺伝子組は次の図のようにすべてBbとなる（「丸い種子A」を育てたときに生じたさやの色を示す遺伝子組）。

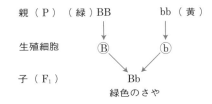

次に，「丸い種子A」を育てて自家受粉させてできた種子（種子の形においては孫の世代 F_2）の遺伝子組は次の図のように，

AA : Aa : aa = 1 : 2 : 1

の割合となるので，形質の割合は，

丸い種子(AAとAa) : しわのある種子(aa)
　　=3 : 1

となる。

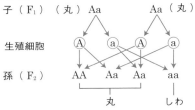

これらがすべて自家受粉するという設定なので，ひ孫(F_3)の世代の遺伝子組は次の表のようになる。(AAが自家受粉すると表1，Aaが自家受粉すると表2，aaが自家受粉すると表3のようになる。)

表1

	A	A
A	AA	AA
A	AA	AA

表2

	A	a
A	AA	Aa
a	Aa	aa

表3

	a	a
a	aa	aa
a	aa	aa

Aaは，孫の世代でAAやaaの2倍の数だけあるので，すべて2倍すると，

AA : Aa : aa = (4+1×2) : 2×2 : (1×2+4)
　　=6 : 4 : 6 = 3 : 2 : 3

となる。このうち，AAとAaはどちらも丸い形質を表すので，ひ孫の世代(F_3)の種子の形の形質は，

丸い種子 : しわのある種子
　　=(3+2) : 3 = 5 : 3 （⑬）

である。

一方，さやの色は，遺伝子組が Bb の子が自家受粉した孫の世代なので，遺伝子組は，

BB：Bb：bb ＝ 1：2：1 となるため，形質は，

　　緑色のさや：黄色のさや

　　＝（1＋2）：1 ＝ 3：1 ⑫

となる。

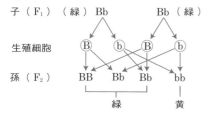

▶**55**

⑴イ　⑵ア　⑶カ　⑷ア，イ

解説 ⑴ 875：125 ＝ 7：1 である。親の遺伝子の組み合わせが「YY－yy」の場合，子がすべて Aa で，孫の形質は，黄色の子葉：緑色の子葉＝3：1 となるので，この場合より親の遺伝子の組み合わせに遺伝子 Y が多いと考えられる。しかし，「YY－YY」の場合は，子も孫も遺伝子の組み合わせは YY となってしまうので，親の遺伝子の組み合わせは「YY－Yy」であると推測できる。これを，次のように確認する。

　子の遺伝子の組み合わせは，右の表のように，YY：Yy ＝ 1：1 の割合で現れる。これらが自家受粉して孫がつくられる

	Y	y
Y	YY	Yy
Y	YY	Yy

ので，「YY－YY」が 50％で，「Yy－Yy」が 50％の割合で交配される。「YY－YY」ではすべて YY になるので，形質はすべてが黄色の子葉となる。これに対して「Yy－Yy」では，右

	Y	y
Y	YY	Yy
y	Yy	yy

の表のように YY：Yy：yy ＝ 1：2：1 となるので，形質は，黄色の子葉：緑色の子葉＝3：1 となる。全体を 8 とすると 50 ％は 4 なので，2 代目全体で，黄色の子葉：緑色の子葉＝4＋3：1＝7：1　となる。

⑵子の遺伝子の組み合わせは YY か Yy なので，すべて黄色の子葉となる。

⑶ 1000 個など，多くの種子を調べると，黄色の子葉と緑色の子葉の数の比は 7：1 に近づいていくが，少ないと必ずしもそうはならない。1 つの受精によって 1 つの種子ができ，黄色の子葉ができる確率が $\frac{7}{8}$，緑色の子葉ができる確率が $\frac{1}{7}$ である。たとえば 8 個の種子が得られたとき，必ず黄色の子葉が 7 個，緑色の子葉が 1 個になるというわけではなく，低い確率ではあるが，すべて緑色の子葉になることがないわけではない。したがって，4 つの種子だけだとア～オのすべての場合があり得る。

⑷黄色い種子は顕性の形質なので，遺伝子の組み合わせは YY と Yy の 2 通りが考えられる。また，花粉がもつ遺伝子（正確には花粉の中の精細胞がもつ遺伝子）は，減数分裂によって対になっている遺伝子が分かれるので，Y か y で，ウ～オのように対になっていない。卵細胞のもつ遺伝子が Y であったならば，花粉の中の精細胞がもつ遺伝子が Y であれば子の遺伝子の組み合わせは YY，花粉の中の精細胞がもつ遺伝子が y であれば子の遺伝子の組み合わせは Yy となり，どちらも子葉が黄色の種子となるので，アとイはどちらも考えられる。ちなみに，卵細胞のもつ遺伝子が y であっても，精細胞がもつ遺伝子が Y であれば，子の遺伝子の組み合わせは Yy となり，子葉の色は黄色になる。

▶**56**

⑴複製　⑵**46本**

⑶ア　⑷エ

⑸**多様性**

⑹(例)減数分裂が起こるため，両親からそれぞれのゲノムの半分ずつを受け継ぐから。

(例)組換えが起こるため，祖父母の**DNA** が混ざり合ったものを受け継ぐから。

⑺ウ

解説 (1)受精卵が体細胞分裂を行うとき，細胞分裂の少し前に，もとの細胞がもっていた染色体と同じ DNA をもつ染色体がつくられる。これが分裂するので，体細胞分裂をしたあとにできる新しい細胞内の染色体の数や DNA(ゲノム)は，分裂前の細胞と全く同じものとなる。

(2)染色体を 23 本ずつもつ卵と精子が受精するので，受精卵の染色体は 46 本になる。

(3)減数分裂では，対になっている染色体が半分に分かれるため，生殖細胞の中の染色体の数は体細胞の中の染色体の数の半分になる。そのため，受精したときにできる受精卵の中の染色体の数は，もとの体細胞の中の染色体の数の 2 倍になることはなく，もとの体細胞の中の染色体の数と同じ数になるのである。

(4)染色体 1 本ごとに，祖父由来と祖母由来の 2 通りあるので，23 本では，2^{23} 通りの組み合わせが考えられる。

(5)(7)種の絶滅を避けるためには，さまざまな環境に適合するものがいなければならないので，多様性を生じさせるしくみが必要である。

(6)体細胞の中の染色体は，母親と父親から半分ずつ受け継いだものである。また，減数分裂によって生殖細胞をつくるときに染色体の一部が入れかわり(乗換え)，その結果，一部の遺伝子に組換えが起こる。そのため，母親と父親の体細胞の中の染色体とは異なる新しい染色体が生じる。

減数分裂による組換え

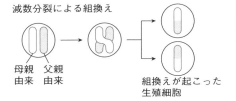

母親　父親
由来　由来

組換えが起こった
生殖細胞

▶ 1

(1)イ

(2)薬品…塩酸

染色液…酢酸オルセイン溶液(酢酸カーミン溶液，酢酸ダーリア溶液)

(3)$a → d → b → e → c$

解説 (1)イのように，根の先端の少し上のあたりで盛んに細胞分裂が行われている。この部分を成長点という。ウの部分は根冠といい，古い細胞でできていて，成長点を守っている。エは根毛といい，1 本 1 本がそれぞれ 1 つの細胞でできている。

(2)試料をうすい塩酸につけると，細胞どうしが離れやすくなる。また，細胞を観察するときは，酢酸オルセイン溶液や酢酸カーミン溶液などの染色液で核を赤色に染めてから，顕微鏡で観察する。

(3) a：分裂前の細胞 → d：核の中に染色体が現れてきた → b：染色体が中央に並んだ → e：染色体が両極に引かれていった → c：中央にしきりができはじめた。このあと，それぞれの染色体の集まりがそれぞれ核をつくり，2 個の細胞ができる。

▶ 2

(1)①染色体　②精子　③卵

(2)やく，胚珠

(3)親の形質に近いもの…無性生殖

理由…親と子の遺伝子が同じだから。

(4)利点…環境に適した個体を生じることがある点。

欠点…なかまをふやすのに時間が長くかかる点。

解説 (2)被子植物の生殖細胞は，やくでつく

られる精細胞と胚珠でつくられる卵細胞である。これらの細胞がつくられるときには減数分裂が行われる。

(3)有性生殖では，両親から半分ずつ遺伝子を受けつぐが，無性生殖では，子は親とまったく同じ遺伝子を受けつぐ。

(4)有性生殖では，多様な個体が生じるため，そのなかで環境に適したものが生存競争に勝っていき，より環境に適した集団をつくっていく。また，環境に大きな変化があったときも，多様な個体のうち新たな環境に適したものが生き残り，絶滅する確率が低くなる。しかし，有性生殖では，まず生殖細胞をつくり，それらが受精して，やっと新しい生命となるので，分裂やイモなどでなかまをふやす無性生殖に比べて時間がかかる。

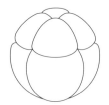

3

(1)ア，イ，キ

(2)① 20 個　② 80 個

解説　(1)アのゾウリムシは単細胞生物なので分裂によってふえるため，精子などの生殖細胞はつくらない(無性生殖)。イのアサガオやキのイネは種子植物なので，精子や卵ではなく，精細胞や卵細胞という生殖細胞をつくる。

(2)卵割が行われている時期なので，細胞が分裂して数が多くなるにつれて，1個の細胞の大きさは小さくなっていく。

①2番目に大きい細胞があるということは，2番目に細胞の数が少ない時期なので，2細胞期である。これは 10 個あるので，細胞の数は，

$$2 \times 10 = 20 〔個〕$$

②最も小さい細胞があるということは，細胞の数が最も多い時期なので，8細胞期である。また，8細胞期になるときの3回目の卵割では，次図のように横に割れ，上の細胞のほうが小さくなるので，最も小さい細胞は8細胞期の上の4個である。この8細胞期は 20 個あるので，最も小さい細胞の数は，4×20＝80〔個〕

4

(1)ウ，エ　(2)ア，オ

解説　(1)対になっているものがそれぞれ分かれるので，大・中・小が1本ずつあるものであればすべてありうる。

(2)ゾウリムシは単細胞生物なので分裂によってふえる。ジャガイモはイモによってふえる。このように，生殖細胞の受精をともなわないふえ方を無性生殖という。また，ウニは動物で，受精を行ってふえることも知っておくとよい。

5

(1)顕性形質(優性形質)

(2)メンデル

(3)3：1　(4)Aa

(5)1：2：1　(6)ウ　(7)イ

解説　(1)対立形質をもつ純系どうしをかけあわせたとき，エンドウの種子の丸い形のように子に現れる形質を顕性(優性)形質，しわのある種子のように子に現れない形質を潜性(劣性)形質という。

(2)19 世紀に，オーストリアのグレゴール・ヨハン・メンデルは，エンドウを使って，さまざまな遺伝の実験を行った。

(3)Rr と Rr をかけあわせるので，

	R	r
R	RR	Rr
r	Rr	rr

RR：Rr：rr ＝ 1：2：1　となり，RR と Rr は丸い種子，rr はしわのある種子となるので，

丸：しわ＝(1＋2)：1＝3：1　となる。

(4)花が赤い純系 AA と花が白い純系 aa をかけあわせるので，

	a	a
A	Aa	Aa
A	Aa	Aa

よって，桃色の花をつける中間雑種の遺伝子の組み合わせは，すべて Aa となる。

(5)(3)のときと同様に，

　AA：Aa：aa ＝ 1：2：1　となり，AA は赤色，Aa は桃色，aa は白色となるので，

　赤色：桃色：白色 ＝ 1：2：1　となる。

(6)桃色 Aa と白色 aa をかけあわせるので，

	a	a
A	Aa	Aa
a	aa	aa

Aa：aa ＝ 2：2 ＝ 1：1 となるので，桃色の花と白色の花が 1：1 の割合で現れる。

(7)赤色どうしの自家受粉では赤色，白色どうしの自家受粉では白色になる。また，桃色どうしを自家受粉させると，

	A	a
A	AA	Aa
a	Aa	aa

AA：Aa：aa ＝赤色：桃色：白色＝ 1：2：1 となり，桃色の自家受粉によって赤色と白色が生じることがわかる。これより，それぞれの自家受粉をくり返していくと，赤色と白色の割合は増え続け，桃色の割合は減り続ける。

▶ **6**

①遺伝子　②デオキシリボ

③二重らせん

解説 ①生物の形質を決めるのは遺伝子である。

② DNA とは，deoxyribonucleic acid の省略形

であり，日本語ではデオキシリボ核酸という。

③ DNA はデオキシリボース(五炭糖)，リン酸，4 種類の塩基からなる核酸で，二重らせん構造となっている。この二重らせん構造は，ジェームズ・ワトソンとフランシス・クリックが提唱したものである。

▶ **7**

(1)相同器官

(2)イ

解説 (1)セキツイ動物の前あしにあたるつくりは，もとは，シーラカンスなどのような古代の魚類のむなびれから進化したと考えられ，骨の基本的なつくりが共通している。

(2)つばさや羽毛があるのは鳥類の特徴であるが，歯やつめはハチュウ類の特徴である。そのため，鳥類はハチュウ類から進化したと考えられている。

3編 運動とエネルギー

1 力のはたらき

▶**57**

(1) **8.0g/cm³**   (2) **0.2N/cm²**   (3) **1.0**

(4) **100g**   (5) **5個目**   (6) **9.0cm**

(7) **5.5cm**

解説 (1) $\dfrac{400\,\text{〔g〕}}{25\times 2.0\,\text{〔cm}^3\text{〕}} = 8.0\,\text{〔g/cm}^3\text{〕}$

(2)底面積が 1cm^2 の直方体の水の柱を考えると，深さが 1cm 深くなるごとに水の柱の重さは 0.01N ずつ大きくなる。したがって，円筒を 20cm 沈めたときに板にはたらく水圧の大きさは，$0.01\times 20 = 0.2\,\text{〔N/cm}^2\text{〕}$である。

(3)表より，おもりの数が 1 個少なくなるごとに x の値は 4.0cm ずつ小さくなっているので

$5.0 - 4.0 = 1.0$

(4)深さが 1.0cm のときに板にはたらく力に等しいので，板の重さは，

$0.01\,\text{〔N/cm}^2\text{〕} \times 100\,\text{〔cm}^2\text{〕} = 1\,\text{〔N〕}$

よって，板の質量は，100〔g〕。

(5)板にはたらく力の大きさは，

$0.2\,\text{〔N/cm}^2\text{〕} \times 100\,\text{〔cm}^2\text{〕} = 20\,\text{〔N〕}$

おもりの重さは 4N，板の重さは 1N なので，水圧によって支えることのできるおもりの数は，

$(20-1) \div 4 = 4.75\,\text{〔個〕}$

したがって，5 個目のおもりをのせると板が円筒から離れる。

(別解) 表より，おもりの数を 1 個ずつふやしていくと，板が円筒から離れる深さは 4.0cm ずつ大きくなっているので，おもりの数が 4 個のときは 17.0cm，おもりの数が 5 個のときは 21.0cm となる。そのため，深さが 20cm のときはおもり 4 個を支えることはできるが，おもりが 5 個になると板が円筒から離れると考えられる。

(6) 400cm^3 の水の質量は 400g なので，重さは 4.0N である。

これはおもり 1 個分の重さと同じなので，円筒の中におもりが 2 個入っていると考えると，表より，板が円筒から離れるときの水面からの深さは 9.0cm であることがわかる。

(7)この場合は，おもりにはたらいた浮力と水の重さが板にかかる。おもりにはたらいた浮力の大きさは，おもりがおしのけた水の重さに等しいので，

$0.01\,\text{〔N/cm}^3\text{〕} \times (25\times 2.0)\,\text{〔cm}^3\text{〕} = 0.5\,\text{〔N〕}$

よって，板の重さと水の重さと浮力の合計は，

$1.0\,\text{〔N〕} + 4.0\,\text{〔N〕} + 0.5\,\text{〔N〕} = 5.5\,\text{〔N〕}$

深さが 1cm 深くなるごとに板にかかる力の大きさは，$0.01\,\text{〔N/cm}^2\text{〕} \times 100\,\text{〔cm}^2\text{〕} = 1.0\,\text{〔N〕}$ずつ大きくなる。したがって，板が円筒から離れるときの深さは，

$5.5\,\text{〔N〕} \div 1.0\,\text{〔N/cm〕} = 5.5\,\text{〔cm〕}$

▶**58**

(1)① **2**   ② **20**   ③ **20**   ④ **深さ**

⑤ **200**   ⑥ **1.1**   ⑦ **22**

(2)⑧ **5d**   ⑨ **5d**   ⑩ **15d**

⑪ **10d**   ⑫ **10D**

解説 (1)①質量 100g の物体の重さが 1N なので，

$1\,\text{〔g/cm}^3\text{〕} \times (10\,\text{〔cm}^2\text{〕} \times 20\,\text{〔cm〕}) \div 100\,\text{〔g/N〕}$
$= 2\,\text{〔N〕}$

②$2\,\text{〔N〕} \div 0.001\,\text{〔m}^2\text{〕} = 2000\,\text{〔Pa〕}$
$= 20\,\text{〔hPa〕}$

③$1\,\text{〔g/cm}^3\text{〕} \times (5\,\text{〔cm}^2\text{〕} \times 20\,\text{〔cm〕}) \div 100\,\text{〔g/N〕}$
$= 1\,\text{〔N〕}$

$1\,\text{〔N〕} \div 0.0005\,\text{〔m}^2\text{〕} = 2000\,\text{〔Pa〕}$
$= 20\,\text{〔hPa〕}$

④②と③は等しい値となっている。このことから，水圧は，力を受ける面積に関係なく，深さだけで決まるといえる。

⑤砂糖の質量を x とすると，

$\dfrac{x}{800+x} \times 100 = 20$

$x = 200\,\text{〔g〕}$

（別解） $800 \div (1 - 0.2) - 800 = 200$〔g〕

⑥砂糖水の体積は，$800 \times 1.16 = 928$〔cm³〕

$(800 + 200)$〔g〕$\div 928$〔cm³〕$= 1.07\cdots$〔g/cm³〕
$= $ 約1.1〔g/cm³〕

⑦ 20〔hPa〕$\times 1.1 = 22$〔hPa〕

(2)⑧これまでのことより，

水圧〔hPa〕= 密度〔g/cm³〕× 深さ〔cm〕

という式によって求めることができる。したがって，

d〔g/cm³〕$\times 5$〔cm〕$= 5d$〔hPa〕

⑨ $5d$〔hPa〕$= 500d$〔Pa〕

液体が物体の上面を下向きに押す力の大きさを x とすると，

$$\frac{x\,〔\text{N}〕}{0.01\,〔\text{m}^2〕} = 500d〔\text{Pa}〕$$

$x = 5d$〔N〕

⑩ $5d$〔N〕$\times \dfrac{(10 + 5)\,〔\text{cm}〕}{5\,〔\text{cm}〕} = 15d$〔N〕

⑪ $15d - 5d = 10d$〔N〕

⑫ D〔g/cm³〕$\times 10$〔cm〕$\times 10$〔cm〕$\times 10$〔cm〕
$= 1000D$〔g〕$= 10D$〔N〕

トップコーチ

●浮　力

水の圧力（水圧）は深いところほど大きい。物体が水中にあるとき，物体の上面にはたらく下向きの圧力と物体の下面にはたらく上向きの圧力では，下面にはたらく上向きの圧力のほうが大きいので，その差の分だけ上向きに力がはたらくことになる。このときはたらく上向きの力を浮力という。浮力は水中だけではたらくのではなく，その他の液体や気体の中でもはたらく。浮力の大きさは，押しのけた液体や気体の重さに等しい。これをアルキメデスの原理という。これにより，浮力は，

物体の体積×押しのけた液体や気体の
1cm³ あたりの重さ

となり，深さや物体の重さに関係しない。

▶**59**

(1)等しい。　(2)**1.00N**　(3)下図

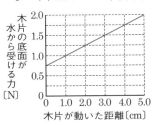

解説 (1)物体が水に浮いているとき，物体にはたらく重力と浮力がつり合っている。

(2) $0.75 + 0.25 = 1.00$〔N〕

(3)はじめに 0.75N の水圧を受けている（このとき木片が受けている浮力に等しい）。さらに，2.0cm 沈んだ図 2 のときに 0.50N 大きくなったので，2.0cm 沈むごとに木片の底面が受ける力は 0.50N ずつ大きくなると考えられる。

▶**60**

(1)**102N**　(2)**20cm**　(3)**100N**

(4)**2N**　(5)**9.9N/cm²**　(6)**3N**

解説 (1)この問題では，大気圧の条件が与えられているので，大気圧についても考える。水がピストンを上向きに押す力は，大気圧によってピストンに加わる力とピストンの重さの合計とつり合っているので，

10〔N/cm²〕$\times 10$〔cm²〕$+ 2$〔N〕$= 102$〔N〕

(2) $2N = 200g$ なので，

200〔g〕$\div \{1$〔g/cm³〕$\times (1$〔cm〕$\times 10$〔cm²〕$)\}$
$= 20$〔cm〕

(3)加わる力は大気圧によるものだけになるので，

10〔N/cm²〕$\times 10$〔cm²〕$= 100$〔N〕

(4)ピストンの重さに等しい。

(5)ピストンが水を押す力は，20cm 上に上げたときに 2N 小さくなったのだから，さらに 10cm 上に上げると 1N 小さくなる。よって，ピストンが水を押す力は，

$100 - 1 = 99$〔N〕

したがって，ピストンが水に対して下向きに加える力の大きさは，

$$\frac{99〔N〕}{10〔cm^2〕} = 9.9〔N/cm^2〕$$

(6) 20cm 上に上げたときに 2N の力が必要だったので，さらに 10cm 上に上げるためには引く力に 1N の力を加えなければならない。したがって，ピストンを引いている力は，

$2 + 1 = 3$〔N〕

▶**61**

(1) 0.5m…**1050hPa** 1m…**1100hPa**

(2) **2500N**

(3) **2500N**

(4) 上面…**625N** 下面…**1875N**

(5) $\dfrac{\sqrt{2}}{2}$ **m**

(6) **エ**

解説 (1) 1m あたり 100hPa 増えるので，

$1000 + 100 \times 0.5 = 1050$〔hPa〕

$1000 + 100 \times 1 = 1100$〔hPa〕

(2) 1〔hPa〕$= 100$〔Pa〕$= 100$〔N/m²〕なので，

100〔hPa〕$= 10000$〔N/m²〕

$0.5 \times 0.5 = 0.25$〔m²〕

10000〔N/m²〕$\times 0.25$〔m²〕$= 2500$〔N〕

(3) 大気圧とは別に，AB の深さ（水面）にかかる圧力は 0hPa，CD の深さにかかる水圧は 100hPa なので，平均すると 50hPa となる。壁 ABCD の面積は 0.5m² で，50hPa は 5000N/m² なので，壁 ABCD にかかる力は，

5000〔N/m²〕$\times 0.5$〔m²〕$= 2500$〔N〕

(4) 上面：0.5m の深さの水圧は 50hPa なので，平均すると 25hPa となる。上面の面積は 0.25m² で，25hPa は 2500N/m² なので，上面にかかる力は，

2500〔N/m²〕$\times 0.25$〔m²〕$= 625$〔N〕

下面：0.5m の深さの水圧は 50hPa で，1m の深さの水圧は 100hPa なので，平均すると

75hPa となる。下面の面積は 0.25m² で，75hPa は 7500N/m² なので，下面にかかる力は，

7500〔N/m²〕$\times 0.25$〔m²〕$= 1875$〔N〕

(5) 求める深さを x〔m〕とすると，深さ x〔m〕の水圧は，

$$100x〔hPa〕= 10000x〔Pa〕$$
$$= 10000x〔N/m^2〕$$

よって，深さ 0m から x〔m〕までの水圧の平均値は，$5000x$〔N/m²〕となる。

また，深さ 0m から x〔m〕までの壁の面積は，

0.5〔m〕$\times x$〔m〕$= 0.5x$〔m²〕

壁 ABCD にかかる力は 2500N（(3) より）なので，深さ x までの壁にかかる力が，

2500〔N〕$\div 2 = 1250$〔N〕

となればよい。したがって，次の式が成立する。

$5000x$〔N/m²〕$\times 0.5x$〔m²〕$= 1250$〔N〕

これを解くと，

$$x = \frac{\sqrt{2}}{2}〔m〕$$

(6) 深さ x〔m〕から，その y〔m〕下までの水圧の平均値は，

$$(10000x〔N/m^2〕\times 2 + 10000y〔N/m^2〕) \div 2$$
$$= (10000x + 5000y)〔N/m^2〕$$

ここにかかる力は，

$$(10000x + 5000y) \times 0.5y$$
$$= 5000(x + 0.5y)y〔N〕$$

y の値が非常に小さい場合，$x + 0.5y \fallingdotseq x$ と考えてよいので，力の大きさは $5000xy$〔N〕となる。これが一定になればよいので，x と y は反比例する。よって，エのようなグラフとなる。

▶**62**

オ

解説 力 F_X と力 F_Y が，力 F を対角線とした平行四辺形の各辺となっていれば，力 F_X と力 F_Y はそれぞれ力 F の分力である。

▶**63**

(1)慣性　(2)ウ

解説　(1)物体がもっているこのような性質を慣性といい，物体の運動がこのようになることを慣性の法則という。

(2)まさとさんが壁を押す力が「作用」，壁がまさとさんを押す力が「反作用」である。作用と反作用の向きは反対で大きさは等しい。

慣性の法則 [最重要]

他の物体から力がはたらかないとき，または，はたらいている力がつり合っているとき，静止している物体はいつまでも静止し続け，運動している物体はそのままの速さで等速直線運動を続ける。物体のもっているこのような性質を慣性といい，物体の運動の状態がこのようになることを慣性の法則という。

作用・反作用の法則 [最重要]

1つの物体が他の物体に力を加えたとき，同時に力を加えた物体から同じ大きさの逆向きの力を受ける。このとき，加えた力を作用，力を加えた物体から受けた力を反作用といい，このようになることを作用・反作用の法則という。

作用と反作用の関係 [最重要]

①作用点は同じ点である。
②同じ作用線上ではたらく。
③大きさは等しい。
④向きは逆向きである。

▶**64**

(1)キ

(2)ク

解説　30g のおもりにはたらく重力 0.3N とつり合う力の矢印を同じ長さの矢印として各図

にかき，その力のひもの方向の分力を作図すると下図のようになる。このとき，最も長い矢印はキの向きの分力を表す矢印で，最も短い矢印はクの向きの分力を表す矢印である。

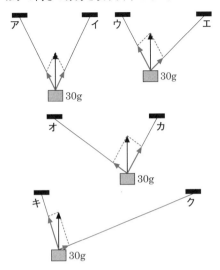

力の合成 [最重要]

2力の合成…合成された力を合力という。

●同一直線上にはたらく2力の合成

力の向きが同じとき…そのまま足す。

力の向きが反対のとき…力の大きさが同じであれば合力は 0。力の大きさが異なれば，合力の大きさは2力の差で表され，合力の向きは大きいほうの力の向きと等しい向きとなる。

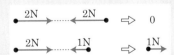

●同一直線上にはない2力の合成

作用点を重ね，2力を示す矢印を2辺とした平行四辺形を作図すれば，その対角線が合力となる。

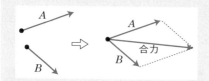

力の分解 最重要

分解…分解された力を分力という。

● 2 方向への分解

もとの力を示す矢印を対角線として，分解する方向と同一線上に 2 辺をもつ平行四辺形を作図すれば，その 2 辺が分力となる。

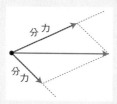

● 斜面上の物体にはたらく重力の分解

斜面上の物体にはたらく重力は，斜面を垂直に押す力（分力）と，斜面方向下向きにはたらく力（分力）に分解できる。このとき，斜面と斜辺と底辺に垂直な線とによってできる直角三角形と，重力と 2 つの分力（または分力と同じ長さの平行線）によってできる直角三角形は相似になる。（下図参照）

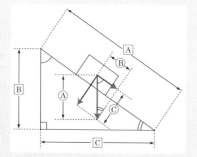

上のようなとき，物体にはたらく斜面方向下向きの力は，物体にはたらく重力と物体が斜面から受ける，斜面に垂直な力（これは，物体が斜面を垂直に押す力の反作用である）との合力であると考えることもできる。

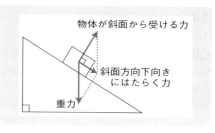

▶65

① **3.4**　② **2.0**

解説　下図参照

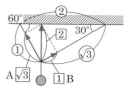

$4 : A = 2 : \sqrt{3} = 2 : 1.7$　　$A = 3.4$

$4 : B = 2 : 1$　　　　　$B = 2.0$

▶66

(1)**ア**　(2)**イ**

解説　(1)つり合う 2 力は，同じ物体にはたらいている。その上で，力の向きは逆向きで，同一作用線上ではたらく。また，大きさは等しい。

(2)右図のように，

$$0.3 : x = \sqrt{3} : 1$$

$$x = \frac{0.3\sqrt{3}}{3}$$

$\sqrt{3} \fallingdotseq 1.7$ なので，

$$x = 約0.17〔N〕$$

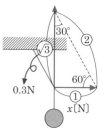

▶67

(1)**3kg**　(2)**24N**

解説　(1)$AB : AC = 2.0 : 1.5 = 4 : 3$ なので，$\triangle ABC$ は，$AC : AB : BC = 3 : 4 : 5$ の直角三角形である。物体 P の質量を p，物体 Q の質

量を q とすると, $p \times \dfrac{3}{5} = q \times \dfrac{4}{5}$ となる。よって, $p:q=4:3$ となるため, 物体 P は 4kg なので, 物体 Q は 3kg である。

※この問題のように, 3:4:5 の直角三角形で, 斜辺を水平面とし, 残りの2辺を斜面として物体をつり合わせたとき, 物体の質量の比は斜面の長さの比に等しくなることは覚えておくとよい。

(2) 4kg にはたらく重力の大きさは 40N なので,
$$40 \times \dfrac{3}{5} = 24 \,〔N〕$$

$$AC:AB:BC=3:4:5 \qquad ③=\boxed{4}$$

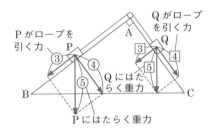

▶68

(1)① 大きさ　② 向き
　③ 等しい　④ 逆向き
　⑤ 回転　⑥ 作用線
(2)① ア…A　イ…a　ウ…B　エ…b
　② 大きさ…$2W$ 〔N〕
　向き…(鉛直)上向き
　理由…c と d の向きは鉛直下向きで, 大きさはどちらも W 〔N〕である。e は A の条件より, c と d の和と大きさが等しくなるので $2W$ 〔N〕である。また, 向きは c や d と逆向きになる。

解説　(1)①② 力の大きさは矢印の長さに比例させる。また, 力の向きは矢印の向きで表し, 作用点を矢印の始点とする。
③〜⑥ 同じ物体にはたらく2つの力がつり合うためには,「大きさが等しい」「向きが逆向きである」「同じ作用線上にある」という3つの

条件がそろわなければならない。これが A の条件である。次に, 2つの力が互いに力をおよぼし合うとき, 2つの力の間には,「大きさが等しい」「向きが逆向きである」「同じ作用線上にある」という3つの関係が成り立つ。このような力の関係を, 作用・反作用といい, これが B の関係である。たとえば, P が Q に力を加えたとき, P が Q に加えた力を作用, Q が P に加えた力を反作用という。
(2)① a の X にはたらく重力は, b の Y が X におよぼす力とつり合っている。c の X が Y におよぼす力を作用とすると, b の Y が X におよぼす力が反作用である。
② e は Y におよぼす鉛直上向きの力なので, Y におよぼす鉛直下向きの力である c と d の和と大きさが等しく, 向きは逆向きとなる。

2 ┃ 運動と力

▶69

ウ

解説　台車の重さや斜面の角度は変化していないので, 斜面に沿って台車にはたらく力も変化しない。物体に対して, 運動方向に一定の力がはたらき続けると, その物体の速さは一定の割合で大きくなっていく。物体の速さが大きくなるからといって, 物体にはたらく力が大きくなっているのではないことに注意する。

斜面方向に沿ってはたらく力 最重要
① 傾きが大きい…斜面方向に沿って物体にはたらく力も大きくなる。
② 傾きが小さい…斜面方向に沿って物体にはたらく力も小さくなる。

▶**70**

(1)エ

(2)①**大きくなる。**　②**変わらない。**

解説　(1)台車が下っているとき，斜面の傾き
は変化しないので，台車にはたらく斜面方向の
力の大きさも変化しない。

(2)斜面の傾きを大きくすると，台車にはたらく
斜面方向の力は大きくなるため，速さの変化も
大きくなる。しかし，水平面からの高さを同じ
にすると斜面が短くなるので，水平面に達した
ときの速さははじめと同じになる。

高さの変化と速さ 最重要
力学的エネルギー保存の法則より，物体が
運動しはじめてからの高さの変化が同じで
あれば，その物体の速さも同じである。

▶**71**

(1)**709m/分**

(2)**下図**

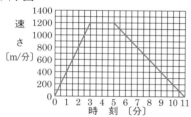

(3)**1200m/分**

(4)**13m/秒**

(5)**36km/時**

解説　(1)$\dfrac{7800〔m〕}{11〔分〕}=709.0\cdots=$約709〔m/分〕

(2)(3)時刻 $t=3$〔分〕から時刻 $t=5$〔分〕までの間
の速さは一定で，これが速さ V〔m/分〕なので，

$\dfrac{(4200-1800)〔m〕}{(5-3)〔分〕}=1200$〔m/分〕

グラフは次のようになる。

時刻 $t=0$〔分〕のときの速さは 0m/分，時刻 $t=$
3〔分〕のときの速さは 1200m/分であり，加速

は一定の割合なので，この 2 点を直線で結ぶ。
時刻 $t=3$〔分〕から時刻 $t=5$〔分〕までの間の速
さは 1200m/分のまま変化せず，時刻 $t=11$〔分〕
のときの速さは 0m/分であり，減速は一定の
割合なので，この点と時刻 $t=5$〔分〕の点を直
線で結ぶ。

(4)グラフより，時刻 $t=2$〔分〕の瞬間の速さは
800m/分と読み取ることができる。

$\dfrac{800〔m/分〕}{60〔秒/分〕}=13.3\cdots=$約13〔m/秒〕

(5)グラフより，時刻 $t=8$〔分〕の瞬間の速さは
600m/分と読み取ることができる。

600〔m/分〕$\times 60$〔分/時〕$=36000$〔m/時〕

$=36$〔km/時〕

▶**72**

(1)**イ**　(2)**エ**　(3)**エ，オ**

(4)①**オ**　②**ウ**　(5)**カ**

解説　(1)摩擦や空気の抵抗がないので，手か
らはなれてからの物体は等速直線運動を行う
（物体には重力と，それにつり合う水平面から
の力しかはたらかないため）。C よりあとは 6
打点間が 12cm と変化していないので，等速直
線運動を行っているといえる。

(2)6 打点するのにかかる時間は 0.1 秒なので，
平均の速さは，

9〔cm〕$\div 0.1$〔s〕$=90$〔cm/s〕

(3)物体にはたらく重力であるオと，その力とつ
り合うように水平面が物体を鉛直上向きに押し
ている力のエだけである。

(4)① C を打点するまでの 0.2 秒間は一定の力
を加えて押しているため，一定の割合で速さが
増加（時間に比例）するが，その後の速さは変化
しないので，オのようなグラフとなる。

②はじめの 0.2 秒間は速さが時間に比例して増
加するため，移動距離は時間の 2 乗に比例する。
したがって，グラフは放物線となる。そのあと
は速さが一定となるため，移動距離も一定の割
合で増加する。したがって，グラフは右上がり
の直線となる。

(5)慣性の法則とは，「物体に力がはたらかなければ，またははたらいている力がすべてつり合っていれば，静止している物体は静止し続け，運動している物体はそのときの速さを保って等速直線運動を行う」という法則である。この法則を導き出すきっかけとなる研究をしていたのはイタリアの学者ガリレオ・ガリレイであり，ガリレイの研究結果を取り入れ，イギリスの学者アイザック・ニュートンがこの法則を完成させた。

▶**73**
(1) **B**
(2) **AB**
(3) **CD**
(4) **AC**
(5) **A**

解説 (1) O からの距離が最大になっているB である。
(2)～(4)グラフの傾きの絶対値（－も考えるため）が速さとなるので，O ～ D までの物体の運動を分析すると次のようになる。
OA 間…グラフの傾きが大きくなっているので，物体に対して運動の向き（東向き）に力がはたらいて，速さが増加していると考えられる。
AB 間…グラフの傾きが小さくなっていくので，物体に対して運動の向きとは逆向き（西向き）に力がはたらいて，速さが減少していると考えられる。
BC 間…B を境に運動の向きが西向きに変わっていて，グラフの傾きの絶対値が大きくなっていくので，物体に対して運動の向き（西向き）に力がはたらいて，速さが増加していると考えられる。
CD 間…傾きが一定なので，物体に力がはたらいておらず，西向きに等速直線運動を行っていると考えられる。
したがって，(2)運動の向きと逆向きの力がはたらいているのは AB 間，(3)物体に力がはたらい

ていないのは CD 間，(4)西向きに力がはたらいているのは AB 間と BC 間なので，まとめてAC 間である。
(5)瞬間の速さが最大となっているのは，傾きの絶対値が最大になっている A を通過するとき。

▶**74**
(1) **0.1 秒**
(2) **174cm/s**
(3) **ア**
(4) **ウ**
(5) **実験 1**
(6) **イ，ウ**

解説 (1)1 秒間に 60 打点を打つ記録タイマーでの 6 打点分なので，
$$6÷60＝0.1〔s〕$$
(2)DE 間の距離は，
$$40.0－22.6＝17.4〔cm〕$$
よって，DE 間の平均の速さは，
$$17.4〔cm〕÷0.1〔s〕＝174〔cm/s〕$$
(3)斜面を下る台車の速さは，運動しはじめてからの時間に比例する。よって，グラフは原点を通る直線となる。
(4)斜面を下る台車の移動距離は時間の 2 乗に比例するため，グラフは放物線となる。
(5)同じ時間あたりの移動距離の大きい実験 1（図 2）のほうが速さの増加量が大きいので，斜面の傾きも大きいといえる。
(6)ア～オ…斜面を下っても斜面の傾きが変化しないので，台車にはたらく斜面方向の力は変化しない。しかし，斜面方向の力は一定の大きさではたらき続けるので，台車の速さは斜面を下るにつれて大きくなる。また，斜面の角度が大きいほど，台車にはたらく斜面方向の力も大きくなる。
カ…斜面を下るにつれてどちらも速さは大きくなるので等速ではない。

▶**75**

(1)**130cm/s**

(2)**1.3 秒後**

(3)**150cm/s**

（**解 説**）(1)P_5 を通過してから P_8 に達するまで
の時間は，$0.2〔s〕×3＝0.6〔s〕$
移動距離は，$129－51＝78〔cm〕$
したがって，この間の平均の速さは，
$$78〔cm〕÷0.6〔s〕＝130〔cm/s〕$$
(2)P_5 を通過してから P_8 に達するまでの中間地
点を通過するときであると考えられるので，
$$0.2〔s〕×5＋0.6〔s〕÷2＝1.3〔s〕$$
(3)P_6 を通過してから P_8 に達するまでの平均の
速さに等しいと考えられるので，
$$(129－69)〔cm〕÷(0.2×2)〔s〕$$
$$＝150〔cm/s〕$$

▶**76**

(1)**ウ** (2)**オ** (3)**イ**

(4)**慣性の法則**

(5)**ア** (6)**ウ** (7)**エ**

（**解 説**）(1)物体にはたらく重力 a は，斜面に
平行な向きの力 b と斜面を垂直に押す向きの
力 c に分解される。よって，物体が斜面を垂直
に押す力 d（c と作用点以外は同じ）がはたらく
ので，斜面から物体に対して垂直に押し返そう
とする力 e がはたらく（d は作用，e は反作用）。
力 e の向きはウである（下図参照。力 c～e は
同一直線上ではたらく力であるが，図を見やす
くするために，力 d と力 e の作用線を力 c の作
用線から少しずらして作図してある）。

(2)斜面から受ける力 e の作用点を重力 a の作用
点と同じ点に移動して，重力 a と斜面に平行
な向きの力 b を作図すると，重力 a と力 e の

合力が力 b になることがわかる（下図参照）。

(3)運動の向き（斜面に沿って下向き）に一定の力
がはたらき続けるので，時間とともに速くなっ
ていく。

(4)物体に力がはたらいていないとき，運動して
いる物体は，そのままの速さで等速直線運動を
続ける。これは，慣性の法則である。

(5)物体にはたらく重力 a は，斜面に平行な向
きの力 b' と斜面を垂直に押す向きの力 c' に分
解される。よって，物体が斜面を垂直に押す力
d' がはたらくので，斜面から物体に対して垂
直に押し返そうとする力 e' がはたらく（下図左
参照）。
斜面から受ける力 e' の作用点を重力 a の作用
点と同じ点に移動して，重力 a と斜面に平行
な向きの力 b' を作図すると，重力 a と力 e' の
合力が力 b' になることがわかる（下図右参照）。

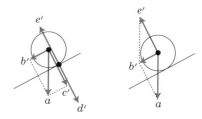

(6)運動の向きは斜面に沿って上向きであるが，
斜面に沿って下向きに力がはたらいているため
物体の速さは遅くなり，D で一瞬静止したあと
（A と D は同じ高さであると考えられる），折
り返す。

(7)斜面の傾きが大きいほど，物体が斜面から受
ける力は小さい。したがって，エが正しい。

▶**77**

(1)④　(2)**80cm/s**

(3)(a)ア　(b)ウ

解説　(1)①から 0.1 秒間隔でストロボ写真に
とっているので，②が 0.1 秒後，③が 0.2 秒後，
④が 0.3 秒後，⑤が 0.4 秒後である。

(2)0.1 秒後から 0.3 秒後までの 0.2 秒間で，
16cm（18 − 2 = 16）移動しているので，平均の
速さは，16〔cm〕÷ 0.2〔s〕= 80〔cm/s〕

(3)(a)摩擦や空気の抵抗がない場合，斜面を下
る物体の運動で，物体の速さは時間に比例する
ため，原点を通る直線のグラフとなる。

(b)摩擦や空気の抵抗がない場合，斜面を下る
物体の運動で，物体の移動距離は時間の 2 乗
に比例するため，原点を通る放物線のグラフと
なる。

斜面を下る物体の運動（落下運動） **最重要**
※摩擦や空気抵抗を考えない場合
①物体の速さは時間に比例する。
　（グラフは直線）
②物体の移動距離は時間の 2 乗に比例する。
　（グラフは放物線）

▶**78**

(1)**0.1 秒**　(2)**18cm/s**　(3)**30cm/s**

(4)① **12**　②**等速直線**

③**約 85**　④**慣性**

(5)**21.6cm**

(6)①**ア**　②**オ**　③**キ**

解説　(1)紙テープは 6 打点ごとに切ってい
るので，紙テープ 1 本のはばは 6 打点する間
の時間を示している。1 秒間に 60 回打点する
記録タイマーなので，6 回打点する時間は，

　　6〔回〕÷ 60〔回/s〕= 0.1〔s〕

(2)AD 間は 0.3 秒で，5.4cm 移動しているの
で，AD 間での力学台車の平均の速さは

　　5.4〔cm〕÷ 0.3〔s〕= 18〔cm/s〕

(3)CD 間の移動距離は，

　　5.4 − 2.4 = 3.0〔cm〕

CD 間は 0.1 秒間で，3.0cm 移動しているので，
CD 間での力学台車の平均の速さは

　　3.0〔cm〕÷ 0.1〔s〕= 30〔cm/s〕

平均の速さ **最重要**
ある区間を一定の速さで移動したと考えた
ときの速さ。途中の速さの変化は無視した
ものである。
「全移動距離÷かかった時間」

瞬間の速さ
ごく短い時間に移動した距離をその時間で
割って求めた速さ。
速度計などの示す速さなど。

---

(4)①各区間での平均の速さと，その変化をまと
めると次の表のとおり。

	長さ〔cm〕	平均の速さ〔cm/s〕	速さの変化〔cm/s〕
AB間	0.6	6	
			12
BC間	1.8	18	
			12
CD間	3.0	30	
			12
DE間	4.2	42	

このように，0.1 秒ごとに 12cm/s ずつ速さが
ふえている。

②力学台車に力がはたらかなくなるので，力学
台車は等速直線運動を行う。

③おもりが床についたときの速さで等速直線運
動を行う。図 3 で，紙テープの長さが変化し
ていないときは等速直線運動を行っているので，
その長さを読み取ると，約 8.5cm である。0.1
秒で 8.5cm 移動しているので，このときの力
学台車の速さは，

　　8.5〔cm〕÷ 0.1〔s〕= 85〔cm/s〕

④物体に力がはたらいていないとき，それまで
の状態を続けようとする性質（静止していた物
体は静止し続け，運動していた物体はそのとき
の速さで等速直線運動を続けるという性質）を

慣性といい，物体がもつ慣性について示した法則を慣性の法則という。

(5)図3で，6本目の紙テープより7本目の紙テープのほうが長いということから，0.6秒後はまだおもりが床についていなかったことがわかる。0.6秒後の打点をGとすると，FG間の長さは，5.4＋1.2＝6.6〔cm〕なので，AF間の長さは，15.0＋6.6＝21.6〔cm〕

(6)①力学台車にはたらく力が大きくなるので，力学台車の速さのふえ方も大きくなる。

②おもりが自由な状態であれば，おもりの重さに関係なく，落下運動では同じ割合で速さが増加するが，この問題では台車を引いているので，おもりの重さが重くなるほどおもりの速さの増加する割合が大きくなる。したがって，床に達するまでの時間は短くなる。

③力学台車の速さが増加する割合は大きくなり，おもりが床に達したときのおもりの速さおよび力学台車の速さも速くなり，その後はその速さで等速直線運動を行う。

▶*79*

(1)**48cm**　(2)**108cm**

(3)**84cm/s**　(4)**96cm/s**

解説 (1)1秒＝$\frac{4}{4}$秒後なので，1秒間で移動した距離は，3＋9＋15＋21＝48〔cm〕

(2)$\frac{1}{4}$秒ごとに移動距離が6cmずつ大きくなっているので，$\frac{5}{4}$秒後から$\frac{6}{4}$秒後までの移動距離は，27＋6＝33〔cm〕

したがって，$\frac{6}{4}$秒間で移動した距離は，

$$48＋27＋33＝108〔cm〕$$

(3)$\frac{3}{4}$秒後から$\frac{4}{4}$秒後までの移動距離は21cmなので，この間の平均の速さは，

$$21〔cm〕÷\frac{1}{4}〔s〕＝84〔cm/s〕$$

(4)1秒後の物体の瞬間の速さは，$\frac{3}{4}$秒後から$\frac{5}{4}$秒後までの平均の速さに等しい。

$\frac{3}{4}$秒後から$\frac{5}{4}$秒後までの移動距離は，

$$21＋27＝48〔cm〕$$

移動時間は，$\frac{5}{4}－\frac{3}{4}＝\frac{2}{4}〔s〕$

したがって，1秒後の物体の瞬間の速さは，

$$48〔cm〕÷\frac{2}{4}〔s〕＝96〔cm/s〕$$

▶*80*

(1)① **2**　② **22.5**

(2)③ **1**　(3)④ **1**

解説 (1)①図2のグラフで，スタート地点からゴール地点までの台車の移動した距離は，移動した時間を底辺，ゴール地点での速さを高さとした三角形の面積で表すことができる。よって，台車Yがゴールするまでの時間をt〔s〕，台車Yがゴールしたときの速さをv〔m/s〕とすると，$v×t÷2＝45……$(a)

また，図2より，スタートしてから同じ時間の台車の速さを比べると，台車Xの速さは台車Yの速さの2倍になっていることがわかるので，台車Yがゴールするまでの時間を台車Xがゴールするまでのx倍とすると，

$$\frac{vx}{2}×tx÷2＝90……(b)$$

(a)と(b)を連立させてxについて解くと（(a)を(b)に代入する），$x＝±\sqrt{4}＝±2$

条件よりxは正の数なので，$x＝2$〔倍〕

②スタートから同じ時間の台車Yの速さは台車Xの速さの$\frac{1}{2}$倍なので，そのときの移動距離（三角形の面積）も$\frac{1}{2}$倍になる。よって，

$$45×\frac{1}{2}＝22.5〔cm〕$$

(2)台車Xがゴールするまでの時間をt〔s〕，台車Xがゴールしたときの速さをv〔m/s〕とすると，台車Yのt秒後の速さは$\frac{v}{2}$〔m/s〕である。台車Yがゴールするまでの時間は台車Xがゴールするまでの2倍なので，台車Yがゴールするときの速さは，

$$\frac{v}{2}×2＝v〔m/s〕$$

となり，台車Xがゴールするときの速さと等しい。

(3)摩擦や空気の抵抗を考えないので，質量の大きさは物体の運動に関係しない。よって，斜面

の傾きと斜面の長さが変わらないので台車の運動も変わらない。

▶**81**

(1)ア…$\dfrac{t_1+t_2}{2}$

イ…**2.4**

ウ…**1.2**

エ…**1.2T＋1.2**

オ…**1.2T²＋1.2T**

カ…**2.4t＋1.2**

(2)① **3 秒**　② **8.4m/s**

(3)① **0.5 秒**　② **0.3m**

解説　(1)ア…t_1 と t_2 の平均の時刻になるので，2 つの時刻を足して 2 で割ればよい。

イ，ウ…いろいろな区間のまん中の時刻と平均の速さを求めると，次の表のようになる。

区間〔s〕	まん中の時刻〔s〕	平均の速さ〔m/s〕
0.0～1.0	0.5	2.4
0.0～2.0	1.0	3.6
1.0～2.0	1.5	4.8

この結果より，平均の速さは 1 秒ごとに 2.4m/s ずつ大きくなっていることがわかる。また，この表の結果から，次の式が導ける。

　　平均の速さ
　　　　＝2.4〔m/s〕×まん中の時刻＋1.2〔m/s〕

エ…2.4〔m/s〕×$\dfrac{T}{2}$＋1.2〔m/s〕

　　＝1.2〔m/s〕×T＋1.2〔m/s〕

オ…平均の速さで T 秒動いたと考えて，

　　(1.2〔m/s〕×T＋1.2〔m/s〕)×T

　　　　＝1.2〔m/s〕×T^2＋1.2〔m/s〕×T

カ…2.4〔m/s〕×t＋1.2〔m/s〕

(2)① 1.2T^2＋1.2T＝14.4　　　$T＞0$

この 2 次方程式を解くと，$T＝3$

② 2.4t＋1.2 に $t＝3$ を代入すると，

　　2.4×3＋1.2＝8.4〔m/s〕

(3)① A のときの速さは 0 なので，

2.4t＋1.2＝0 を解くと，$t＝-0.5$〔s〕

A は B より 0.5 秒前なので，AB 間を動く時間は 0.5 秒である。

② AB 間の距離を x とすると，

　　　1.2T^2＋1.2$T＝x$

$T＝-0.5$ を代入すると，$x＝-0.3$

A は B の 0.3m 手前なので，AB 間は 0.3m である。

▶**82**

(1)**左向き**

(2)あ…**30**　い…**100**

(3)**ク**　(4)う…**22.5**　え…**4.2**

(5)**160cm**

(6)**1.4√5 m/s**　(7)**100cm**

(8)**1.4√2 m/s**

解説　(1)摩擦力は運動の向きと逆向きにはたらく。運動の向きは右向きなので，摩擦力の向きは左向きである。

(2)表より，距離 y は高さ x に比例していることがわかる。よって，

　　（あ）：75 ＝ 10：25　（あ）＝ 30

　　40：（い）＝ 10：25　（い）＝ 100

(3)物体アを 80cm の高さではなすと，

　　80：y＝10：25　y＝200〔cm〕

問題文より，物体イを 80cm の高さではなしたときも距離 y は 80cm になっているので，物体の重さを変えても物体をはなす高さ（x）を同じにすれば，y の値は同じになっている。これは，物体の質量が大きくなるほど物体のもつ運動エネルギーは大きくなるが，それと同時に，物体にはたらく摩擦力も同じ割合で大きくなるからである。

(4)表より，高さ z は点 B での速さの 2 乗に比例している。よって，

　　0.7²：2.5 ＝ 2.1²：（う）　（う）＝ 22.5

　　0.7²：2.5 ＝（え）²：90　（え）＝ 4.2

（別解）点 B の速さが 0.7 秒，高さ z が 2.5cm のときを基準とする。

2.1 は 0.7 の 3 倍なので，高さ z は 3^2 倍である。

よって，（う）＝ $2.5 \times 3^2 = 22.5$

90 は 2.5 の 36 倍＝ 6^2 倍である。

よって，（え）＝ $0.7 \times 6 = 4.2$

(5)斜面の角度に関係なく，物体の水平面での速さが同じであれば，物体は同じ高さの点まで上がろうとするので，求める高さを h〔cm〕として，

$$0.7^2 : 2.5 = 5.6^2 : h \quad h = 160 \,〔cm〕$$

（別解）5.6m/s は 0.7m/s の 8 倍なので，最高点の高さは，$2.5 \times 8^2 = 160$〔cm〕

(6)〔Ⅲ〕の点 C での速さと物体をはなす高さ x の関係は，〔Ⅱ〕の点 C での速さと物体が斜面上で達する最高点の高さ z の関係と同じである。

よって，〔Ⅲ〕で $x = 50$〔cm〕の物体アの速さを R〔m/s〕とすると，

$$0.7^2 : 2.5 = R^2 : 50$$
$$R = \sqrt{9.8} = 1.4\sqrt{5} \,〔m/s〕$$

（別解）50cm は 2.5cm の 20 倍である。よって，

$$0.7 \times \sqrt{20} = 0.7 \times 2 \times \sqrt{5} = 1.4\sqrt{5}$$

(7)〔Ⅰ〕より，点 D より右側も CD 間と同じ面が続いていたとすると 125cm 移動していたはずである。次に，〔Ⅱ〕より，摩擦のない水平面で物体アの速さが 1.4m/s になるのは，物体をはなす高さが 10cm のときである。また，〔Ⅰ〕より，高さ 10cm のときに摩擦のある面を移動する距離は 25cm であることがわかる。したがって，CD 間の距離は，

$$125 - 25 = 100 \,〔cm〕$$

(8)〔Ⅰ〕より，高さ 60cm で物体をはなしたときに摩擦面を移動する距離を $y$cm とすると，

$$60 : y = 10 : 25 \quad y = 150 \,〔cm〕$$

よって，図 3 の D 点を通過して，さらに 50cm だけ摩擦のある面を移動することになる。

〔Ⅰ〕より，物体が摩擦のある面を 50cm 移動するときに物体を放した高さは 20cm である。

〔Ⅱ〕より，高さ 20cm は 10cm の 2 倍なので，点 D を通過するときの物体アの速さは，

$$1.4 \,〔m/s〕 \times \sqrt{2} = 1.4\sqrt{2} \,〔m/s〕$$

3 ｜ 力学的エネルギー

▶83

① キ　② オ　③ ア　④ ウ

解説 ①基準面より高いところにある物体は位置エネルギーをもち，運動している物体は運動エネルギーをもつ。

②位置エネルギーと運動エネルギーの和を力学的エネルギーといい，常に一定に保たれている（力学的エネルギーの保存）。

③質量が一定であれば，高い位置にある物体ほど，もっている位置エネルギーは大きい。

④ふりこの運動では，常に位置エネルギーと運動エネルギーが変換されている。位置エネルギーが減少した分だけ運動エネルギーが大きくなるので，位置エネルギーが最も小さくなった C の位置のとき，運動エネルギーが最も大きくなり，おもりの速さも最も大きくなる。

力学的エネルギーの保存 **最重要**

①位置エネルギーと運動エネルギーの和を力学的エネルギーという。

②摩擦や空気の抵抗などがない場合，物体のもつ力学的エネルギーは一定に保たれている。これを力学的エネルギーの保存（力学的エネルギー保存の法則）という。

▶84

(1) ウ　(2) ア

(3) ウ　(4) キ　(5) オ

解説 (1)台車が斜面を下るとき，台車の速さは時間に比例するので，グラフは原点を通る直線となる。

(2)水平面上では運動の向きに力がはたらかないため，台車は等速直線運動を行う。したがって，時間が進んでも速さは変化しないのでアのようなグラフとなる（縦軸が速さ，横軸が時間）。

(3)物体が等速直線運動を行っているとき，物体の移動距離は時間に比例するので，グラフは原点を通る直線となる。

(4)AB 間では，物体の進んだ距離が増加するにつれて位置エネルギーが減少するので，右下がりの直線となる（縦軸が位置エネルギー，横軸が物体の進んだ距離）。台車が B 点に達したとき位置エネルギーは 0 になるので，縦軸の値も 0 になり，そのまま変化しないのでキのようなグラフになる。

(5)前問(4)とまったく逆で，AB 間では，運動エネルギーは物体の進んだ距離に比例するので，グラフは原点を通る直線となる。B 点を通過して水平面になると運動エネルギーは変化しないため縦軸の値は変化せず横軸に平行になる（縦軸が運動エネルギー，横軸が物体の進んだ距離）。これを満たしているのは，オのグラフである。

▶**85**

(1)**3cm**　(2)**4N**　(3)**0.36J**

(4)**動滑車，輪軸，クレーン，斜面** など
から１つ

解説 (1)$10:30=x:9$　$x=3$〔cm〕

(2)仕事の原理より，おもりがされた仕事と B 点に加えた力がした仕事は等しい。したがって，

　　12〔N〕$×3$〔cm〕$=x$〔N〕$×9$〔cm〕

　　$x=4$〔N〕

(3)増加したおもりの位置エネルギーは，おもりがされた仕事の大きさに等しい。したがって，

　　12〔N〕$×0.03$〔m〕$=0.36$〔J〕

(4)クレーンは動滑車を複数組み合わせている。

▶**86**

(1)①**ア**　②**イ**　(2)**エ**

解説 (1)①高いところにある物体ほど位置エネルギーが大きく，物体の位置が低くなるにつれて運動エネルギーに変換されていく。よって，おもりの位置が低いほど運動エネルギーは大きい。

②力学的エネルギーとは位置エネルギーと運動エネルギーの和のことである。摩擦や空気の抵抗がない場合，力学的エネルギーは一定に保たれる。これを，力学的エネルギーの保存（力学的エネルギー保存の法則）という。

(2)位置エネルギーが等しくなる同じ高さの地点まで振れるので，エの位置まで振れる。このとき，一瞬静止したあと，真下に落ちると考えられる。

▶**87**

(1)①**下図**　②**ウ**　③$a+b=c+d$

(2)①**誘導電流**　②**ウ**

(3)**力学的エネルギーが電気エネルギーに移り変わったから。**

解説 (1)①物体にはたらく重力の向きは鉛直下向きである。

②位置エネルギーが最小になるとき運動エネルギーが最大になるので，最も低い位置であるウの位置を通過するときである。

③位置エネルギーと運動エネルギーの和を力学的エネルギーという。同じ物体が運動しているとき，摩擦や空気の抵抗がなければ力学的エネルギーは一定に保たれる（力学的エネルギーの保存）。イの位置での力学的エネルギーは $a+b$，エの位置での力学的エネルギーは $c+d$ で，これらは等しいので，$a+b=c+d$ という関係式が成立する。

(2)①コイルの中を棒磁石が通過することによって，コイル内の磁界が変化し，コイルに電圧が生じ，電流が流れたのである。このような現象のことを電磁誘導といい，このときに流れる電流を誘導電流という。

②棒磁石がコイル内を通過する速さが大きいほど，コイル内の磁界の変化が大きくなり，最も強い電圧が生じて，最も大きい電流が流れる。棒磁石の動きが最も速くなるのは，運動エネルギーが最も大きくなるウの位置を通過するとき。

(3)実験2では，棒磁石がもっている力学的エネルギーが電磁誘導によって電気エネルギーに変換されていったと考えられる（エネルギーの保存）。

▶88

(1)下図

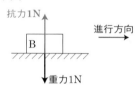

(2)〜(4)下図

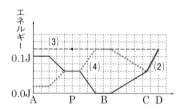

(5)ウ

解説 (1)B点は水平面上にあり，物体Qが水平面上を運動するときは，物体Qの運動に影響をおよぼす力ははたらいていないので，物体Qは等速直線運動を行う。このとき物体Qにはたらいている力は，重力と，重力とつり合うように水平面が物体Qを鉛直上向きに押す力（垂直抗力）だけである。

(2)力学的エネルギーは保存されるので，D点での物体Qの力学的エネルギーは0.12Jであると考えられる。D点では物体Qが一瞬静止するので，このときの運動エネルギーは0である。よって，力学的エネルギー0.12Jはすべて位置エネルギーに変換されていると考えられる。し

たがって，D点での位置エネルギーが0.12Jになっている点まで直線を引けばよい。

(3)力学的エネルギーは保存されるので，0.12Jのまま変わらない。

(4)位置エネルギーとの和が0.12Jになるように，グラフをかく。また，C点までなので，D点までかく必要はない。

(5)飛び出したあと，物体Qは下図のように，その運動の中で最も高い位置に達したときも静止しないので，運動エネルギーは0にはならない。力学的エネルギーは0.12Jで保存されており，運動エネルギーが0にはならないので，位置エネルギーの最大値は0.12Jに達しない（0.12Jより小さい）。

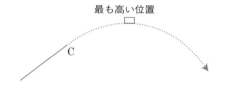

▶89

(1)ア，エ (2)ウ，カ

解説 (1)ア：斜面からはたらく抗力とは，台車にはたらく重力の斜面に垂直方向の分力に対する反作用である。斜面の傾きが大きくなるほど，この力は小さくなる。⇨○

イ：力の向きに運動する距離は等しいが，運動の向きにはたらく力（台車にはたらく重力の斜面方向の分力）は台車1のほうが大きい（傾きが大きい）ため，重力がする仕事は台車1のほうが大きい。⇨×

ウとオ：物体にはたらく重力の大きさは物体の位置に関係しない。⇨×

エ：重力と斜面からはたらく抗力との合力は，重力の斜面方向の分力に等しいので，斜面の傾きの大きい台車1のほうが大きい。⇨○

(2)アとエ：物体にはたらく重力の大きさは物体の位置に関係しない。⇨×

イ：物体の位置エネルギーが等しくても，重力が等しいとは限らない。⇨×

ウ：台車3と4は同じ規格の台車なので，台車にはたらく重力は等しい。さらに，位置Oまでの高さの変化も等しいので，減少した位置エネルギーの大きさも等しい。したがって，位置Oで台車3，4がもっている運動エネルギーの大きさも等しい。⇨○

オ：重力と抗力との合力は，重力の斜面方向の分力に等しいので，はじめは傾きの大きい台車4のほうが大きく，傾きがゆるやかになると台車4のほうが小さくなる。⇨×

カ：斜面の抗力の向きは斜面に対して垂直で，台車はその向きに運動していないので，斜面の抗力がする仕事はどちらも0である。⇨○

▶**90**
(1)**408J**
(2)**右図**

（解 説）(1)B点での位置エネルギーは，
$$30〔W〕×20〔s〕×0.8=480〔J〕$$
B点からC点へ移動する間に位置エネルギーは10％になり，熱エネルギーにも5％変換されたので，C点で運動エネルギーとなっているのは，B点での位置エネルギーの85％（100－10－5＝85）である。よって，
$$480〔J〕×0.85=408〔J〕$$
(2)C点での運動エネルギー E_1 は，前問(1)で求めたとおり408Jである。C点での位置エネルギー E_2 は，B点での位置エネルギーの10％なので，$480〔J〕×0.1=48〔J〕$
物体がA点からB点まで移動したときに生じた熱エネルギーは，
$$30〔W〕×20〔s〕×0.2=120〔J〕$$

物体がB点からC点まで移動したときに生じた熱エネルギーは，B点での位置エネルギーの5％なので，
$$480〔J〕×0.05=24〔J〕$$
よって，物体がA点からC点まで移動したときに生じた熱エネルギー E_3 は，
$$120〔J〕+24〔J〕=144〔J〕$$
$$E_1+E_2+E_3=408+48+144=600〔J〕$$
したがって，それぞれの割合は次のようになる。
$$E_1：\frac{408}{600}×100=68〔\%〕$$
$$E_2：\frac{48}{600}×100=8〔\%〕$$
$$E_3：\frac{144}{600}×100=24〔\%〕$$

▶**91**
(1)**仕事をしていない。**
理由…物体が力の向きに移動していないから。
(2)**運動…等速直線運動**
速さ…0.2m/s
(3)**72m**
(4)**6100N**
(5)**9760W**
(6)**右図**

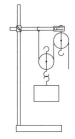

（解 説）(1)操作Ⅱのはじめの5秒間は荷物は静止しているので，荷物に対して仕事はしていない。問題とはなっていないが，その後の40秒間も水平に移動しているだけで荷物を引く力の向き（鉛直上向き）には荷物が移動していないので，荷物に対して仕事はしていない。
(2)図3の90秒後から105秒後の荷物の高さが低くなっているので，この間に操作Ⅲを行っているといえる。このグラフが直線なので，速さが変化していないことを示す。その速さは，
$$\frac{(18-15)〔m〕}{(105-90)〔s〕}=0.2〔m/s〕$$
(3)動滑車を2個使っているので，ロープを引き出す距離は荷物がもち上げられた距離の4倍

（2×2＝4）である。したがって，

$$18 \times 4 = 72 \, (m)$$

(4) 2400kg の荷物と 40kg のフックにはたらく重力の合計は，24400N である。仕事の原理より，ロープを引き出すために必要な力の大きさを $x \, (N)$ すると，

$$24400 \, (N) \times 18 \, (m) = x \, (N) \times 72 \, (m)$$
$$x = 6100 \, (N)$$

(5) この仕事を 45 秒間で行っているので，

$$24400 \, (N) \times 18 \, (m) \div 45 \, (s) = 9760 \, (W)$$

(6) 1 つの滑車を動滑車として使い，もう 1 つの滑車を定滑車として使う。

▶ **92**

(1) R_2

(2) ア

(3) S_3

(4) (a)⓪　(b)⓪　(c)⓪

(5) ク

解説 (1)摩擦や空気抵抗がないので，力学的エネルギーは保存される。したがって，すべり出した P 点と同じ高さまで達する。

(2)横軸は床からの高さである（水平方向への移動距離ではないので注意すること）。小球のもつ位置エネルギーは高さに比例して増加するので，運動エネルギーは一定の割合で減少し，R_2 に達したときに 0 になる。エと間違いやすいので注意すること（何を横軸にとっているのか確認する）。

(3)小球が R から飛び出すと，最高点に達しても静止せずに運動している。最高点に達したときに運動エネルギーが 0 になっていないということは，位置エネルギーは小球が点 P にあったときよりも，このときの運動エネルギーの分だけ小さいと考えられる（力学的エネルギーは保存されるため）。よって，点 P の高さと同じ高さには達しないことがわかる。

(4)すべて，重力以外の力ははたらいていない。

(5)高さが高くなるほど位置エネルギーが大きくなるため，運動エネルギーは小さくなる。しかし，最高点に達したときは静止していないので，運動エネルギーは 0 になってはいない。

▶ **93**

(1) A…**2.5J 増加**　B…**5.0J 減少**

(2) **1.25J**

解説 (1)下の図のように，鋭角が 30° の直角三角形の辺の比は $1 : 2 : \sqrt{3}$ なので，物体 A が斜面を移動する距離と高さの変化は 2 : 1 となる。したがって，物体 A を斜面に沿って 0.5m 上向きに引いたときに，物体 A が上昇した高さを $x \, (m)$ とすると，

$$1 : 2 = x : 0.5 \qquad x = 0.25 \, (m)$$

物体 A の質量は 1kg なので，物体 A の増加した位置エネルギーは，

$$10 \, (N/kg) \times 1 \, (kg) \times 0.25 \, (m) = 2.5 \, (J)$$

物体 B の質量も 1kg で，0.5m 落下するので，物体 B の減少する位置エネルギーは，

$$10 \, (N/kg) \times 1 \, (kg) \times 0.5 \, (m) = 5.0 \, (J)$$

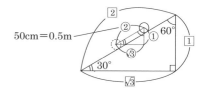

(2)物体 A，B は同じ質量で，同じ速さで動くので，物体 A，B がもつ運動エネルギーは等しい。物体 A，B は糸でつながっているので 1 つの物体として考えると，力学的エネルギーは保存されるので，はじめの状態から増減した位置エネルギーと増加した運動エネルギーの和は 0 になる（はじめの状態から力学的エネルギーの和は変化しないため）。よって，物体 A のもつ運動エネルギーを $x \, (J)$ とすると，物体 B のもつ運動エネルギーも $x \, (J)$ なので，次のようになる。

$$2.5 \, (J) - 5.0 \, (J) + 2x \, (J) = 0$$
$$x = 1.25 \, (J)$$

3編 実力テスト

▶ **1**

(1)① **32cm/s**　② **152cm/s**

(2)**480cm/s**　(3)**力**

(4)**等速直線運動**

解説　(1)$\frac{3}{60}$〔s〕＝0.05〔s〕なので，AB 間の平均の速さは，

　　1.6〔cm〕÷0.05〔s〕＝32〔cm/s〕

FG 間の平均の速さは，

　　7.6〔cm〕÷0.05〔s〕＝152〔cm/s〕

(2)前間(1)の AB 間の中間から FG 間の中間までの時間（速さの変化が一定なので，平均の速さはその区間の中間地点を通過するときの瞬間の速さを示す）は 0.25 秒なので，1 秒間での速さの変化は，

　　$(152-32) \times \dfrac{1}{0.25} = 480$〔cm/s〕

(3)台車が進んだ距離と時間の関係を表すグラフは放物線となる（台車が進んだ距離は時間の 2 乗に比例するため）ので，正しいものはない。台車の速さと時間の関係を表すグラフは原点を通る直線となり（台車の速さは時間に比例するため），斜面の傾きが大きいほど速さの変化も大きくなるのでグラフの傾きも大きくなる。このようなグラフとなっているのは**力**である。

(4)台車に対してはたらく力は重力と，重力につり合う水平面が台車を鉛直上向きに押す力のみである。台車の運動に影響をおよぼす力ははたらいていないので，台車は Q を通過したときの速さのまま等速直線運動を行う。

▶ **2**

(1)**1250000J**　(2)**12500N**

(3)**力…(2)のときの 0.1 倍**

仕事…(2)のときと同じ

解説　(1)2500kg の石をもち上げる力の大きさは 25000N である。したがって，

　　25000〔N〕×50〔m〕＝1250000〔J〕

(2)仕事の原理より，高さ 50m まで斜面を引き上げたときの仕事は，直接 50m もち上げた仕事((1)で求めた 1250000J)に等しい。したがって，斜面にそって石を引き上げる力を x〔N〕とすると，

　　x〔N〕×100〔m〕＝1250000〔J〕

　　x＝12500〔N〕

(別解) 下図のように，石にはたらく重力：斜面にそった力＝2：1　となるので，斜面に沿って石をもち上げる力を x〔N〕とすると，

　　$25000 \times x = 2 : 1$　$x = 12500$〔N〕

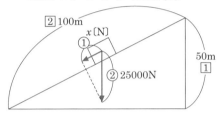

(3)仕事の原理より，仕事の大きさは(2)と同じである。したがって，斜面にそって引き上げる力を x〔N〕とすると，

　　x〔N〕×1000〔m〕＝1250000〔J〕

　　x＝1250〔N〕

（物体が移動する距離が 10 倍になるので，物体にはたらく力は 10 分の 1 倍になる。）

また，(2)の別解のようにして力の大きさを求めてもよい。

▶ **3**

(1)**イ**

(2)**イ**

(3)① **イ**　② **ア**

解説　(1)位置エネルギーが最も小さくなる点で，運動エネルギーが最も大きくなる。

(2)低くなっていくので位置エネルギーは減少する。また，減少した位置エネルギーの分だけ運動エネルギーが増加していく（力学的エネルギーの保存）。

(3)位置エネルギーは基準面からの高さに比例するので，①は原点を通る直線であるイのようなグラフとなる。高さが高くなって位置エネルギーが増加した分だけ運動エネルギーは減少するので，②はイと逆のアのようなグラフとなる。横軸は高さなのでグラフは直線となることに注意すること。

▶ **4**

(1)オ

(2)イ，オ

(3)卵が受けている浮力も卵が受けている重力も変わらない。

解説 (1)卵は，卵が押しのけた水にはたらく重力と同じ大きさの浮力を受けている。また，台ばかりには，容器と水の重さに加えて卵の重さもかかるので，台ばかりの示す値は，

540＋60＝600〔g〕

(2)物体が液体に浮いているとき，物体にはたらく重力と同じ大きさの浮力が物体にはたらいている。また，台ばかりには，容器と水の重さ，卵の重さに加えて水に加えた砂糖の重さがかかっているので，台ばかりの示す値は，

600＋250＝850〔g〕

(3)卵にはたらく重力は変わらないので，卵が受けている浮力も変わらない。

4編 地球と宇宙

1 天体の１日の動きと地球の自転

▶ **94**

ア

解説 北極上空から見ると反時計回りに自転して見えるので，南極上空から見ると時計回りに自転して見える。また，地球の自転を方位で説明すると，西から東へ向かって自転している。

▶ **95**

(1)エ　(2)イ

解説 (1)π を 3.14 として赤道１周分の長さを求めると，13000×3.14＝40820〔km〕
よって，赤道上の自転の速さは，

40820〔km〕÷24〔時間〕
＝1700.8…＝約時速1700km

(2)北極星を中心として反時計回りに動いて見える。このような天体の１日の動き（日周運動）は，地球が自転していることによって起こる見かけの運動である。

トップコーチ

●地球の自転の証拠

ふりこが振動するのは，おもりに重力と張力がはたらいているからであり，振動面を回転させる力ははたらかない。ふりこが地面に対して，北半球では上から見て時計回りに回転するように見えることをフランスの物理学者フーコーが実験で確認した（1851 年）。これは地球が自転していることの証拠として，その後の天体の研究に大きな影響をおよぼした。

▶ **96**

(1)ウ

(2)動き…日周運動　理由…イ

(3)式…**33.3 ÷ 3**

昼の長さ…**11 時間 6 分**

(4)高度…**南中高度**　変化…**イ**

解説　(1)天球とは，その中心から観測したときの天体の動きを表したものである。

(2)天体の 1 日の動きを日周運動といい，これは地球の自転を原因とする見かけの動きである。

(3)全体の長さを 1 時間あたりの長さで割ると，昼の長さを求めることができる。

　　33.3 ÷ 3 = 11.1〔時間〕

(4)太陽の南中高度は，12 月下旬の冬至の日に最も低くなり，6 月下旬の夏至の日に最も高くなる。

▶**97**

ア

解説　北極星の高度は，その土地の緯度に等しいので，北緯 30 度の地点での天球を表している。また，図の太陽の位置は，真東より少し北よりにあるので，夏の日の出のときであると考えられる。

▶**98**

イ

解説　北極星と観測地（天球の中心）を結んだ線が天体の回転の軸となる。また，北極星の高度はその土地の緯度に等しい。問題文に，シンガポールの緯度はほとんど 0°と考えてよいとあるので，シンガポールでは，北極星が真北の地平線上付近に見え，図のような星の動きが見られる。

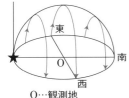

○…観測地

> **天体の日周運動**　**最重要**
> 天体の 1 日の動きのこと。地球が西から東へ自転していることが原因。
>
> **北極星の高度**
> その土地の緯度に等しい。

▶**99**

(1)**ベガ**

(2)①**オ**　②**エ**

(3)①**イ**　②**45°**

解説　(1)こと座の 1 等星をベガという。

(2)①アルタイルを含むわし座が天の赤道近くにあるということから，アルタイルが地平線上に出ている時間は約 12 時間である（天の赤道上の天体は，春分や秋分の太陽のように真東から出て真西に沈むので，地上に出ているのは約 12 時間である）。午後 9 時にアルタイルは南中しているので，地平線から出た時刻はその 6 時間前の午後 3 時ごろであると考えられる。

②太陽は正午ごろ南中するので，南中時刻が約 9 時間ずれている。1 時間で約 15 度ずれるので，太陽と離れている角度は，

　　15〔度 / 時間〕×9〔時間〕= 135〔度〕

(3)①デネブの動く道筋は，下図 1 のようであったと考えられる。

②赤道上では，デネブは下図 2 のように動くと考えられ，経度が同じなので同じ時刻に最も高くなっている。よって，そのときの高度は，

　　78 − 33 = 45〔度〕

図 1　　　　　　　　図 2

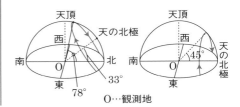

○…観測地

▶ **100**

(1)星 A…ベテルギウス

星 B…リゲル

(2)**70 度**

(3)上ってくるとき…**65 度，A より B の
ほうが高い。**

沈んでいくとき…**5 度，B より A のほう
が高い。**

(解説) (1)北半球でオリオン座を見ると，左上
に赤色の 1 等星であるベテルギウスが見え，右
下に青白色の 1 等星であるリゲルが見える。

(2)下図 1 のように，55 度で上る向きを示した
矢印と直線 AB がなす角も 55 度となる(直線
AB が地平線に平行であるため)。

図 1

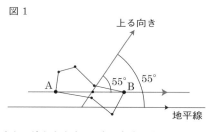

また，沈むときも 55 度の角度で右下に沈んで
いくので，下図 2 のようになる。このときも，
沈んでいく方向を示す矢印と直線 AB がなす角
は 55 度となる。三角形 abc の内角の和は 180
度なので，

$$\angle abc = 180 - (55 + 55) = 70 〔度〕$$

図 2

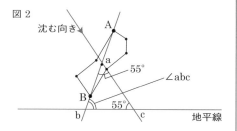

(3)はじめの観測を行った地点では春分の日の太
陽の南中高度が 55 度なので，北緯 35 度の地
点である(オリオン座が 55 度の角度で上り，
55 度の角度で沈んでいくことからもわかる)。
よって，その地点では，オリオン座は次の図 3
のように動いて見え，南緯 30 度のオーストラ
リアでは次の図 4 のように動いて見える(O…
観測地)。

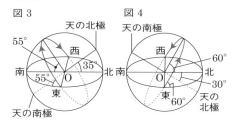

このように，オーストラリアの南緯 30 度の地
点では，オリオン座は真東から上り，北の空を
通って真西に沈む。真東から出た星が真北にき
たときの高度は，90°−緯度＝90°−30°＝60°
なので，オリオン座は東の地平線から 60 度の
角度で北へ上っていき(左上がり)，60 度の角
度で北から西へ沈んでいく(左下がり)。このと
きも，オリオン座の動く向きを示す矢印と，ベ
テルギウスとリゲルを結んだ直線 AB がなす角
の角度は 55 度のままである(日本で観測した
ときと同じはずである)。よって，オリオン座
が上るときは次の図 5，沈むときは次の図 6 の
ようになる。これは，日本で観測した動きを，
緯度の差にあたる 65 度(35＋30＝65〔度〕)だ
け回転させた(東の空は反時計回り，西の空は
時計回り)ものと同じである。

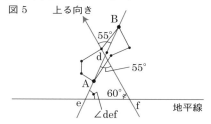

図 6

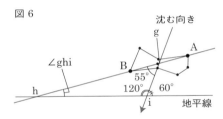

図 5 で，三角形 def の内角の和は 180 度なので，
$$\angle def = 180 - (60 + 55) = 65 \text{〔度〕}$$
また，このとき，図 5 からもわかるように，A
の星より B の星のほうが高い位置にある。次に，
図 6 で，三角形 ghi の内角の和は 180 度なので，
$$\angle ghi = 180 - (120 + 55) = 5 \text{〔度〕}$$
また，このとき，図 6 からもわかるように，B
より A のほうが高い。

▶**101**

(1)**ウ，オ** (2)**4 つ** (3)**ア，ウ，エ**

解説 (1)約 90 度反時計回りに回った位置で
ある。同じ日の北の空の星の位置は 1 時間で
約 15 度反時計回りに回り，同時刻の北の空の
星の位置は 1 か月で約 30 度反時計回りに回っ
た位置に移動している。よって，2 月に図 1 の
位置となるのは午前 3 時ごろ，5 月に図 1 の位
置となるのは午後 9 時ごろ，8 月に図 1 の位置
となるのは午後 3 時ごろ，11 月に図 1 の位置
となるのは午前 9 時ごろである。
(2)北極星の高度はその土地の緯度に等しいので，
京都では 35 度である。よって，天頂側で子午
線を通過するときに北極星と 35 度以上離れる
星，言い換えればそのときの高度が 70 度以上
の星(35 + 35 = 70)は，地面側で子午線を通過
するときは地平線の下に沈んでいる。逆に，
70 度以下の①，②，④，⑤は地平線の下に沈
むことなくいつでも見ることができる。
(3)南側に見える星の南中高度は，北の地点へ行
くほど低くなっていく。したがって，北緯 35
度の京都で南中高度が 20 度である天体は，北
緯 55 度(35 + 20 = 55)より北の地点では見るこ
とができない。

▶**102**

(1)**正午**

(2)①**冬至** ②**59.2 度**

解説 (1)「圭」は水平な床面に南北方向に設置
されているので，ひもの影が「圭」の目盛りの中
央に引かれた線と重なるのは正午である。
(2)①太陽が南中したときの影が最も長くなる日
は冬至である。
②冬至に日の南中高度 = 90 度 − その土地の緯
度 − (90 度 − 地球の地軸の公転軌道面に対する
傾き) = 90 度 − 35.7 度 − (90 度 − 66.5 度) = 90
度 − 35.7 度 − 23.5 度 = 30.8 度
したがって，
ア = 90 度 − 30.8 度 = 59.2 度

▶**103**

(1)**ア** (2)**ウ** (3)**エ** (4)**ア**

(5)**(例)オーストラリア**

(6)**(例)自動車の自動運転**

解説 (1)地球上では，低緯度地域，中緯度地
域，高緯度地域のどの地点でも，1 日で 1 回自
転する。このとき，移動距離が最も長くなる地
点は赤道上である。よって，最も高速で移動し
ているのは赤道上(低緯度地域)である。
(2)問題文の条件より，地球から離れている人工
衛星ほど公転速度は遅くなるため，楕円形の軌
道では，地球から遠い所を通るときに最も公転
速度が遅くなる。よって，日本上空での滞空時
間を長くするためには，日本上空にきたときに
地球から遠い所を公転していればよい。
(3)(2)と，人工衛星の公
転面が地球の重心を通
らなければならないと
いう 2 つの条件を満た
すためには，みちびき
は図 1 のように公転し
ていると考えられる。

図 1

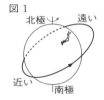

(4)みちびきの公転周期と地球の自転周期は同じ
だが，その軌道は楕円形のため公転速度は一定
にならない。日本上空では，みちびきの公転速
度が遅いため，地球上から見ると，自転の向き
と反対向きにゆっくりと動いて見え，みちびき
が描く道筋は短くなる。一方，南半球ではみち
びきの公転速度が速いため，地表の移動がみち
びきに追い越され，みちびきが描く道筋は長く
なる。また(1)より，地球の表面では，赤道に近
いほど自転による地表の移動速度が速いため，
みちびきが赤道付近上空を通るとき，地表の移
動がみちびきを追い越
す。これらのことから，
みちびきの軌道を地球
に投影させた形は，図
2のように，北半球で
小さく輪を描く8の字
の形になる。

図2

日本付近

(5)(4)の解説の図2より，日本と経度の近い国で
は，みちびきからの電波を受けることができ
るとわかる。南半球で，日本と経度の近い国に
は，オーストラリアの他にインドネシアやパプ
アニューギニアなどがある。

(6)現在でも，自動車や携帯電話のナビゲーショ
ンシステムなどがあるが，より高精度の測位シ
ステムが可能になることで，新たに自動車や農
業用トラクターの自動運転，無人航空機ドロー
ンを用いた物流サービスなどが期待される。

2 天体の1年の動きと地球の公転

▶**104**

(1)エ　(2)エ

解説　(1)地球の北極側を上として見たとき，
地球の自転の向きと公転の向きは，どちらも反
時計回りである。

(2)ア：季節の変化は，地球が地軸を公転面に対
して約66.6度だけ傾けたまま公転しているた
めに起こる。⇨×

イ：同じ星座が再び南中するのは，地球が自転
しているためである。⇨×

ウ：星座が地平線から昇ったり沈んだりするの
は，地球が自転しているためである。⇨×

エ：同時刻に見える星座の位置が季節によって
変化するのは，地球が公転しているためである。
⇨○

▶**105**

北極点…エ

北緯35度…ア

解説　北極点では，太陽がほぼ地平線と平行
に動き，毎日少しずつ高度が変化していく。お
よそ春分の日ごろ(3月下旬)に地平線から出た
太陽は，毎日少しずつ高くなっていくので，こ
の後はずっと昼の長さが24時間である。6月
下旬ごろに太陽の高さは最も高くなり(約23.4
度)，その後は少しずつ低くなっていき，およ
そ秋分の日ごろ(9月下旬)に地平線に沈む。こ
の後は，次の年の春分の日ごろまで太陽は出な
い。したがって，春分の日ごろを過ぎて太陽が
地平線から出てくると毎日昼の長さは24時間
で，秋分の日ごろを過ぎて太陽が地平線に沈む
と毎日昼の長さは0時間(夜の長さが24時間)
である。

北緯35度では，昼の長さは毎日少しずつ変化
する。冬至の日(12月下旬)に最も短くなり，
それを過ぎるとしだいに長くなっていき，春分

の日（3月下旬）に約12時間になる。それを過ぎても昼の長さが長くなっていき，夏至の日（6月下旬）に最も長くなり，それを過ぎるとしだいに短くなっていき，秋分の日（9月下旬）に約12時間になる。それを過ぎても昼の長さは短くなっていき，冬至の日に再び最も短くなる。

▶ **106**

(1)エ　(2)エ　(3)ア，イ，エ

解説　(1)太陽の1日の動きは，毎日少しずつ平行に移動する。そのときの向きは，夏至から冬至までの半年間は北から南へ，冬至から夏至までの半年間は南から北へ向かって移動する。春分の日の2か月後は，まだ夏至の1か月前なので，春分の日の太陽の動きから平行に北へ移動している。

(2)昼の長さが最も長い日はエの日である。

(3)ア：日の出や日の入りの時刻が変化するから昼の長さが変化する（問題の表でも日の出や日の入りの時刻が変化している）。

イ，エ：(1)の解説にもあるように，太陽の1日の動きが変化するので，日の出・日の入りの位置や太陽の南中高度も変化する。

ウ：地軸の向きは変化せず，北極星の高度はその土地の緯度に等しいので，季節によって変化しない。

オ：地球の公転面に対する地軸の傾きは，常に66.6°で変化しない。

▶ **107**

(1)ウ　(2)イ　(3)エ

解説　(1)正午から1時までの影の長さが最も長いものほど，影の先端の移動距離も最も大きい。影が長くなるのは太陽の高度が低くなるときなので，同時刻の太陽の高度が最も低い冬至の日である。

(2)太陽の高度が低いときのほうが影が長くなり，影の先端の移動距離も長くなるので，日の出直後や日の入り直前が最も長く，正午ごろ（太陽が南中したころ）が最も短くなる。

(3)真南から80°東ということは，真東から10°南ということである。影は太陽と反対側にできるので，このときの太陽の見える方位は，真西から10°北の方向ということになる。太陽は，春分・秋分は真西に沈み，冬至は真西より南寄り，夏至は真西より北寄りに沈むので，この観測を行った日時は，夏至の日の午後であると考えられる。

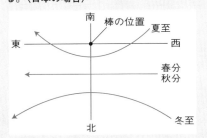

棒の影の動き **最重要**

屋外で，棒を水平面に対して垂直に立て，春分・夏至・秋分・冬至に棒の先端の影の動きを記録すると，およそ下図のようになる。（日本の場合）

▶ **108**

(1)**D**　(2)**A**　(3)②

(4)位置…①　時刻…ウ

(5)①ウ　②エ　③ア　④イ　⑤イ

解説　(1)北半球が太陽と反対側に傾いているときなのでDである。

(2)真夜中におとめ座が南中するということは，真夜中の地点から見て南側（中央に真北である北極があるので，その向きと反対側）におとめ座が見られるということである。これは，地球がAの位置にあるときである（次図参照）。

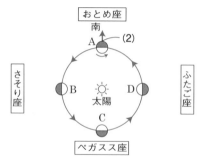

(3)真夜中になっているのは，太陽と反対側にきたときである。

(4)中心の向き（北向き）と反対の向き（南向き）におとめ座が見られるのは，①の位置から観測したときである。また，この位置ではこれから太陽が見えなくなるので，日の入りごろであると考えられる。（下図参照）。

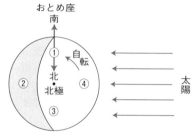

(5)①北の空の星は，北極星を中心にして1時間に15度ずつ反時計回りに動いて見える。よって，北極星の上に見える星は東から西に動いて見えるが，北極星の下に見える星は西から東に動いて見える。

②北極星は，ほぼ北側の地軸の延長線上にあるので，ほとんど移動しない。

③同時刻に見える星の位置は，1か月に約30度ずつ，日周運動と同じ向きに移動している。南の空の星の日周運動の向きは東から西に向かうので，同時刻に見える星の位置も，毎月約30度ずつ東から西に移動している。

④太陽の南中高度は1年間で46.8度ほど変化するが（南北の変化），南中時刻はそれほど変化しない。よって，太陽の同時刻の方位はあまり変化しない（東西の変化）。これに対して，星の

同時刻の位置は1か月で約30度ずつ東から西へ進んでいくので，太陽は黄道上の星の間を1か月で約30度ずつ西から東に移動しているといえる。

⑤月は地球のまわりを地球の自転と同じ向きに公転しているので（公転周期は約27.3日），同時刻の月の位置は1日で約12度ずつ西から東へ移動している。

●太陽や星などの天体は，約1時間で15度ずつ移動する（日周運動）。 最重要
①南の空…東→南→西
②北の空…北極星を中心にして反時計回り（星の場合のみ）
●同じ星が同じ位置に見える時刻は（南中時刻など），1か月で約2時間ずつ早くなる。

トップコーチ
● **1年の長さとうるう年**
太陽が，黄道12星座の同じ星座を再び通過する周期は約365.2422である。そのため，1年を365日とすると，太陽の動きが暦に対して1年あたり0.2422日ずつ遅れ，4年で0.9688日ずれる。これを修正するために，4年に1回，1年を366日として「うるう年」を設けている。

▶**109**
(1)カ　(2)イ　(3)イ
(4)カ　(5)ウ　(6)イ

解説 (1)真東を通る星が地上に出ている時間は12時間なので，東の地平線から出て南中するまでの時間は6時間である。よって，
午後6時30分＋6時間
＝午前0時30分（頃）

(2)$90° -$ 緯度 $- 23.4° = 90° - 35° - 23.4° = 31.6°$

(3)北緯 35 度の地点では，真東を通る星の南中高度は 55 度になる(90°－緯度)。よって，B のみである。

(4)天の北極と観測地を結んだ線(延長線も含む)を軸として回転させたとき，地平線より上に出ない星なので，E のみである。

(5)赤道上での太陽の動きは，1 年間で下の図のように変化するので参考にすること。

ア：太陽の動く速さは常に一定なので誤り。

イ：下図のように真東から出て真西に沈むのは春分と秋分のみなので誤り。

ウ：春分と秋分の太陽は，下の図のように天頂を通るので正しい。

エ：下図のように，太陽の高度が天頂を通るのは春分と秋分なので，誤り。

オ：昼と夜の長さは 1 年中変化しないが，太陽の南中高度は，下図のように変化する。

赤道上の太陽の動き

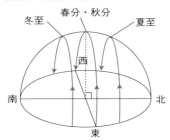

(6)同時刻に見える星の位置が 1 か月に 30 度ずつ東から西へ移動するので，太陽は，星座に対して西から東へ移動するように見え，1 年間でもとの星座の位置にもどる。

▶110

(1)ウ　(2)エ

解説　(1)オリオン座は黄道より南側にある。また，星座の同時刻の位置は東から西へずれていく。

(2)北斗七星やカシオペヤ座などの北の空の星は，北極星を中心にして反時計回りに回る。また，

北緯 36 度の東京ではカシオペヤ座は沈まないが，北斗七星の一部は地平線の下に沈む。北緯 40 度くらいになると，北斗七星も地平線の下にまったく沈まなくなる。また，東京では高い建物が多かったり，山や傾斜があるので，カシオペヤ座もこれらにかくれて見えなくなることもあるが，このような場合でも地平線より上にある。

▶111

(1)A…**365.25**　B…**365.2425**

(2)**3 月 1 日**　(3)**7 回**

(4)**右図**

(5)**梅雨明け後で晴れが多いから。**

(6)**イ，エ**　(7)**イ**

解説　(1)A：$(365 \times 4 + 1) \div 4 = 365.25$〔日〕

B：$(365.25 \times 400 - 3) \div 400 = 365.2425$〔日〕

(別解)$365.25 - \dfrac{3}{400} = 365.2425$〔日〕

(2)2000 年はうるう年なので，2100 年，2200 年，2300 年はうるう年ではなく，2400 年がうるう年となる。

(3)11〔日〕$\times 19$〔年〕$= 209$〔日〕なので，
209〔日〕$\div 29.53$〔日〕$= 7.0 \cdots \fallingdotseq$約 7 回

(4)旧暦は 1 日を新月としているので 7 日はほぼ上弦の月となる。上弦の月は正午ごろに地上に出て午後 6 時ごろに南中し，午前 0 時ごろに沈むので，七夕の夜(午後 9 時前後)は南中したあとなので，解答の図のように少し傾いて見える(方位はおよそ南西の空)。

(5)新暦の 7 月 7 日は，一部の地域をのぞいてまだ梅雨が明けておらず，雨が降ることが多い。

(6)新暦の 8 月 15 日は満月であるとは限らず(満月でないことが多い)，一般に月を鑑賞する 18 時〜 21 時ごろに月が出ているとは限らない。これは，日付と月の見え方の関係が一致していないからである。

(7)南を向いて見上げているので，月が天の川の

西にあるということは，この図では月が天の川の右側にあることになる（ア～エ）。また，いて座は黄道 12 星座の 1 つであり，太陽や月の通り道の近くを通るため，南中高度も月の南中高度とほぼ同じになる（ア～エ⇨イ，エ）。問題文より，こと座のベガは天の川よりも西側にあるとわかるので，答えはイということになる。

▶**112**

(1)地球の地軸が，公転面に垂直な向きに対して **23.4°**（公転面に対して **66.6°**）だけ傾いたまま太陽のまわりを公転しているため。

(2)**カ**

(3)①**天球上の位置…イ**

火星の南中時刻…カ

②**エ**

解説 (1)地球が公転面に垂直な向きに対して地軸を 23.4° 傾けたまま太陽のまわりを公転していることから，太陽の南中高度は 1 年間で変化する。その変化の大きさは，春分や秋分を基準にすると，夏至は＋23.4°，冬至は−23.4° となる。これに対して，星座をつくる恒星の通り道は 1 年を通して変化しない（同じ位置に見える時刻が少しずつ変化するだけである）ため，太陽の天球上の赤緯が 1 年を通じて±23.4°変化するのである。

(2)①地軸の傾きを 23.4° としたとき，北緯 35° での夏至の日の太陽の南中高度は，

$$90° - 35° + 23.4° = 78.4°$$

太陽の南中高度の求め方 最重要
①春分・秋分…90°－その土地の緯度
②夏至…90°－その土地の緯度＋23.4°
③冬至…90°－その土地の緯度−23.4°

②夏至の日の太陽の位置と半年ずれた冬至の日の太陽の位置にある星座の近くに，満月があると考えられる。

③月が，地球の自転の向きと同じ向きに公転しているため，地球から見た同時刻の月の位置は，毎日約 12° ずつ西から東へずれていく。これに対して，地球から見た同時刻の星の位置は毎日約 1° ずつ東から西へずれていく。よって，月は，星座をつくる星の間を西から東へ移動していることになる。さらに，月の公転面が地球の公転面とほぼ一致していることから，月はおおむね黄道上を西から東へ移動していることになる。

④月の公転周期は約 27 日なので，2～3 日で太陽の約 1 か月分だけ黄道上を西から東へ移動する。

(3)①このとき，火星は，地球から見て太陽と反対の位置にあるので，天球上では太陽の 8 月の位置の半年後（半年前）の 2 月の太陽の位置の付近（みずがめ座の付近）で見られる。また，火星の南中時刻は太陽の南中時刻の 12 時間後（12 時間前）の午前 0 時（問題の選択肢では真夜中の 12 時となっている）と考えられる。

②地球の 1 年後の位置は，図 2 の位置とほとんど変わらない。火星の 1 年後の位置は，$360 × \dfrac{1}{1.88} = 約191$〔度〕だけ，公転した位置にある（下図参照）。火星の公転の向きは地球の公転の向きと同じなので，約 191 度だけ西から東へ移動している。すなわち，ちょうど地球から見た太陽の反対側よりも約 11 度公転した位置にある。よって，地球から火星を見ると，太陽よりも少し（11 度以下）だけ東側に見えることになる（下図参照）。図 1 より，8 月下旬の太陽の位置はしし座の頭あたりなので，火星もしし座の中にある。

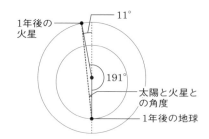

3 | 太陽と月

▶113

(1)①自転　②西

(2)①7　②イ

(3)周辺部に移動すると，惰円形（または細長い形）に見えるから。

解説　(1)地球が自転しているため，太陽の位置が時間とともに東から西へ動き，太陽の像も時間とともに移動する。よって，像が移動していく方向を，太陽が動いていく方向である西とする。

(2)①黒点が中心部に見られるときは，ほぼ平面上に見えるので，直径をそのまま比較することができる。黒点Aの直径を x〔万km〕とすると，

$$140〔万km〕:x〔万km〕=100〔mm〕:5〔mm〕$$

$$x=7〔万km〕$$

②太陽の表面の温度は約6000℃で，黒点部分の温度は約4000℃である。

(2)黒点の観察では，おもに次の2点がわかる。

・黒点が移動していることにより，太陽が自転していることがわかる。

・中央付近で円形に見えていた黒点が周辺部で惰円形（縦長）に見えることにより，太陽が球形であることがわかる。

▶114

(1)地球が自転しているから。

(2)エ

(3)月が地球の影に入るから。

解説　(1)地球から見える天体の1日の動き（日周運動）は，地球の自転による見かけ上の動きである。

(2)地球から見て右半分が光って見えるのは，地球から見て月の90度右側（西側）に太陽があるときである。

(3)月が地球の本影に入ると月食が起こる。このとき，一部が入るだけであれば一部だけが欠け

る部分月食，すべて入ると全体が赤暗く光る皆既月食となる。月の公転面は地球の公転面に対して少し傾いているので，満月のときに必ず一直線上になるというわけではないため，月食となるのは1年に1〜2回程度である。

▶115

エ

解説　菜の花の咲く季節は春である。太陽が西に沈むころなので，午後6時頃である。太陽とほぼ180度反対側の東の地平線から月が昇ってきているので，満月である。

▶116

イ

解説　a：月は地球に対して常に同じ面を向けているので，月面の同じ位置から地球を観測すると，地球の位置は変わらずに満ち欠けだけが起こる。⇨正

b：月の1日を太陽が南中してから再び南中するまでとしているので，これは月の満ち欠けの周期に等しい。よって，月の1日は地球の約29.5日である。太陽以外の恒星が南中してから再び南中するまでは月の公転周期なので約27.3日である。よって，地球の時間で，1日に恒星は $\frac{1}{27.3}$〔周〕するので，29.5日では， $\frac{1}{27.3}$〔周〕 $\times29.5$〔日〕 $=\frac{29.5}{27.3}=$ 約 $\frac{13}{12}$〔周〕する⇨正

c：太陽は黄道12星座を1年でひとまわりする。⇨誤

▶117

(1)コロナ　(2)3480km

(3)a…ア　b…イ　c…イ　d…イ

(4)エ

解説　(1)コロナとは太陽をとり巻く高温のガスの層（約100万℃）で，ふだんは光球からの光が強くて見えないが，皆既日食のときなどに見ることができる。

(2) $1392000 : x = 152000000 : 380000$

$x = 3480$〔km〕

(3) a, b：日食は，月が太陽をかくすことによって起こるので，並び方は「太陽－月－地球」の順で，このときの月は新月である。

c：地球は西から東へ自転しているので，太陽が見られる地点は東から西へ移動する。

d：24〔時間〕÷8〔時間〕＝3

(4) 地球の公転面と月の公転面が完全な同一平面上にないため，太陽－月－地球の順に並んでも完全な一直線上にならないことのほうが多く，日食にならないときのほうが多い。

▶**118**

(1) ウ　(2) オ

解説 (1) 太陽が南中してから再び南中するまでは満ち欠けの周期に等しく約30日で，これが月の1日である。よって，昼と夜は約15日ずつ続く。

(2) ④月の自転軸が月の公転方向に180度傾くと，月が自転することにより月の全面を見ることができる。

⑤月の公転周期が月の自転周期とずれていれば，地球から見える月の面が少しずつ変化していく。

▶**119**

(1) イ　(2) ア　(3) オ

解説 (1) 半径1000mの円の円周の長さは，

$1000 \times 2 \times 3.14$〔m〕

よって，弧 $\dfrac{3.14}{360} \times 1000$〔m〕の中心角 x は，

$360 \times \left(\dfrac{3.14}{360} \times 1000 \right) \div (1000 \times 2 \times 3.14)$

$= \dfrac{360 \times 3.14 \times 1000}{360 \times 1000 \times 2 \times 3.14} = \dfrac{1}{2} = 0.5$〔度〕

(2) 24時間で360度だけ回るとすると，0.5度回るのにかかる時間は，

(24×60)〔分〕$\times \dfrac{0.5}{360}$〔度〕$= 2$〔分〕

(3) 図1からもわかるように，月は地球に対して常に同じ面を向けている。これは，月の自転周期と公転周期が等しいためであるが，このような月から地球を観測すると，観測地が移動しないかぎり，地球は同じ位置で満ち欠けしたり，地球の自転により見える面が，およそ1日に1回転する（月の公転により，地球が1回転する時間は24時間より多少長い）。したがって，オのほとんど動かないので測定できないという選択肢が適当である。

4 太陽系と宇宙

▶**120**

オ

解説 ア：金星と水星は内惑星であり，地球から見て太陽と反対側にくることはないので，真夜中に観測することはできない。

イ：金星は，地球に近づくにつれて三日月のように大きく欠けていくが，地球からの距離が近くなるので大きく見える。

ウ：アの解説でも説明したとおり，金星のような内惑星が太陽と反対の向きにくることはない。

エ，オ：金星などの内惑星は，常に太陽の近くに見えるので，夕方の西の空か，明け方の東の空でしか見られない。

▶**121**

ウ，キ

解説 ア～エ：火星が最も近づくのは，地球から見て太陽と反対側にきたときなので，真夜中に南中して見える。よって，夕方は東の空，明け方は西の空に見える。

オ～キ：光があたっている部分がほぼすべて見えるので，円形に見える（次図参照）。

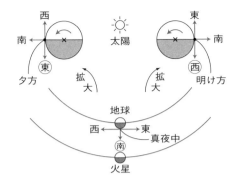

▶ *122*

① 4 個　② 木星　③ 土

解 説　①②密度が大きい地球型惑星は（5.0g/cm³ 前後），水星・金星・地球・火星の 4 個，密度が小さい木星型惑星は（1.0g/cm³ 前後），木星・土星・天王星・海王星の 4 個である。

太陽系の惑星 **最重要**

太陽系の惑星は 8 個あり，太陽から近い順に並べると，水星・金星・地球・火星・木星・土星・天王星・海王星となる。

③土星の密度は約 0.7g/cm³ で，太陽系の惑星のなかで唯一，水（1.0g/cm³）より小さい。

地球型惑星と木星型惑星

火星とそれより内側を公転する惑星は，地球のように岩石でできた固い表面をもち，密度が 3.9 〜 5.5g/cm³ と高い。一方，火星より外側を公転する惑星は，惑星自体がガスのかたまりで，はっきりとした表面はなく，密度が 0.7 〜 1.6g/cm³ と低い。特に，土星の平均密度は約 0.7g/cm³ で，水よりも小さい。これらのことより，火星と火星より内側を公転する 4 個の惑星を地球型惑星，火星より外側を公転する 4 個の惑星を木星型惑星という。太陽は，成分的には木星に近いが，非常に重いために内部で核融合が起きて，恒星となっている。逆に，木

星がもう少し大きくて重ければ，太陽のように恒星になっていたかもしれない。

冥王星

冥王星はもともと惑星に分類されていたが，その大きさや軌道などから問題視されていた。その後，冥王星よりも大きい小惑星（エリスなど）が発見されてからはその論争がはげしくなり，2006 年の国際天文学連合（IAU）の会議で，冥王星は惑星から除外された。現在ではエリスなどとともに海王星より外側を公転する「太陽系外縁天体」というグループに分類されている。

▶ *123*

(1)①イ　②ア　③ウ
(2)イ

解 説　(1)小惑星帯より内側の水星，金星，地球，火星を地球型惑星といい，小惑星帯より外側の木星，土星，天王星，海王星を木星型惑星という。地球型惑星は小型で質量が小さいが，主に岩石でできているため密度が大きい。これに対して木星型惑星は大型で質量が大きいが，おもにガスでできているため密度が小さい。
(2)地球の公転軌道の内側に入ると，地球から見て太陽の近くに見えるため，日の出前や日没後の数時間しか見ることができない。また，太陽に近づくと温度が高くなるため，成分の一部である氷がとけて尾を引いたように見えることがある。

▶ *124*

イ

解 説　次図のように，地球の自転する方向と金星の公転する方向が同じなので，宵の明星は，金星が地球に近づいてくるときに見られる。そのため，見かけの半径はだんだん大きくなっていき，光る部分はだんだん小さくなっていく。

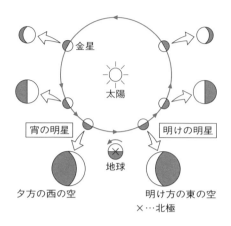

夕方の西の空　　　　　　明け方の東の空
　　　　　　　　　　　　×…北極

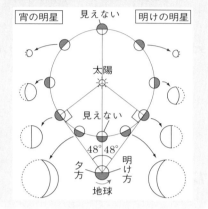

▶125

(1) A…東　B…ウ

(2) カ　(3) エ

解説 (1) A：金星などの内惑星は，太陽とあまり離れることはない（最も離れて48°）。そのため，宵の明星は日没後，太陽を追いかけるように西の地平線へ沈んでいくところが見られ，明けの明星は日の出前，東の地平線から上ってくるところが見える。

B：地球の自転の向きは公転の向きと同じなので，アやイの位置にある金星が見えるのは夕方，ウやエの位置にある金星が見えるのは明け方である。また，地球に近づくほど大きくなるが，三日月のように欠ける部分も大きくなる。よって，明け方に三日月のように見えたとき，金星はウの位置にあったと考えられる。

(2) 日周運動は惑星も恒星もほぼ同じなので，東の空に見えた金星は右上がりに（南の高い空に向かって）上っていく。

(3) 問題文の健太君の会話にもあるように，金星の公転周期は225日で地球より短い。よって，ウの位置にあったときの位置関係と比べて，少し地球から離れた位置関係になる。そのため，大きさは小さくなるが，ウにあったときより少し半月に近い形に見える。

▶126

① エ　② ア　③ イ　④ エ　⑤ イ

解説 ② アルデバランはおうし座の1等星である。

③ 地球などの惑星が太陽などの恒星のまわりを回ることを公転という。

④ 火星は1.88年で360°回るので，1年間で回る角度は，$360° \times \dfrac{1}{1.88}$ である。

⑤ 地球は1年間で360°回るので，地球と火星の1年間で公転する角度（中心角）の差は，

$$360° \times 1 - 360° \times \dfrac{1}{1.88} = 360° \times \dfrac{0.88}{1.88}$$
$$= 360° \times 0.468\cdots = 約360° \times 0.47$$

① 公転する角度の差が360°になったときに最接近するので，それにかかる年数は，

$$360° \times 1 \div (360° \times 0.47) = 1 \div 0.47〔年〕$$

これを月になおすと，

$$1 \div 0.47 \times 12 = 12 \div 0.47 = 25.5\cdots = 約26〔か月〕$$

▶127

(1) イ　(2) カ　(3) オ　(4) ウ　(5) ウ

解説 (1) 公転軌道が太陽に近い惑星ほど，公転速度（同期間に公転する角度）は大きい。

(2) ア，キ，オは，地球から見えない。金星がク

にあるときは，日没後の西の空に明るく輝き，カの位置にあるときは，夜明け前の東の空に明るく輝く。火星がイの位置にあるときは夕方ごろ南中し，真夜中ごろに沈むので，夜明け前には見えない。火星がウの位置にあるときは夕方ごろに東の地平線から出てきて，真夜中に南中し，夜明けごろ西の空に沈む。火星が工の位置にあるときは真夜中ごろに東の地平線から出てきて，明け方ごろに南中する。

(3)太陽の南中周期はほぼ 24 時間である。月は 1 日に約 50 分遅くなるので，約 24 時間 50 分である。恒星は 1 日に約 4 分早くなるので，約 23 時間 56 分である。

(4)地球の自転周期は約 23 時間 56 分であり，恒星の南中周期に等しい。

(5)月の自転周期は約 27.3 日なので，月での 1 日は，地球での約 1 か月にあたる。

▶ **128**

(1)オ　(2)ウ　(3)2 個

(4)**恒星自体の明るさ（出す光の量），地球からの距離**

(5)**イ＜ウ＜ア＜オ＜エ**

(6)①〇　②〇　③×

(7)**木星は，いつも黄道付近で観測される。**

解説　(1)太陽の表面に観測される黒点の動きを調べると，太陽が約 27 日に 1 回，東から西へ自転していることがわかる。

(2)天体望遠鏡やファインダーで，太陽をのぞいてはいけない。目を傷める危険性がある。よって，望遠鏡がつくる太陽の像を白い紙に投影させ，太陽の動きや黒点の動き，黒点の形の変化などを調べる。

(3)太陽系の惑星は，どの惑星でも満ち欠けをする。それは，太陽・地球・それぞれの惑星の位置関係が常に変化していて，地球から光があたって見える面のようすが常に変化しているためである。しかし，50%以上欠けるためには太陽－惑星－地球の順に結んでできる角度が 90

度より大きくならなければならない。このようになるのは，内惑星である水星と金星である。

(4)まず恒星自体が出している光の量に関係する。これとは別に，地球からの距離について書く必要がある。恒星の出している光の量が同じであれば，地球に近いほど明るく見える。

(5)太陽に近い惑星ほど公転周期が短い。

(6)①木星の密度は 1.33g/cm³ で，地球の密度の約 0.24 倍である。

②太陽は木星などと同じように，おもに水素によってできている（内側は分子状水素や金属水素という液体）が，木星が，中心部の核とよばれる部分だけは岩石と鉄・ニッケル合金などでできているのに対して，太陽の中心部には水素が核融合してできたヘリウムという気体（ガス）の芯があり，そのまわりを水素やヘリウムなどがおおっている。

③太陽系が属する銀河のことを銀河系といい，銀河系も銀河の 1 つなので，銀河系の中に銀河は存在しない。

(7)太陽を中心とした公転面が同一平面上にあれば，地球から木星を観測したとき，その公転面を広げた位置にある星，つまり黄道（こうどう）上の星と重なって見える。

▶ **129**

(1)ア

(2)①**方角…エ　形…イ**

②$\dfrac{\sqrt{2}\,a}{2}$

(3)ア

解説　(1)イ：地球から太陽までの距離は約 1 億 5000 万 km である。

ウ：太陽の黒点の温度は約 4000℃ である。

オ：太陽は約 27 日周期で自転している。

(2)①日没後に金星が見えるのは西の空である。その中で，太陽から最も離れたときは約 48° まで離れるので，日没直後であれば南西の方角に見られる。このときは，地球から金星の公転軌

道に向けて接線を引いたときの接点の位置に金
星があるので，太陽−金星−地球を結んででき
る角度は 90 度になる。よって，地球から金星
を見ると右半分に光があたった半月のような形
に見える。

②問題の条件で，太陽からの角度が 48° ではな
く，45° とする指定があるので注意する。すると，
次の図のように，太陽−金星−地球を結んでで
きる三角形が直角二等辺三角形となる。地球と
太陽の距離を a〔km〕，地球と金星の距離を x
〔km〕とすると，

$$a : x = \sqrt{2} : 1 \qquad x = \frac{\sqrt{2}a}{2} \text{〔km〕}$$

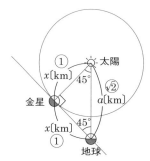

(3)イ：宵の明星が最後に見られてから明けの明
星が見られるようになるまでには数日間かかる
（金星が太陽とほぼ同じ方向にあって，金星を
見ることができない期間が数日間ある）。

ウ：満月は太陽と反対方向にきたときに見られ
る月なので，太陽の南中高度が最も低い冬至の
ころの満月ほど南中高度は高い。

エ：日食が起こるのは新月のときである。日食
は，太陽を月がかくすことによって起こる現象
なので，月が地球と太陽の間にある新月のとき
でなければ起こらない。

オ：地球から見て，金星が太陽とほぼ同じ方向
（まったく同じ方向のときは明るすぎて見えな
い）にあるとき，満月のような形に見える。こ
のとき，見ることができる時間はかなり短くな
る。また，金星は内惑星なので，太陽と反対側
にくることはない。

▶**130**

(1)イ　(2)温室(効果)

(3)自転軸が，公転面に対して傾いている
から。

解説　(2)二酸化炭素には，太陽からの熱は素
通りさせ，金星や地球の表面から宇宙空間へ出
ていこうとする熱を保とうとする性質がある。
これを温室効果という。

(3)公転面に対して自転軸が常に垂直であったな
らば，同じ地点では毎日同じように太陽が動く
ので，季節の変化が起こらない。

▶**131**

エ

解説　b：金星は地球に近づくほど欠けてい
る部分の面積が大きくなるが，見かけの大きさ
も大きくなるため明るく見える。⇨×

c：金星の表面には多量の二酸化炭素などの大
気がある。⇨×

▶**132**

(1)エ　(2)①イ　②オ　③ウ

解説　(1)地球に対して太陽の光があたってい
る面を正面から見ることができるのはエである。

(2)①日没後の南西の空に金星が見えるのは，図
2のオの付近に金星があるときなので，肉眼か
ら見た向きでは右側（太陽がある側）が光って見
える。月も同じ形なので，肉眼ではアのように
見えたことになる。同じ日に月から地球を見る
と光ってみえる部分がまったく逆になるため，
月面から見た地球はイのように見える。

②アの月を上弦の月といい，新月から満月にな
るまでのちょうど中間である。よって，このあ
とは，しだいに満ちていって満月になっていく
が，地球から月までの距離はほとんど変わらな
いので，大きさはほとんど変わらない。

③図2のオの付近からさらに地球に近づいて
くるので，欠け方は大きくなるが，全体の大き
さは大きくなっていく。

▶ *133*

(1)エ　(2)季節…イ　星座…オ

解説　(1)金星が南東に明るく見えたということは，明けの明星で，下図のように太陽から最も離れた位置にあった（太陽から 45 度ぐらい離れている）と考えられる。地球の公転速度より金星の公転速度のほうが速いので，図の矢印で示した向きに移動するような位置関係となっている。これは，太陽に近づいていくことになるので，1 週間前より東の位置に見える。

次に，プレアデス星団などの恒星は，同時刻の位置が 1 日に約 1 度ずつ東から西へ移動するので，1 週間前より西の位置に見える。

(2)太陽がおうし座の方向に見えるのは 6 月である。この日，太陽が東の地平線から出る直前におうし座が南東の空に見えることから，おうし座は太陽より約 45 度西側にあることがわかる。これは，6 月の約 1.5 か月後であると考えられるので，季節は夏である。このあと，金星は太陽のある東側に移動していくので，おうし座の東側にある（7 月に太陽と重なる）ふたご座を通過する。

黄道と太陽の 1 年の見かけの動き

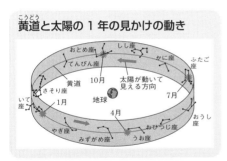

▶ **1**

(1) **E**

(2) **X**

(3)エ

(4)ウ

(5)イ

解説　(1)透明半球や天球では，円の中心を観測地としている（図 1 の E）。よって，観測地から見た太陽の通り道を記録するので，サインペンの先端の影が E と一致するように点を打つ。

(2)(3)影は太陽と反対側にできる。太陽は，およそ南の空を通るので，影は北側にできる。図 2 で，影ができているのは J と反対側なので，J は太陽が通る南であることがわかる。また，朝や夕方の棒の影の先端が（図 2 の両端）かなり北側まで伸びていることから，日の出や日の入りの位置がかなり南寄りであることがわかる。図 1 で，日の出や日の入りの位置がかなり南寄り（太陽が傾いている D が南）になっているのは曲線 X である。

(4)太陽の動きを中心角の角度で表すと，1 年中一定の速さで動いているので，この角度も一定である。この問題のように，太陽の動きを天球上の弧の長さで示す場合は，地平線の下側も示した太陽の動きを表す円周が 1 年間でわずかに変化するが（春分・秋分のときの円周が最も長い），夏至（曲線 Z）と冬至（曲線 X）のときの太陽の動きを示す円周の長さは等しいので，1 時間ごとの印の間隔も等しい。

(5)春分の日の太陽の南中高度は，∠DEH である。

$$\angle DEH = 180° - (\angle BEF + \angle FEH)$$
$$= 180° - (a° + 90°)$$
$$= 90° - a°$$

2

(1)ウ　(2)エ　(3)③　(4)④

解説　(1)北極星から見ると，地球の自転や公転の向きは，どちらも反時計回りとなっている。
(2)北半球が太陽と反対側に傾いているので，冬至の日である。
(3)北半球が星側に最も傾いているのはCの日なので，そのとき太陽と反対側に見える③の星が最も南中高度が高い。
(4)下図参照

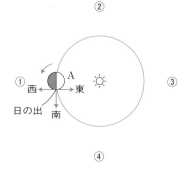

3

イ

解説　北極星の高度は，観測地の緯度に等しい。また，北天の天体は反時計回りに移動して見える。

4

(1)イ　(2)ウ　(3)ア

解説　(1)この図では，上が北，下が南にあたる。北天の星は北極星を中心に円を描くので，上を中心とした弧を描いているイが正解。ウは赤道上での，エは北極点や南極点での星の動き。
(2)恒星であれば，しし座との位置関係は変わらない。月や太陽であれば，恒星に対して東へ移動する。
(3)月の欠け方からして月食なので，満月が見られるときである。

5

(1)ウ　(2)**F**　(3)**D**
(4)**A**　(5)**24か月後**

解説　(1)真夜中に見るためには，少なくともBやDの位置より太陽と反対側にこなければならない。火星は図のように，地球から見て太陽と反対側を通ることがあるが，金星のような内惑星は，地球から見て太陽と反対側を通ることはないので，真夜中に金星を見ることはできない。
(2)地球の自転の方向から考えて，明け方に見ることができる金星の位置はF，夕方に見ることができる金星の位置はHである。EやGの位置では，太陽とまったく同じ方向なので見ることはできない(下図参照)。

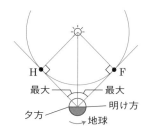

(3)地球の北極を指す向きと反対方向が南である(下図参照)。

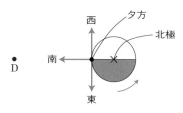

(4)地球が火星を追い越すときに，地球から火星が逆行して見える。
(5)地球と火星との回転角の差が360°になると，再び一直線上に並ぶ。よって，

$$360 \div (30 - 15) = 24〔か月後〕$$

5編 科学技術・自然と人間

1 エネルギーと科学技術の発展

▶**134**
(1)位置エネルギー
(2)エネルギー保存の法則（エネルギーの保存）

解説 (1)物体の高さが高くなっているので，物体の位置エネルギーに変換されたといえる。
(2)この問題でも，空気中へ熱エネルギーなどとして逃げていったエネルギーの分もすべてふくめて考えると，エネルギーの総和は一定に保たれている。

▶**135**
①イ ②ア ③ウ ④ウ

解説 ①暖房が床付近にあると，あたためられた空気が上昇して部屋の中に空気の対流が起こり，部屋全体があたたまりやすいが，暖房が天井付近にあると，天井付近であたためられた空気が天井付近にたまっていくので，部屋の空気に対流が起こらず，部屋の下のほうがなかなかあたたまらないため，天井付近に暖房がある場合はできるだけあたためられた風を下に向けたほうがよい。
②木やプラスチックは熱が伝導しにくい。
③ストーブから出る放射熱によってあたためられる。
④日なたでは，太陽からの放射熱をあびるのであたたかく感じる。

▶**136**
(1)A…化学 B…熱 C…運動
(2)コージェネレーションシステム
(3)再生可能な資源だから。くり返し生産できる資源だから。 など

解説 (1)石油をボイラーで燃やすことによって石油のもっていた化学エネルギーを熱エネルギーに変換している。その熱エネルギーによって水を加熱し，発生した水蒸気によってタービンを回して運動エネルギーに変換している。この運動エネルギーによって発電機を回して電気エネルギーに変換している。
(2)コージェネレーションシステムは，大型のビルや工場のほか，家庭での導入も進みつつある。
(3)計画的に管理すれば，枯渇することがない資源である。

▶**137**
(1)①運動
②モーター（電動機）
(2)エネルギーを変換する際に，エネルギーの一部が熱などになって逃げたため。

解説 (1)ハンドルを回すことによって，ハンドルが得た運動エネルギーが発電機の中で電気エネルギーに変わる（電磁誘導）。このとき生じた電流（誘導電流）が発電機bに流れると発電機がモーターと同じはたらきをし（発電機とモーターは同じようなつくりで，まったく逆のはたらきをしている），bのハンドルが回転するのである。
(2)ハンドルを回転するときに起こる摩擦や導線内を流れる電流などにより，熱などの電気以外のエネルギーが生じ，それが空気中へ逃げていったりする。このように，すべてが目的のエネルギーに変換されることはない。

エネルギーの保存
力学的エネルギーが保存されない場合でも，摩擦による熱や音，光などすべてのエネルギーへの移り変わりを考えると，エネルギーの総和は変化なく一定である。一般に，すべてのエネルギーへの移り変わりを考えると，エネルギーの総和は変化しない。これをエネルギーの保存（エネルギー保存の法則）という。

▶**138**

(1)電離作用　(2)オ　(3)ア　(4)ウ，エ

(5)単位…シーベルト　記号…**Sv**

解説　(1)放射線には，原子から電子を取りさってイオンに変える性質がある。この性質を電離作用という。

(2)(3)放射線には，いろいろな物質を通り抜ける性質（能力）がある。この性質（能力）を透過性（透過力）という。最も透過性（透過力）が小さいα線は，金属だけでなく紙も通り抜けることができない。β線は，紙は通り抜けるが，アルミニウムなどのうすい金属板は通り抜けることができない。γ線とX線は，紙やうすい金属板は通り抜けることができるが，鉛や鉄などの厚い板は通り抜けることができない。中性子線は，鉛や鉄などの厚い金属板は通り抜けることはできるが，水などの水素を含む物質やコンクリートは通り抜けることができない。

(4)α線はヘリウムの原子核，β線は原子核から飛び出した電子，γ線は原子核から出た電磁波，X線は原子核の外から出た電磁波，中性子線は原子核から飛び出した中性子である。

(5)1ミリシーベルト（mSv）= 1000分の1シーベルト（Sv），1マイクロシーベルト（μSv）= 1000000分の1シーベルト（Sv）= 1000分の1ミリシーベルト（mSv）である。世界では，年間平均2.4mSv（日本では，年間平均2.1mSv）程度の自然放射線を浴びている。

> **自然放射線による年間線量の内訳**
> 人が1年間に浴びる放射線量を2.42ミリシーベルトとしたときの内訳（世界平均）
> ①体内にとり入れた物質からの放射線量…
> 　1.55ミリシーベルト
> 　①呼吸から…1.26ミリシーベルト
> 　②食物などから…0.29ミリシーベルト
> ②体外から受ける放射線量…0.87ミリシーベルト
> 　①大地から…0.48ミリシーベルト
> 　②宇宙から…0.39ミリシーベルト

▶**139**

(1)ア，ウ，オ

(2)エ

(3)ア，ウ，カ

解説　(1)例外として電気を通すプラスチックもあるが（有機ELなど），一般的なプラスチックは電気を通しにくい。また，さびたりくさったりしにくく，衝撃に強い。

(2)PET（ペット）とは，ポリエチレンテレフタラートの略称で，<u>P</u>oly<u>e</u>thylene <u>t</u>erephthalateの下線部の3文字からとっている。

(3)ポリエチレンテレフタラートの密度は1.38〜1.40g/cm³で，水（1.0g/cm³）より大きい。また，透明で圧力に強く，燃えにくいので，ペットボトルや飲料カップ，写真フィルムなどに利用されている。

▶**140**

(1)ウ，エ

(2)(例)植物が光合成によって吸収

(3)(例)バイオエタノールを加工したり利用したりする過程などで，化石燃料の燃焼による二酸化炭素が発生するため。

解説　(1)燃料にほぼ限りがなく，環境を破壊しない太陽光，地熱，風力などを再生可能エネルギーという。燃料電池では水素をつくる必要があり，石炭，天然ガスは資源に限りがある。

(2)バイオマスを燃やしたときに発生する二酸化炭素の量は，バイオマスとなった植物が生きていたときに光合成のはたらきで吸収した二酸化炭素の量に等しいと考えられている。

(3)図1のようにバイオマスを直接燃やすのではなく，バイオエタノールをつくってから燃やしているので，バイオエタノールを燃やしたときだけに二酸化炭素が発生するのではなく，バイオエタノールを生成するときや，バイオマス及び混合ガソリンなどを輸送するときにも二酸化炭素が生じていると考えられる。

▶141

(1)(例)電磁誘導が，発電所などで発電に利用されている。

(2)(例)リサイクル技術，再生可能エネルギーをつくる技術

解説 (1)電磁誘導のほかには，電気分解がメッキ加工に，還元が鉄やアルミニウムなどの製造に利用されている。

(2)持続可能な社会をつくるためには，現在ある環境をできるだけ維持しなければならない。そのためには，資源の減少を抑制して廃棄物を減少させるリサイクル技術や再生可能エネルギーを利用するための技術が必要とされている。

▶142

ウ

解説 さえぎるものによって程度に差はあるが，さえぎるものがあると放射線は弱くなる。たとえば，α 線は紙でさえ通り抜けることができないし，β 線はうすい金属板を，γ 線，X 線は厚い鉛板を通り抜けることができない。中性子線は，紙や金属板は通り抜けることができるが，水などのように水素を含む物質を通り抜けることができない。

▶143

(1)**30N** (2)**1.0W** (3)**6000J**

(4)①**位置** ②**運動** ③**熱**

(5)**10N** (6)**600g**

(7)**2.1J**

解説 (1)3.0kg＝3000g

3000÷100＝30〔N〕

(2)30〔N〕×2×1.0〔m〕÷60〔s〕＝1.0〔W〕

(3)30〔N〕×2×1.0〔m〕×100〔回〕＝6000〔J〕

(4)落下させる前におもりがもっていた位置エネルギーが，おもりを落下させることにより運動エネルギーに変換する。この運動エネルギーによって羽根車を回転させると熱エネルギーに変換するため水の温度が上昇する。

(5)ハンドルに加えた力を x〔N〕とすると，仕事の原理から，

30〔N〕×2×1.0〔m〕＝x〔N〕×6.0〔m〕

x＝10〔N〕

(6)容器内の水の質量を x〔g〕とすると，

4.2〔J/g・℃〕×x〔g〕×2.38〔℃〕＝6000〔J〕

x＝600.2…＝約600〔g〕

(7)30〔N〕×2×1.0〔m〕×40＝2400〔J〕

この液体1gを 1℃上昇させるのに必要なエネルギーを x〔J〕とすると，

x〔J〕×600〔g〕×1.90〔℃〕＝2400〔J〕

x＝2.10…＝約2.1〔J〕

▶144

(1)(例)蒸気機関では，水に熱エネルギーをあたえ，生じた高温高圧の水蒸気のもつ運動エネルギーによって，機械を動かす。

(2)(例)水溶液と金属との化学反応によって電気エネルギーを生み出し(電池のはたらき)，そのとき流れる電流をモーターに流して運動エネルギーを得る(燃料電池など，ほかの電池の説明でもよい)。ガソリンエンジンはピストンの中でガソリンを爆発(酸素と反応)させ，その爆発による運動エネルギーによってピストンを動かす。

ダイナマイトは，ニトログリセリンなどの化学反応により起こる爆発によって生じる運動エネルギーを利用してものを動かしたり，破壊したりしている(火薬などの説明でも同様)。

(3)エネルギーの保存(エネルギー保存の法則)

(4)(例)電池の場合…電流が導線を流れるとき，熱エネルギーに変わる。

ガソリンエンジンの場合…ピストン内で熱エネルギーや音エネルギー，光エネルギーなどに変わる。

ダイナマイトや火薬の場合…爆発するとき，熱エネルギーや音エネルギー，光エネルギーに変わる。

(5)(A)**238A** (B)**123A**

解説 (1)蒸気機関では，石炭や石油を燃焼させたときの熱エネルギーによって水を加熱し，生じた水蒸気の運動エネルギーによって機械を動かすしくみとなっている。

(2)電池は化学変化を利用して，化学エネルギーから電気エネルギーを取り出すしくみになっている。この電気エネルギーによってモーターを回転させることは，電気エネルギーによって運動エネルギーを得ていることになる。これをまとめると，「化学エネルギー→電気エネルギー→運動エネルギー」というエネルギーの変換が行われたことになる。そのほか，ガソリンエンジンや火薬，ダイナマイトなどは，化学変化にともなう爆発の力を利用しているので，「化学エネルギー→運動エネルギー」というように，化学エネルギーから直接運動エネルギーを取り出すエネルギーの変換が行われたことになる。

(3)一般に，すべてのエネルギーへの変換を考えると，エネルギーの総和は変化しない。このことを，エネルギーの保存(エネルギー保存の法則)という。

(4)導線などを電流が流れるときは，必ず多少の熱が発生する。また，ガソリンや火薬，ダイナマイトなどが爆発するときは，熱や音，光などが生じる。また，その爆発によって動かされたもの(ガソリンエンジンのピストンなど)どうしの摩擦や，空気の抵抗などによっても熱が発生する。

(5)(A)100〔トン〕＝100000〔kg〕

$100〔km/h〕＝\dfrac{250}{9}〔m/s〕$

よって，100000kgの物体が$\dfrac{250}{9}$ m/sの速さ

で動くときの運動エネルギーを求めると，

$$\dfrac{1}{2} \times 100000 \times \left(\dfrac{250}{9}\right)^2 〔J〕\cdots\cdots①$$

電車のモーターに流れた電流をIとすると，120秒間で生じた運動エネルギーは，

$$I \times 1500 \times 120 \times 0.9〔J〕\cdots\cdots②$$

①＝②より，Iについて解くと，I＝約238〔A〕

(B)この電車が一定の速さで高低差20mの坂道を上った場合の位置エネルギーの増加量は，

$$10 \times 100000 \times 20〔J〕\cdots\cdots③$$

電流を流した時間は(A)と同じ120秒間なので，電車のモーターに流れた電流をIとすると，120秒間で生じた運動エネルギーは，

$$I \times 1500 \times 120 \times 0.9〔J〕\cdots\cdots④$$

③＝④より，Iについて解くと，I＝約123〔A〕

ジュール〔J〕 **最重要**

ジュール〔J〕は，さまざまなエネルギーの量を表す単位として用いられる。学校でははじめ熱量の単位として学習するが，これは熱もエネルギーの1つだからである。

①熱量…1Wの電力を1秒間使用したときに発生する熱量を1Jとしている。

熱量〔J〕＝電力〔W〕×時間〔s〕
＝電流〔A〕×電圧〔V〕×時間〔s〕

②電力量(電気エネルギー)…電熱線を電流が流れたとき，電熱線で消費される電気エネルギーのこと。熱量と同じように，1Wの電力を1秒間使用したときに消費される電気エネルギーを1Jとしている。実用的には，ワット時〔Wh〕(1Wh＝1W×1h＝3600J)やキロワット時〔kWh〕といった単位も使われる。

電力量〔J〕＝電力〔W〕×時間〔s〕

③仕事量…物体に力を加えてその向きに移動させたとき，物体は仕事をしたという。仕事もジュール〔J〕で表し，1Nの力で1m移動したとき1Jとする。

仕事〔J〕＝力の大きさ〔N〕
×力の向きに動いた距離〔m〕

④位置エネルギー…1N の重力がはたらく
物体が，基準面から 1m 高い位置にある
ときの位置エネルギーを 1J としている。

位置エネルギー〔J〕
　＝物体にはたらく重力〔N〕
　　　　×基準面からの高さ〔m〕

※ **144** では，物体にはたらく重力ではなく
質量の単位〔kg〕で示しているので，

10 ×質量〔kg〕×高さ〔m〕

という式になっている。(1kg の物体に
はたらく重力は，およそ 10N に等しい。)

⑤運動エネルギー…運動エネルギーは，運
動している物体の質量に比例し，速さの
2 乗にも比例する。運動エネルギーは，
次のような式で求めることができる。

運動エネルギー〔J〕＝$\frac{1}{2}$ ×質量〔kg〕
　　　　×速さ〔m/s〕×速さ〔m/s〕

2 | 生物どうしのつながり

▶**145**
①○　②×　③○

解説　②③消費者のなかで，生物の死がいや
動物の排出物などの有機物を養分として取り入
れ，無機物に分解する生物を，他の消費者と分
けて，分解者という。カニムシは，土の中で生
きている動物を食べる肉食動物なので分解者で
はなく消費者である。ダンゴムシは生物の死が
い(落ち葉など)を食べて養分としているので分
解者である。

生産者…植物など 最重要
　光合成により有機物を生産する。

消費者…動物
　他の生物を食べて生活する。

**分解者…菌類・細菌類・生物の死がい
や動物の排出物などを食べる動物**
　生物の死がいや動物の排出物などの有機
　物を養分として取り入れ，呼吸によって
　二酸化炭素や水などの無機物に分解して，
　エネルギーを取り出している。
※分解者は，生産者がつくり出した有機物
　を間接的に食べていることになるため，
　消費者であるともいえる。

▶**146**
イ

解説　植物は，光合成も呼吸もする。菌類は，
呼吸はするが光合成はしない。
すべての生物は呼吸をするが，光合成をするの
は植物などの生産者である。

▶**147**
(1)食物連鎖
(2)②生産者　③消費者　④分解者
(3)イ，ウ，エ

解説 (3)菌類であるシイタケの他に，生物の死がいや動物の排せつ物などを食べて，呼吸によって水や二酸化炭素などの無機物に分解する動物も分解者である。ダンゴムシやミミズは，植物の死がいにあたる落ち葉や落ち葉が腐ってできた腐葉土などを食べて，これらの養分を呼吸によって水や二酸化炭素などの無機物に分解している。

▶ **148**

(1)始点…**A**　終点…**Y**

(2)⑦，⑧，⑨

(3)食物連鎖　(4)死がいや排出物

解説 (1)気体 X はすべての生物が放出しているので二酸化炭素，気体 Y はすべての生物が吸収しているので酸素である。生物群 A は二酸化炭素である気体 X を吸収しているので生産者(植物など)である。生産者は光合成によって二酸化炭素を吸収して酸素を放出するが，生産者である生物 A から酸素である気体 Y へ向けた矢印が示されていない。

(2)食物連鎖によって生物から生物へ向かう有機物の流れを示す(A が B に食べられる，B が C に食べられる)⑦と⑨。その他に，有機物である生物の死がいや排出物の流れを示す⑧。

(3)生物どうしの「食べる・食べられる」という関係を食物連鎖という。

(4)落ち葉は，生物の死がいとして考える。

▶ **149**

(1)**B**　(2)①ア　②オ　③ウ　(3)イ

解説 (1)図2の最下層の C は有機物をつくりだす植物，B は植物を食べる草食動物，A は肉食動物と考えられるので，草食動物であるシカは B である。通常，食物連鎖で生産者に近いものほど数が多い(生態ピラミッドの下層ほど数が多いともいえる)。

(2)シカを食べるピューマが少なくなったので，シカの数がふえ，えさとなる草が減って，シカの数が急激に減った。

(3)草の成長が悪くならないようにすればよい。図1より，4万頭までは大丈夫だが，6万頭では草の成長が悪くなっている。

> **捕食者と被食者の数**
> 捕食者(食べる側)＜被食者(食べられる側)
> このように，一般的には食べられる側の個体数のほうが食べる側の個体数よりも多い。

▶ **150**

(1)A…ウ　B…オ　C…ア

(2)イ，キ　(3)光合成　(4)CO_2，H_2O

(5)⑤，⑥　(6)食物連鎖　(7)ア

(8)a…ウ　b…イ

解説 (1)〜(3)炭素は大気中では二酸化炭素として存在するので，問題の図中の大気は二酸化炭素と考えてよい。すべての生物は呼吸によって二酸化炭素を放出するが(②，③，④，⑦)，A は二酸化炭素を吸収もしているので(①)，A は光合成によって二酸化炭素を吸収する生産者であることがわかる。生産者を食べるのは1次消費者，1次消費者を食べるのは2次消費者である。また，動物の遺体や植物の枯死体，動物の排出物などを取り入れるのは分解者である。アオカビなどのカビやキノコなどの菌類，ナットウキンなどの細菌類などのほかに，ミミズやダンゴムシなどのように，土の中で生物の遺体や動物の排出物を食べる小動物が分解者である。

(4)光合成は，二酸化炭素と水を材料としてデンプンなどの有機物をつくるはたらきである。このとき，同時に酸素もできる。

(5)(6)自然界の生物には「食べる・食べられる」という関係があり，その関係によるつながりを食物連鎖という。また，有機物としての移動とは，食物連鎖による移動と，生物の遺がいや動物の排出物による移動のことである(この問題では，食物連鎖による移動にしか番号がつけられていない)。

(7)ふつう，捕食者よりもえさとなる被食者の数のほうが多い。

(8)a：1次消費者が急に増加すると，自分を捕食するものがふえることになる生産者は減少し，自分が捕食するものがふえることになる2次消費者は増加する。

b：1次消費者が急に減少すると，自分を捕食するものが減ることになる生産者は増加し，自分が捕食するものが減ることになる2次消費者は減少する。

▶151

(1)A，B…菌，細菌(順不同)

(2)A…エ　B…ウ　C…ア

(3)① A…イ　B…エ

②土の中の菌類や細菌類などの微生物がデンプンを分解して，他の物質に変えたから。

(解説) (1)生物の死がいや動物の排出物などに含まれる有機物を取り入れ，呼吸によって二酸化炭素や水などの無機物に分解する生物を分解者という。

(2)カマキリ以外は地面付近や土の中に生息している生物で，落ち葉→トビムシ→カニムシ→ムカデ，という食物連鎖が成立している。カマキリの生息地域は土の中などではなく，明らかな地上なので不適。

(3)Aの土の中には菌類や細菌類などの分解者がいて，土のまわりのデンプンを分解するので，イのように，土があったところはヨウ素デンプン反応が見られない。Bは焼いた土なので，土の中の菌類や細菌類などの分解者は死滅している。よって，デンプンがそのまま残っているので全体が青紫色になる。

▶152

(1)ウ　(2)A　(3)B

(4)イ，オ

(5)(例)森の土をそのまま水に入れてろ過した液と，森の土を焼いてから水に入れてろ過した液に同量のデンプンを入れ，ラップなどで密閉して，2～3日後にヨウ素液を加えて反応を調べる。

(6)(例)森の土をそのまま水に入れてろ過した液にヨウ素液を加えても青紫色にならないが，森の土を焼いてから水に入れてろ過した液にヨウ素液を加えると青紫色になる。

(解説) (1)このような装置をツルグレン装置といい，土壌生物が光や熱，乾燥などを嫌う性質を利用している。光や熱，乾燥などを嫌う土壌生物は，これらをさけるために下に向かって進み，エタノールの中に落ちるのである。

(2)Aのムカデは肉食である。Bは草食性のダニである(ダニには肉食性のものもいる)。CのワラジムシやDのミミズは，ともに草食性で，くさった落ち葉などを食べる。

(3)成体が5mm以下の動物はBのダニのみ。

(4)ア，イ：分解者による分解も呼吸の1つなので，酸素を利用して二酸化炭素を出す。

ウ：細菌が分解する有機物がなくなるということは，えさがなくなることに等しい。

エ：キノコ類はカビ類と同じ菌類なので，分解者である。

オ：多くの生物において，温度が低くなると呼吸量が減少する。

(5)土を焼くと，土の中の分解者が死滅する。一方を水にするという考えもあるが，土があるかないかという条件が異なるので，この方法のほうがよい。

(6)森の土を焼いていないほうでは，土の中の細菌などの分解者がデンプンを分解して無機物に変えるので，ヨウ素液を加えても変化は見られない。森の土を焼いて分解者を死滅させたほうでは，加えたデンプンがそのまま残っているので，ヨウ素液を加えると青紫色になる。

▶*153*

(1) A…イ，ウ，ク
B…ア，エ
(2) 記号…**d**
はたらき…光合成
(3) 記号…**b**
得ているもの
…エネルギー
(4) 右図

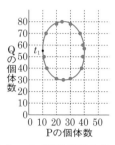

解説 (1) A は呼吸によって二酸化炭素を放出しており，遺体や排出物を出すこともあるが取り入れることもあるので，遺体や排出物を分解する分解者であると考えられる。分解者は，菌類と細菌類ならびに，生物の遺体や動物の排出物を食べる土中の小さな動物なので，菌類であるイのアオカビ（カビは菌類），ウのシイタケ（キノコは菌類），クのコウボキン（コウボキンは細菌類ではなく菌類なので注意）である。B は，二酸化炭素を吸収したり放出したりしているので，光合成と呼吸のどちらも行う生産者であると考えられる。生産者とは植物など，光合成を行う生物（植物プランクトンも含む）のことなので，アのアオミドロとエのマツである。
(2) B の生産者が無機物である二酸化炭素と水から有機物を合成するはたらきを光合成という。
(3) A の分解者が有機物を無機物に分解するときには二酸化炭素を放出する。これは，他の生物の呼吸と同じで（細胞の呼吸，または内呼吸という），生きるためのエネルギーをつくり出す。
(4) (P, Q) と座標をとると，t_1 のときの座標は $(10, 55)$ となる。それぞれのきりのいい数値でおよその座標をとっていくと，$(13, 70)$，$(20, 78)$，$(23, 80)$，$(30, 78)$，$(38, 70)$，$(39, 60)$，$(40, 57)$，$(39, 50)$，$(38, 40)$，$(30, 31)$，$(25, 30)$，$(20, 31)$，$(13, 40)$，$(11, 50)$ となり，t_2 の $(10, 55)$ にもどる。これらの座標をなめらかな曲線で結んでいくと解答のようなグラフとなる。

▶*154*

(1) 食物連鎖（食物網）　(2) **0.4g**
(3) **2.0**　(4) **50kg**
(5) **60kg**　(6) **75g**

解説 (1) 生物どうしの「食べる・食べられる」という関係によるつながりを食物連鎖といい，これが複雑にからみあったものを食物網という。
(2) $1000 \times 1000 \times 0.4 \div 1000000 = 0.4$〔g〕
(3) 求める数値を x とすると，
$0.4 : x = 20 : 100$　$x = 2.0$
(4) 動物プランクトン：小形魚 $= 10 : 1$
小形魚：大形魚 $= 5 : 1$
よって，$1 \times 5 \times 10 = 50$〔kg〕
(5) もし動物プランクトンを 100kg 食べていたら，この分だけでの中形魚の体重増加量は，
$100 \times 0.05 = 5$〔kg〕
中形魚が食べる動物プランクトンと小形魚の質量比は $2 : 1$ なので，もし小形魚を 50kg 食べていたら，この分だけでの中形魚の体重増加量は，$50 \times 0.1 = 5$〔kg〕
中形魚の食べる量の比が，
動物プランクトン：小形魚 $= 2 : 1$
のとき，体重が増加する割合は $5 : 5 = 1 : 1$ となっている。よって，このときの中形魚の体重増加量 1kg 中の 0.5kg は動物プランクトンにより，残りの 0.5kg は小形魚を食べたことによるものである。したがって，中形魚の体重を 1kg 増加させるために必要な動物プランクトンの量は，
$$\underset{直接的}{0.5 \times 20} + \underset{間接的}{0.5 \times 10 \times 10} = 10 + 50 = 60 \text{〔kg〕}$$
(6) 大形魚の中の農薬の濃度は，動物プランクトンの中の農薬の濃度の 50 倍（(4) より），中形魚の中の農薬の濃度は，動物プランクトンの中の農薬の濃度の 60 倍（(5) より）となっているので，大形魚を 90g 食べたときと同じ質量の農薬を含んでいる中形魚の質量を x とすると，濃度と質量が反比例するので，
$90 : x = 60 : 50$　$x = 75$〔g〕

3 ｜ 自然と人間

▶ **155**

(1)ア，ケ

(2)温室効果

(3)プラスチック，フロン，ダイオキシン
など

【解説】(1)地球の温暖化は，二酸化炭素が急激
に増加したことによる。よって，二酸化炭素が
増加した原因を選べばよい。

ア：石油・石炭・天然ガスなどの化石燃料を大
量に消費したことから，二酸化炭素が大量に放
出された。

ケ：生産者である植物のうち，森林(主に熱帯
雨林)が大量に伐採されたため，光合成による
二酸化炭素の吸収量が減少した。

(2)二酸化炭素が太陽からの熱を素通りさせて，
宇宙へ出ていこうとする熱を保ってしまう性質
を温室効果という。

(3)プラスチックや人間が人工的につくり出した
有機物は，さまざまなことに役立つので大量に
生産されているが，ゴミとなった場合分解者に
よって分解されずに自然界を循環できないため，
環境問題の大きな要因となっている。また，フ
ロンやダイオキシンも炭素を含んだ物質で，分
解者によって分解されないため自然界を循環で
きない。フロンは上空のオゾン層を破壊するこ
とが大きな問題となっている。また，ダイオキ
シンは塩化ビニルなどを比較的低温(たき火や
一般の焼却炉などでの燃焼温度)で燃焼させる
と発生し，猛毒で，催奇形性がある。

地球温暖化 【最重要】
二酸化炭素の増加が原因。
①温室効果…二酸化炭素が太陽からの熱は
　素通りさせ，宇宙へ出ていこうとする熱
　を保つ性質。
②二酸化炭素が増加した原因
　化石燃料(石油・石炭・天然ガス)の大量

消費→二酸化炭素の放出量の増加
森林(特に熱帯雨林)の大量伐採→二酸化
炭素の吸収量の減少

オゾン層の破壊 【最重要】
フロンなどによるオゾンの分解が原因。
オゾンホールから強い紫外線が地上に届い
て，皮膚がんや目の病気などがふえたり，
生態系に異常をもたらす恐れがある。

酸性雨 【最重要】
工場から排出される硫黄酸化物や自動車か
ら排出される窒素酸化物が雨に溶けて硫酸
や硝酸の雨となる。

ダイオキシン
塩化ビニルなどの塩素を含む物質が一般の
燃焼温度で燃焼すると発生する。猛毒で，
催奇形性がある。

▶ **156**

(1)イ

(2)源流域…(B)　下流域…(D)

(3)指標生物

(4)ヘモグロビン

(5)酸素不足の環境への適応の結果

【解説】(1)ウズムシ(プラナリア)は分裂してふ
えたりする特徴をもつ扁形動物であり，体は扁
平で，流水中の石の裏などにすむ。

(2)源流域にすむ生物は(B)，上流域にすむ生物
は(C)，中流域にすむ生物は(A)，下流域にす
む生物は(D)である。源流域ではサワガニ，上
流域ではカワニナとゲンジボタルの幼虫，中流
域ではヒル，下流域ではアメリカザリガニがよ
く出題されるので必ず覚えておくこと。

(3)水質や環境を知るための手がかりになるおも
な生物を指標生物という。

(4)(5)ヘモグロビンは，酸素と結びつく色素をも
つタンパク質である。

▶**157**
右図

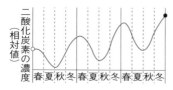

解説 夏は植物の光合成による二酸化炭素の吸収量が最も大きくなるので，二酸化炭素の濃度が1年のうちで最も小さくなる。また，秋から春のはじめにかけて植物の光合成による二酸化炭素の吸収量が小さくなるので，二酸化炭素の濃度が大きくなる。このような1年周期の増減をくり返しながら，年々二酸化炭素濃度が大きくなっている。

▶**158**
ウ

解説 シベリア高気圧のある北西から南東へ向けてふく冬の季節風は，大陸上では乾燥しているが，日本海上で多くの水分を含むため，日本の山脈を越えるときに上昇気流が発生して雪雲をつくり，日本海側に大雪をもたらす。

▶**159**
(1)イ　(2)②二酸化炭素
③，④窒素，硫黄（順不同）
(3)酸性雨の原因となる物質が上空の風によって広い範囲に運ばれるから。

解説 (1)0〜10kmの高さまでの範囲を対流圏といい，この範囲で大気は対流する。よって，気象現象が起こるのもこの範囲である。
(2)昔から，大気中の二酸化炭素が雨に溶け込むので，雨は弱い酸性を示していた。しかし，近年になって工場などから排出される硫黄酸化物や自動車などから排出される窒素酸化物が雨に溶け込んで硫酸や硝酸を含んだ雨が降る現象が起こっている。このような強い酸性の雨を酸性雨という。硫黄酸化物や窒素酸化物は，化石燃料の燃焼によって生じている。

(3)硫黄酸化物や窒素酸化物は，国境を越えて他の国に被害をおよぼすこともある。

▶**160**
(1)ア…在来　イ…交配（交雑）　(2)カ，サ
(3)コ

解説 (2)アマミノクロウサギ，オガサワラシジミ，コイ，ワカメは日本においての在来生物で，特にアマミノクロウサギ，オガサワラシジミ（チョウのなかま）は絶滅危惧種である。また，アマミノクロウサギは特別天然記念物，オガサワラシジミは天然記念物に指定されていて，アマミノクロウサギとオガサワラシジミは，種の保存法により国内希少野生動植物種に指定されている。これに対して，コイやワカメは世界の侵略的外来種ワースト100選定種となっていて，世界で問題となっている。アリゲーターガー，オオクチバス（ブラックバスともいう），グリーンアノール，セイタカアワダチソウ，ヒアリ，ボタンウキクサ，マングースは日本にとっての外来生物である。
(3)沖縄に生息する在来生物で，飛べない鳥であるヤンバルクイナは，沖縄に生息する毒蛇であるハブを駆除するために人為的に移入されたマングースなどによる捕食等によって，個体数が減少している。ヤンバルクイナは絶滅危惧種であり，天然記念物でもあって，種の保存法により国内希少野生動植物種に指定されている。

> **グリーンアノールとオガサワラシジミ**
> 小笠原諸島に生息している外来生物であるグリーンアノールというトカゲは，絶滅危惧種であるオガサワラシジミなど固有種を多く含む昆虫類を捕食し，壊滅的被害を与えている。そのため，オガサワラシジミなどの天敵となっているグリーンアノールの駆除がすすめられており，外来生物法により特定外来生物に指定されているため，日本国内での流通はなく，日本の侵略的外来種ワースト100に選定されている。

▶ 161

(1)酸性雨　(2)**PM**　(3)イ　(4)赤外線

解説 (1)通常の雨にも空気中の二酸化炭素が少し溶けているので弱い酸性を示す。これと比べて，自動車の排出ガスに含まれる窒素酸化物や工場からの排出ガスなどに含まれる硫黄酸化物などが雨に溶けることによって硝酸や硫酸となった強い酸性の雨のことを酸性雨という。

(2) PM とは，particulate matter の略で，粒子状物質のことであり，その大きさも示している。たとえば，PM2.5 とは，直径が $2.5\mu m$（マイクロメートル）以下の超微小粒子のことである（$1\mu m = 1000$ 分の 1mm）。

(3)図より，二酸化炭素の濃度は 4 月ごろに最も高くなっていて，8 月ごろに最も低くなっていることがわかる。4 月ごろ，あたたかくなって植物が葉をつけ始め，さかんに光合成をするようになって二酸化炭素の吸収量が増加するので，4 月ごろをピークに二酸化炭素の濃度が減少し始める。反対に，8 月ごろをピークに光合成による二酸化炭素の吸収量が減少し始めるので，二酸化炭素の濃度が増加し始めるのである。

(4)二酸化炭素，水蒸気，メタン，フロンなどの温室効果ガスは熱エネルギーをもつ赤外線を吸収しやすいので，大気に熱を蓄積させる（温室効果）原因となる。

▶ 162

(1)ア，オ　(2)オ

解説 (1)ア：化石燃料は有機物であるため，燃やすと二酸化炭素が発生する。

オ：森林が減少すると（特に熱帯雨林），植物が光合成によって吸収する二酸化炭素の量が減少するので，二酸化炭素の増加につながる。

(2)夏期に植物の光合成が増加すると二酸化炭素の吸収量がふえるので一時的に減少するが，冬になると光合成が減るため，二酸化炭素が増加する。このように，増減をくり返しながら，全体として二酸化炭素の量が増加しつつある。

▶ 163

(1)A…ク　B…イ　C…オ　D…カ
E…ケ　F…キ　G…ウ　H…エ　I…ア

(2)イ

(3)(順に)適度に樹木を伐採していた，伐採されずに放置されている

(4)①と交雑　②を捕食

(5)休耕田のビオトープ化，農作物の無(減)農薬栽培　(6)愛知ターゲット

解説 (1)鎮守の森(寺社林)は，寺社の境内に維持されている森林のことである。重複することはないという条件から，ア～ケのうちの 1 か所しか考えにくいものから順に決めていく。

(2)人が手入れして下草を刈ったり，間伐したりした雑木林の中は，シイタケの菌を生育させるのに適度な明るさとなっている。

(3)かつては，15 ～ 30 年ごとに伐採し，その樹木を炭や薪などに利用してきたが，近年では人の手が入らずに放置されていることが多いので（炭や薪があまり利用されなくなったため），伐採されずに木の幹が太くなってしまったものがふえてしまった。

(4)①タイワンザルはニホンザルとの交雑が可能で，実際に雑種が生まれており，放置すると純粋なニホンザルが減少してしまうおそれがある。チュウゴクオオサンショウウオも在来種である日本固有種のオオサンショウウオと交雑が可能なので，同じような問題が起こる可能性がある。

②オオクチバスやブルーギルは，湖や沼などにすむ在来種を食べるため，食べられた在来種が激減するとともに，同じようなものをえさとする在来種も激減しており，絶滅のおそれが出てきている在来種が多数ある。

(5)コウノトリのえさとなる生物が生息しやすい環境を維持しなければならない。そのために，使っていない田んぼ(休耕田)を生物がすみやすい環境に変え，生態系が維持できるようにする取りくみが行われている。

(6)愛知ターゲットは，2010 年 10 月に名古屋で開催された第 10 回生物多様性条約・締約国会議（国際地球生き物会議，または COP10 ともいう）で合意された目標で，2050 年までに，人類と自然が共生する世界を実現することを目指した戦略計画である。

▶ **164**

(1)*a*…**3**　*b*…**1**　*c*…**2**
(2)**イ**　(3)**ア**　(4)**エ**
(5)**プレート**

解説　(1)反応の前後で，原子の種類や数が等しくなるように係数をつける。

① H の数をそろえるために，H_2O の係数を 1，HNO_3 の係数を 2 とすると，

$$NO_2 + H_2O \longrightarrow NO + 2HNO_3$$

② N と O の数をそろえるために，NO_2 の係数を 3 とすると，

$$3NO_2 + H_2O \longrightarrow NO + 2HNO_3$$

となり，すべての原子の種類と数が反応の前後で等しくなっているので完成である。

(2)二酸化炭素には，宇宙へ出ていこうとする熱を吸収し，再び地表に熱を放出するという性質がある。この性質を温室効果という。

(3)空気中の二酸化炭素が溶け込むので，弱い酸性となる。

(4)エ：太陽光線中の紫外線が地表まで到達しやすくなるのは，強い酸性の雲が原因ではない。有害な紫外線の大部分は，上空のオゾン層とよばれる気体の層によって吸収され，地表にとどく紫外線はかなり弱くなっている。しかし，近年，人によってつくり出されたフロンという気体によって上空のオゾンが分解され，オゾン層にオゾンホールとよばれる穴があいたような部分ができてしまった。そこから地表に強い紫外線が降りそそぎ，その地域では皮膚がんや白内障などの病気が起こりやすくなっている。

(5)海底での堆積物を地球深部へ引き込むような沈み込みとは，プレートの沈み込み以外には考えられない。

5編　実力テスト

▶ **1**

(1)A…**イ**　B…**オ**　C…**ウ**　D…**オ**
(2)**オ**

解説　(1)手回し発電機は，運動エネルギーを電気エネルギーに変換する装置で，豆電球は電気エネルギーを光エネルギーに変換する装置である。手回し発電機で電気エネルギーをつくるときは，ハンドルを回すときに摩擦によって一部が熱エネルギーとして出ていく。また，電流が豆電球を流れるときに，エネルギーの一部が熱エネルギーとして出ていく（電流が導線を流れるときもわずかではあるが熱エネルギーとして出ていく）。

(2)ポリエチレンの袋の中の回路（おもに電池）のもつエネルギー（化学エネルギー）は電気エネルギーに変換され，さらに光エネルギーや熱エネルギー変換されて袋の外に出ていくため袋の中のエネルギーの総量が減少するが，物質の出入りはないため，質量保存の法則より全体の質量は変化しない。

▶ **2**

(1)**エ**
(2)**エ**
(3)**イ**

解説　(1)エアコンは，室内の熱を外に放出することによって室内を冷やしている。よって，外の気温の上昇をうながすため，都市部ではヒートアイランド現象の原因のひとつとされる。

(2)エ：あまり風が強すぎると，風力発電装置が故障してしまうので，現在では風の強い日は風車を止めている。

(3)イ：水素は，酸素がないと燃えることはできない。水素と酸素の混合気体に点火すると爆発する。

3

(1)ウ

(2)①イ　②バイオマス　③**720**リットル
④(例)光電池(に太陽の光をあて,)得ら
れた電流を使って水を電気分解する。

解説　(1)化石燃料を燃焼させると二酸化炭素
のほかに二酸化硫黄や二酸化窒素などが発生す
る。二酸化硫黄が水に溶けると硫酸になり,二
酸化窒素が水に溶けると硝酸になる。

(2)①天然ガス,鉄鉱石,ウランは有限な資源で
あるが,地熱はほぼ無限な資源である。

②その他に,トウモロコシや間伐材など,さま
ざまなバイオマスが利用されてきている。

③ $850 + 150 = 1000$〔W〕

　　1000〔W〕$× 3600$〔s〕$= 3600000$〔J〕

水素1リットルで発電できる電力量は,

　　1〔J〕$× \dfrac{1000\,〔cm^3〕}{0.2\,〔cm^3〕} = 5000$〔J〕

よって,3600000Jの電力量を得るために必要
な水素の体積は,

　　3600000〔J〕$÷ 5000$〔J/L〕$= 720$〔L〕

④太陽の光を当てることによって電気エネルギ
ーをつくり出すのは光電池(太陽電池)である。
水素は,水を電気分解することによって得るこ
とができる。ただし,実際に燃料電池で使用す
る水素は,他の方法で得られている。

4

(1)オ　(2)危惧(きぐ)　(3)$\dfrac{9}{4r}$

(4)①イ　②ウ　③小さ

④エ　⑤大き　⑥オ

解説　(1)日本でのヒグマの生息地域は北海道
だけで,ツキノワグマの生息地域は本州と四国
と九州である。

(2)危惧とは,心配されているという意味である。

(3)表面積 $= \pi r^2 × 2 + 2\pi r × 8r = 18\pi r^2$

　　体積 $= \pi r^2 × 8r = 8\pi r^3$

　　表面積 $÷$ 体積 $= \dfrac{18\pi r^2}{8\pi r^3} = \dfrac{9}{4r}$

(4)①放熱は体表面から起こる。

②放熱量は体表面積に比例すると考えると,「体
表面積÷体積」=「放熱量÷体積」と置き換えら
れるので,「体表面積÷体積」は単位体積あたり
の放熱量ということができる。

③球の直径が x 倍になると,球の表面積は x^2
倍になり,球の体積は x^3 倍になる。このとき,
$x > 1$ であれば,$x^3 > x^2$ である。よって,同
じ形の場合,大きさが大きくなるほど($x > 1$),
表面積より体積の大きくなる割合のほうが大き
い。したがって,問題文中の Q (体表面積÷体
積)の値は,体が大きくなるほど小さくなって
いく。

④ Q の値は,単位体積あたりの放熱量なので,
体が大きくなるほど,単位体積あたりの放熱量
が小さくなる。よって,放熱しやすい寒い地域
では体が大きいほうが有利となる。

⑤⑥解説の③④とは逆に,体が小さくなるほど
単位体積あたりの放熱量である Q の値(体表面
積÷体積)が大きくなるため,放熱しにくい暑
い土地において生きる上で有利となる。

(4)の内容はベルクマンの法則(正確には規則)と
呼ばれる。

トップコーチ

●ベルクマンの法則(規則)

近縁あるいは同種の動物間では,寒冷地に
生息する動物ほど体が大形化する。これに
よって,単位体積あたりの体表面積が小さ
くなり,体熱の放散が少なくなるので,寒
冷地に対して適応しやすくなる。

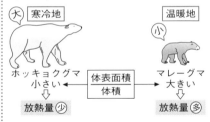

●アレンの法則（規則）

近縁あるいは同種の動物間では，寒冷地に生息する動物ほど耳や尾などの突起物が小形化する。突起物が小形化することによって体表面積が小さくなり，体熱の放熱が防がれ，寒冷地に対して適応しやすくなる。

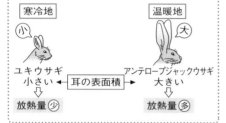

寒冷地		温暖地
小		大
ユキウサギ		アンテロープジャックウサギ
小さい ← 耳の表面積 →		大きい
⇩		⇩
放熱量 少		放熱量 多